Digital verbunden – sozial getrennt

Jörg Scheffer

Digital verbunden – sozial getrennt

Gesellschaftliche Ungleichheit in räumlicher Perspektive

Jörg Scheffer
Universität Passau
Passau, Deutschland

ISBN 978-3-658-31109-4   ISBN 978-3-658-31110-0   (eBook)
https://doi.org/10.1007/978-3-658-31110-0

Die Deutsche Nationalbibliothek verzeichnet diese Publikation in der Deutschen Nationalbibliografie; detaillierte bibliografische Daten sind im Internet über http://dnb.d-nb.de abrufbar.

© Der/die Herausgeber bzw. der/die Autor(en), exklusiv lizenziert durch Springer Fachmedien Wiesbaden GmbH, ein Teil von Springer Nature 2020
Das Werk einschließlich aller seiner Teile ist urheberrechtlich geschützt. Jede Verwertung, die nicht ausdrücklich vom Urheberrechtsgesetz zugelassen ist, bedarf der vorherigen Zustimmung des Verlags. Das gilt insbesondere für Vervielfältigungen, Bearbeitungen, Übersetzungen, Mikroverfilmungen und die Einspeicherung und Verarbeitung in elektronischen Systemen.
Die Wiedergabe von allgemein beschreibenden Bezeichnungen, Marken, Unternehmensnamen etc. in diesem Werk bedeutet nicht, dass diese frei durch jedermann benutzt werden dürfen. Die Berechtigung zur Benutzung unterliegt, auch ohne gesonderten Hinweis hierzu, den Regeln des Markenrechts. Die Rechte des jeweiligen Zeicheninhabers sind zu beachten.
Der Verlag, die Autoren und die Herausgeber gehen davon aus, dass die Angaben und Informationen in diesem Werk zum Zeitpunkt der Veröffentlichung vollständig und korrekt sind. Weder der Verlag, noch die Autoren oder die Herausgeber übernehmen, ausdrücklich oder implizit, Gewähr für den Inhalt des Werkes, etwaige Fehler oder Äußerungen. Der Verlag bleibt im Hinblick auf geografische Zuordnungen und Gebietsbezeichnungen in veröffentlichten Karten und Institutionsadressen neutral.

Planung/Lektorat: Cori Antonia Mackrodt
Springer VS ist ein Imprint der eingetragenen Gesellschaft Springer Fachmedien Wiesbaden GmbH und ist ein Teil von Springer Nature.
Die Anschrift der Gesellschaft ist: Abraham-Lincoln-Str. 46, 65189 Wiesbaden, Germany

Inhaltsverzeichnis

1 **Einleitung: technologische Befähigung und sozialer Wandel** 1
   1.1 Soziale Ungleichheit in räumlicher Perspektive 5
   1.2 Vorgehensweise 8

2 **Stratifikationsprozesse, Sozialisation und Raum** 11
   2.1 Soziale Ungleichheit in der postindustriellen Gesellschaft 12
      2.1.1 Ungleiche Bildungs- und Sozialisationsbedingungen 19
      2.1.2 Erfassung sozialer Ungleichheit 25
      2.1.3 Milieutheoretische Zugänge über Pierre Bourdieu 30
   2.2 Raum im Sozialisationsprozess 37
      2.2.1 Segregierte Sozialräume 39
      2.2.2 Soziale Ungleichheit im relationalen Raum 45
      2.2.3 Quartiers- und Ortseffekte 54
      2.2.4 Kapitalorte und ihre selektive Zugänglichkeit 59
   2.3 Zwischenfazit: Der räumliche Entzug von Chancen 67

3 **Der digitale und digitalisierte Raum als Aufstiegschance** 71
   3.1 Transformationen ins Virtuelle: Struktur und Handlung 73
   3.2 Kapitalerwerb im Cyberspace 82
   3.3 Digital Divides und digitaler Habitus 90
   3.4 Zwischenfazit: Der digitale Bezug von Chancen? 95

4 **Datenbasierte Verwertungszusammenhänge** 99
   4.1 Personalisierte Daten und ihre neuen Quellen 101
      4.1.1 Web-Tracking als Datenquelle 102
      4.1.2 Mobile Kommunikation und Datenerfassung 107
   4.2 Strukturelle Veränderungen im digitalisierten Realraum:
      Vom Internet der Dinge zu Sentient Cities 110

4.3 Die effiziente Ansprache: Zur Verwertung von
personenbezogenen Daten 117
    4.3.1 Marketing mit personenbezogenen Daten 118
    4.3.2 Risikoabsicherung, Bonitätsprüfung und
Personensuche 122
    4.3.3 Weitere Geschäfts- und Tätigkeitsfelder 124
4.4 Realraum und Cyberspace im personalisierten
Zusammenspiel 127
4.5 Verspiegelte Räume 132
4.6 Daseinsgrundfunktionen und selektierende Ansprache 139
4.7 Exkurs: Problembewusstsein und Handlungsbereitschaft 149
4.8 Zwischenfazit: Digitale Selbstkonfrontation 154

5 Dekontextualisierte Daten und sozialräumliche Unterschiede 157
5.1 Daten als ungleich genutzte Handelsware 158
5.2 Datenhändler und ihr Portfolio 163
5.3 Empirische Befunde im sozial segmentierten Stadtraum 171
    5.3.1 Datenbezug und Vorgehensweise 173
    5.3.2 Berlin, München und Essen: Exemplarische
Attribuierungen im Stadtraum 175
    5.3.3 Außengesteuerte Ortseffekte 194
5.4 Zwischenfazit: Bourdieu im Zeichen der Datenökonomie 197

6 Rekursive Räume – Resümee und Ausblick 201
6.1 Ternäre Rekursivität 203
6.2 Ausblick: Soziale Festschreibung als übergreifende
Herausforderung 209

Literatur 215

Einleitung: technologische Befähigung und sozialer Wandel 1

▶ Where do you want to go today?

Als das Unternehmen Microsoft Mitte der 1990er Jahre seine Imagekampagne auf diese Frage hin ausrichtete, schimmerten die technischen Möglichkeiten des aufkommenden Digitalisierungszeitalters bereits deutlich am Horizont auf. Der PC hatte sich weltweit an den Schreibtischen etabliert und das Internet zeigte rasante Wachstumsraten. Überzeugend ließ sich damit das Werbeversprechen einer *technologischen Befähigung* kommunizieren. Wohin auch immer sich der Nutzer bewegen will – so das Versprechen des Softwaregiganten – die Chance dazu ist durch eine benutzerfreundliche Technologie gegeben.

Nicht weniger ambitioniert präsentieren sich die großen Technologiekonzerne ein Vierteljahrhundert später. Der Telekommunikationsdienstleister Cisco greift das Befähigungs-Narrativ mit dem Slogan „The Bridge to possible" auf und der weltgrößte Smartphoneproduzent Samsung macht in seiner Kampagne „Do what you can't" auf die neuen Handlungsmöglichkeiten des vernetzten Nutzers aufmerksam.

Gemeinsam wird auf eine chancenreiche Zukunft verwiesen, für deren Nähe sich bereits heute zahlreiche Belege heranziehen lassen. So versorgen intelligente Städte ihre Konsumenten automatisiert, künstliche Intelligenz befreit den Arbeitnehmer von schwierigerer Arbeit und auf Zuruf befolgt ein „allwissender" digitaler Assistent unsere Befehle. Gleichzeitig wird der fahrerlose Transport immer selbstverständlicher, während wir mit dem Smartphone das universale Steuerungs- und Kontrollmittel vernetzter Gegenstände in den Händen halten. Im Zeichen dieser Entwicklungen scheinen sich die Möglichkeiten des Einzelnen nun regelrecht zu potenzieren: Das Versprechen der uneingeschränkten Mobilität bezieht sich nicht mehr allein auf das Internet oder die Nutzung von

© Der/die Herausgeber bzw. der/die Autor(en), exklusiv lizenziert durch Springer Fachmedien Wiesbaden GmbH, ein Teil von Springer Nature 2020
J. Scheffer, *Digital verbunden – sozial getrennt*,
https://doi.org/10.1007/978-3-658-31110-0_1

Office-Anwendungen, es wirkt sich selbst auf die Handlungen aus, die wir offline vollziehen. Indem sich digitale Dienste gerade dort zur Kompensation unliebsamer Tätigkeiten anbieten, gewinnen wir – so die Botschaft der Anbieter „smarter" Dienstleistungen – an Komfort, Zeit und Freiheit.

In der Wirtschaft führen digitale Geschäftsmodelle vom Online-Kauf über die digitale Urlaubsbuchung bis hin zur Telemedizin vor Augen, mit welchem enormen Potenzial die neuen Dienstleister der Digitalwirtschaft in den Märkten Fuß fassen. Die technologische Befähigung offenbart sich hier in der Macht, ganze Wertschöpfungsketten mithilfe digitaler Dienste verlagern zu können. Und selbst in traditionellen Branchen sind Effizienz- und Kostenvorteile durch die Digitalisierung mittlerweile so offensichtlich, dass sich jedes Festhalten an den gewohnten Betriebsabläufen als problematisch erweist, sobald sich die konkurrierenden Mitwerber die neuen Möglichkeiten zunutze gemacht haben. Die Fähigkeit zur schnellen Adaption von Neuerungen wird mehr denn je zur Existenzfrage.

Unter diesen Vorzeichen sieht sich nicht zuletzt auch die Politik aufgerufen, der Digitalisierung den Weg zu bahnen, sei es durch eine erfolgreiche Förderpolitik, Infrastrukturmaßnahmen oder einer weitreichenden Bildungsoffensive. Die digitale Agenda, der Digitalpakt, das digitale Klassenzimmer oder der digitale EU-Binnenmarkt künden ebenso von diesen Bemühungen, wie die Rhetorik zahlreicher Politiker. Als unverzichtbares Interaktionswerkzeug während der räumlich isolierenden Corona-Pandemie konnten sich digitale Dienstleistungen in Politik und Gesellschaft zusätzlich empfehlen.

Darüber hinaus hat der digitale Wandel als Sachzwang und Chance weitere große Themen unserer Zeit erfasst. Der ökologischen Krise stellen Planer vernetzte, ressourceneffiziente Städte entgegen und den überlasteten Verkehrssystemen eine intelligente Steuerung.

Eine andere Herausforderung stellt die wachsende soziale Spaltung in zahlreichen Ländern dar. Selbst wenn man allein die weitentwickelten Volkswirtschaften betrachtet, deren Bevölkerungen im Durchschnitt einen hohen Wohlstand genießen, sind innergesellschaftlich wachsende Differenzen unübersehbar. Eine stark steigende Einkommenspolarisierung und eine zunehmende Vermögenskonzentration werden in zahlreichen Studien klar identifiziert. Eine eingehende Betrachtung legt hinter diesen Befunden massive Verwerfungsprozesse offen, die Ungleichheit zwischen Arm und Reich nicht nur in der Lebensqualität, den Teilhabechancen oder den Verwirklichungsoptionen beschreibt. Sie zeigt sich auch und besonders in den limitierten Möglichkeiten der benachteiligten Bevölkerungsteile, auf die soziale Stratifikation modifizierend einwirken zu können, da die Ressourcen für die individuelle Verbesserung der sozialen Position ebenfalls ungleich verteilt sind. So arbeiten die jeweils unterschiedlichen Bildungs- und Sozialisationskontexte einer Verstetigung von Chancenungleichheit zu, die gesellschaftliche Polarisierung auf Dauer zu einem strukturellen Problem werden lässt.

Vor dem Hintergrund einer verfestigten Ungleichheit drängt sich die Digitalisierung als Perspektive regelrecht auf. Die beschriebene Verheißung einer technologischen Befähigung jedes Einzelnen müsste sich auch auf das soziale Gefüge insgesamt niederschlagen und den benachteiligten Bevölkerungsteilen neue Optionen bieten. Wenn der aktuelle Digitalisierungsimperativ in Wirtschaft und Politik aus den gesellschaftsübergreifenden Potenzialen neuer Technologien herrührt, dann sollte dies auch mit neuen Möglichkeiten für die benachteiligten Bevölkerungsteile einhergehen. Das allgemeine Mobilitätsversprechen hinter den Slogans „Where do you want to go today?" oder „Do what you can't" wäre also als soziales Mobilitätsversprechen zu hinterfragen.

Schon heute ist eine Verbreitung von Smartphones durch sämtliche Bevölkerungsschichten feststellbar, kostenlose Applikationen und zahlreiche weitere niederschwellige Dienste legen neue Handlungsoptionen nahe. Sie könnten aufstiegsrelevanten Ressourcen wie Bildung, soziale Kontakte, Ideen und Lebensentwürfe vermitteln und so strukturelle Ungleichheiten nachhaltig angreifen. Unter diesen Vorzeichen gilt es zu erörtern, welche Wirkung die digitale Revolution auf die soziale Frage faktisch erzielen kann.

Sondiert man das wissenschaftliche Feld entlang dieser Sichtachse, so fallen zahlreiche Arbeiten der Medienpädagogik und Bildungsforschung ins Auge, die den Kompetenz- und Bildungserwerb mit dem neuen Angebot digitaler Medien verknüpfen. Obwohl sich hier bereits erste Einschränkungen der Befähigungsthese abzeichnen, da die Voraussetzungen des Medienbezugs und ihrer inhaltlichen Nutzung in der Bevölkerung ungleich gegeben sind („Digital Divides"), erfahren die Chancen der Digitalisierung doch auch vielfachen Widerhall (Pietraß et al. 2018). In gesellschaftstheoretischer Perspektive wird der verbreiteten Euphorie um das technisch Machbare die ungleiche Kontrolle über die technische Infrastruktur entgegengesetzt, an die immer auch die Frage der Macht haftet. Darüber hinaus weist nicht zuletzt die Techniksoziologie darauf hin, dass sich die digitalen Technologien immer weniger als passive Objekte in den Dienst handelnder Akteure stellen, sondern zunehmend autonom in den Alltag eingreifen (Schelske 2009, S. 129 ff.; Rammert 2007). Ihre Programmierung obliegt nur bestimmten Akteuren und bringt gesellschaftliche Hierarchien auf diesem Umweg wiederum zur Geltung (z. B. Kitchin und Dodge 2011). Auch der verbreitete Überwachungsdiskurs verlagert das Verfügungspotenzial digitaler Technologien weg vom Nutzer und beleuchtet diese stattdessen als Formen der

Kontrolle und Disziplinierung. Mit vielfachem Bezug auf Michel Foucaults „Überwachen und Strafen" (1994 [1975]) wurden die neuen Technologien als Mittel begriffen, die bestehende Ordnung aufrecht zu erhalten, indem jeder Einzelne dem Gefühl einer permanenten Sichtbarkeit unterliegt (Klauser et al. 2014; Gabrys 2014).

Nicht zuletzt lässt sich mit den aktuellen Diskursen um Privatheit das Befähigungs-Narrativ angreifen (Beyvers et al. 2017). Die Nutzung neuer Technologien wird hier mit dem Verlust der nichtöffentlichen, privaten Sphäre durch die Abgabe von personenbezogenen Daten in Zusammenhang gebracht. Die aus der Abgabe resultierende Transparenz jedes Einzelnen verändert den bestehenden gesellschaftlichen Modus weitreichend, indem sie auf die sozialen Machtstrukturen und Ungleichheiten Einfluss nimmt, die mit den Privatheitspraktiken zusammenhingen.

Vielen dieser Argumente könnten Digitalisierungsoptimisten wiederum mit dem Verweis begegnen, dass sie in ihrer gesellschaftsübergreifenden Perspektive eher allgemeine Herausforderungen benennen, die den benachteiligten Bevölkerungsteilen nicht spezifisch begegnen. Selbst wenn sich die Gesellschaften im Zeichen der Digitalisierung wandeln, Überwachung, Kontrolle und der Verlust von Privatheit drohen, bleibt doch die Chance auf individuelle soziale Mobilität im Digitalisierungszeitalter bestehen (Ferger 2018; Große Starmann 2017).

In diese widersprüchliche Auseinandersetzung um die gesellschaftlichen Entwicklungen im mächtigen Digitalisierungstrend greift auch die folgende Arbeit ein. Sie tut dies allerdings mit einer klaren Zentrierung auf die individuellen Sozialisationsbedingungen und Aufstiegschancen sowie einer darauf bezugnehmen Analyse der Bedingungen technischer Befähigung im Zeichen einer wachsenden gesellschaftlichen Spaltung.

Dafür wird durchgehend eine räumliche Perspektive eingenommen. Zentral wird die These vertreten, dass soziale Benachteiligung mit räumlichen Strukturen korrespondiert und die Verstetigung sozialer Ungleichheit erst im räumlichen Kontext verständlich wird. Erst in diesem Zusammenhang lassen sich die vermeintlichen Potenziale der Digitalisierung in Stellung bringen, indem sie den ungleichen sozialen Bedingungen im alltäglichen Realraum andere und für den gesellschaftlichen Aufstieg möglicherweise günstigere Bedingungen entgegenstellen.

1.1 Soziale Ungleichheit in räumlicher Perspektive

Die wissenschaftliche Literatur verfolgt mit großer Tradition die unterschiedlichen Lebensbedingungen verschiedener Klassen und Milieus im Raum. Besonders Städte zeigen die Prozesse des sozialen und ökonomischen Wandels intensiv und frühzeitig und scheinen als Untersuchungsobjekt entsprechend prädestiniert. Im urbanen Kontext haben Pädagogen, Soziologen, Architekten, Raumplaner und nicht zuletzt Geographen immer wieder verdeutlicht, dass die soziale Frage stets mit unterschiedlichen Lebensbedingungen im Raum korrespondiert, die das Individuum sowohl befähigen als auch einschränken können. Von dem prägenden Milieu des Nahraums über den Einfluss des Wohnortes auf die Psyche und Gesundheit bis hin zum Image und Prestige eines Viertels lassen sich diverse Facetten einer „räumlichen Relevanz" im Sozialisationsprozess in den Blick nehmen. „Raum" liefert dabei nicht nur die Option, die Lebensbedingungen in ihrer Unterschiedlichkeit konkret werden zu lassen, indem er den sozialen Alltag an einzelne Orte knüpft, in denen sich Individuen aufhalten. Er stellt folglich auch jenen Kontext dar, der in seiner jeweiligen physischen und sozialen Qualität Einfluss auf Entwicklung und die Handlungsoptionen des Einzelnen nimmt. So lässt sich zum einen die Beschaffenheit der physischen und sozialen Einflussgrößen ausdifferenzieren und auf Gruppen oder Individuen beziehen. Zum anderen lässt sich die Frage aufwerfen, inwieweit diese Einflussgrößen ihrerseits Ergebnis menschlichen Handelns sind und welche Akteure mit welchen Potenzialen und welcher Macht auf diese Bedingungen Einfluss nehmen.

In dieser Breite des wissenschaftlichen Zugriffs kann die Vielfalt raumbezogener Untersuchungen zur Sozialisation und Bildung kaum überraschen. Vielzählige Studien zu „Aktionsräumen", „Lebenswelten" oder „Wohnumfeldern", mit unterschiedlichen Schwerpunktsetzungen im Maßstab, differenziert nach Lebensphase und zentriert auf Prozesse der Aneignung, Wahrnehmung oder Konditionierung, begreifen „Raum", sozial durchsetzt und dinglich erfüllt, als konstitutives Element gesellschaftlicher Prozesse.

Die Vielzahl der Ansätze täuscht darüber hinweg, dass eine konzeptionelle Auseinandersetzung mit der Raumkategorie im Sozialisationskontext bis heute erhebliche Leerstellen zeigt, sobald auch die *digital vermittelten Einflüsse* miteinbezogen werden. Als Ausgangspunkt für ein entsprechendes Konzept ist zunächst festzuhalten, dass Raum als vermessbarer Behälter oder abgrenzbares Territorium nicht einfach vorausgesetzt werden kann. In einem solchen absolutistischen Raumverständnis lassen sich zwar Sozialraumanalysen vornehmen, Lagebeziehungen und Entfernungen analysieren oder die Wirksamkeit von städtebaulichen Barrieren in den Blick nehmen. Doch für die Analyse dessen, was im Raum durch individuelle Wahrnehmungsmuster erst relevant und durch Handlungen räumlich hervorgebracht wird, ist die absolutistische Perspektive blind. Indem eine dem Handeln vorgängige Existenz des Raumes unterstellt wird, also Raum unabhängig vom Handeln existiert, erschöpft sich die Analyse von räumlichen Handlungskontexten auf eine starre, vorgegebene Struktur. Die Problematik dieser Perspektive wird augenscheinlich, wenn die Merkmale eines untersuchten Territoriums (z. B. die Abwanderung seiner Bewohner) aus diesem selbst erklärt werden müssen, wenngleich ganz andere Räume (z. B. jene die über das Internet vermittelt werden) für die Handlungen der Probanden konstitutiv sind. Und sie wird deutlich, wenn man gerade in jüngerer Zeit unterstellen muss, dass zunehmend handlungsrelevante Strukturen betrachtet werden müssten, die aufgrund des grenzüberschreitenden Ausgreifens sozialer Beziehungen – nicht zuletzt durch die Digitalisierung – auch global verortet werden müssen. Eine Analyse eines Territoriums greift für die Auseinandersetzung mit gesellschaftlichen Aspekten folglich zu kurz. Mit Bezug auf die materiellen Gegebenheiten ist ein unangemessener Reduktionismus zu beklagen, der seit den 1980er Jahren im Zuge des Spatial Turns immer deutlicher artikuliert wurde.

Mit der Digitalisierung schiebt sich heute ein weiterer – virtueller – Raum in den Blickpunkt, dessen tagtägliche Konstitution durch seine Nutzer noch augenscheinlicher ist als die des Realraums. Die unzähligen Seiten des Internets werden durch Individuen immer wieder aufs Neue hervorgebracht und modifiziert. Milliarden Nutzer befüllen Plattformen mit Bildern, Texten und Videos und zahlreiche Nutzer interagieren in neuen virtuellen Umgebungen. Indem sie dies tun, stellen sie im virtuellen Raum neue Bedingungen her. Da sie den Realraum dabei körperlich nicht verlassen, ist ein gleichzeitiges Handeln in beiden Räumen forschungslogisch immer in Betracht zu ziehen.

Wenn wir im Folgenden den virtuellen Raum – oder Cyberspace – auf sein Potenzial für den sozialen Aufstieg hin kritisch befragen, dann benötigen wir also ein Raumverständnis, das auch dessen permanente (Neu-)Entstehung mit einschließt. Soziales, Sozialisationskontexte und aufstiegsrelevante Ressourcen sind im Digitalisierungszeitalter nicht auf einen Raumtyp allein reduzierbar.

Ein Raumverständnis, das die Entstehung von Räumen als soziales Phänomen begreift, aber gleichzeitig die strukturierenden Momente bestehender räumlicher Ordnungen mitberücksichtigt, hat u. a. Martina Löw (2001) ausgearbeitet. Ihr Plädoyer für ein „relationales Raumverständnis", das die Wechselwirkung von Handlung und Struktur auf den Raum bezieht, lässt sich für die Analyse sozialer Ungleichheit gewinnbringend aufgreifen. Danach bringen individuelle Handlungen und Wahrnehmungen räumliche Strukturen hervor, während es

1.1 Soziale Ungleichheit in räumlicher Perspektive 7

umgekehrt räumliche Strukturen sind, die auf die Handlungsbedingungen Einfluss nehmen. Bezogen auf die sozialräumlichen Unterschiede in den Städten impliziert dies einen reproduktiven Mechanismus: Die verinnerlichten Handlungs- und Wahrnehmungsschemata und die geringeren Ressourcen der benachteiligten Bevölkerungen führen zu spezifischen räumlichen Strukturen und Wahrnehmungen, die Ungleichheit wiederum verfestigen. Die Gelegenheitsstruktur einer Stadt mit ihren physischen und sozialen Merkmalen ist nicht einfach nur da, sie wird rekursiv hervorgebracht. Wie noch weiter auszuführen ist, lassen sich derartige Rückkopplungsprozesse besonders eindringlich über das Habituskonzept Bourdieus (u. a. 1987 [1979]) beschreiben. In Anknüpfung an Bourdieu zeigt die Verbindung von Habitus und räumlicher Struktur erhebliche Konsequenzen für den Kapitalerwerb, die Sozialisation und den gesellschaftlichen Aufstieg insgesamt.

Angesichts der reproduktiven Logik im Realraum kommt der Qualität des virtuellen Raumes nun eine herausragende Bedeutung zu. Er definiert Zugänglichkeit und Erreichbarkeit auf eine neue Weise. Es stellt sich also die Frage, wie sich seine Strukturen vom Realraum unterscheiden, wenn es für den Einzelnen darum geht, aufstiegsrelevante Ressourcen zu erwerben? Lassen sich auch im Cyberspace Mechanismen identifizieren, die einzelne Gesellschaftsteile begünstigen und andere benachteiligen?

Obwohl Löw mehrfach die Bedeutung des Cyberspace in ihrer Argumentation hervorhebt, versäumt sie es, dessen gesellschaftliche Konstitution selbst weiter zu verfolgen. Für die Auseinandersetzung mit den sozialen Implikationen moderner Technologien ist die Frage nach den neuen Strukturen im Raum jedoch forschungsleitend.

Eine Analyse der räumlichen Strukturen kommt schließlich nicht umhin, nach den Interessen und Machtkonstellationen Ausschau zu halten, die den neuen Handlungsbedingungen im Cyberspace zugrunde liegen. Ein virulentes Interesse der digitalen Dienstleister gilt den Daten des Nutzers, die eine nicht-monetäre Gegenleistung für die bezogenen Dienste darstellen und systematisch aufbereitet werden. Ihre spezifische Wirkung auf die soziale Mobilität des Einzelnen wurde bislang wenig thematisiert und auch in den genannten Post-Privacy-Diskursen oder den Surveillance-Studies nicht genauer ausdifferenziert. Theoretisch und empirisch ist zu ergründen, wie das Interesse an personenbezogenen Daten in die Sozialisationskontexte eingreift. Es gilt den sozialen Steuerungsprozessen auf die Spur zu kommen, die einer marktwirtschaftlich organisierten Datenerhebung und -verwertung inhärent sind. In der wechselseitigen Verschränkung von physischem und virtuellen Raum kommt den neuen Vernetzungstechnologien eine strukturbildende

Macht zu, die hinter den technologischen Verheißungen eines „Do what you can't" stets verborgen bleibt.

So soll diese Arbeit schrittweise offenlegen, dass die sozialen Stratifikationsprozesse im Zeichen unserer digitalisierten Gegenwart tatsächlich anders zu lesen sind. Jedoch nicht im Sinne einer technologischen Befähigung. In räumlicher Perspektive tritt vielmehr zutage, dass die sozial benachteiligten Bevölkerungen mit neuen reproduktiven Mechanismen konfrontiert werden, die dem Bestehenden zuarbeiten und soziale Unterschiede konservieren. Erstaunlicherweise erscheint dies umso wahrscheinlicher, je intensiver die digitalen Angebote in Anspruch genommen werden.

1.2 Vorgehensweise

Die ersten Abschnitte dieser Arbeit konzentrieren sich auf die aktuellen Befunde und Bedingungen sozialer Ungleichheit (Kap. 2). Die Aktualität des Themas scheint in den Medien zuweilen deutlich auf, wenn es um Unruhen in Vorstädten, um rasant steigende Mieten, Gentrifizierungsprozesse oder die luxuriösen Lebensumstände der Superreichen geht. Diese Facetten lassen sich mit nüchternen Statistiken verbinden, die über die letzten Jahrzehnte ein eklatantes Auseinanderdriften von Arm und Reich weltweit und auch innerhalb zahlreicher OECD-Staaten belegen. Weitet man den Begriff der sozialen Ungleichheit über Vermögen und Einkommen hinaus aus, dann offenbart sich eine grundlegende Chancenungleichheit zwischen den einzelnen Bevölkerungsteilen. Für Deutschland lässt sich exemplarisch darlegen, wie sich Ungleichheit aus unterschiedlichen Sozialisationsbedingungen speist und wie die ungleichen Voraussetzungen zu Bildung und Arbeit zu kommen, wiederum reproduziert werden. Um die Mechanismen der sozialen Verstetigung zu vertiefen, wird auf die klassischen Arbeiten von Bourdieu zurückgegriffen.

Noch restriktiver stellt sich die ungleiche Chancenverteilung im räumlichen Zusammenhang dar. Die Gelegenheitsstruktur jedes Einzelnen wird durch das genutzte Quartier stark vorgegeben. Aufstiegsrelevante Ressourcen, wie sie Bourdieu in seinen verschiedenen Kapitalformen differenziert, sind räumlich ungleich verteilt und aufgrund von Distinktions- und Abgrenzungsprozessen auch ungleich erreichbar. Folgt man einem relationalen Raumkonzept, dann konstituieren unterschiedliche Akteursgruppen mit unterschiedlichen Ressourcen den (Stadt-)Raum spezifisch und wirken auf die Gelegenheitsstruktur jedes Quartiersbewohners ein. Sozialisation und Aufstiegschancen werden folglich auch auf der räumlichen Ebene reglementiert, indem kapitalstarke Akteure sich günstigere Bedingungen verschaffen können als kapitalschwache. Bourdieus Ortseffekte illustrieren die sozialen Abgrenzungsprozesse kleinräumig, wenngleich dessen metaphorischer Raumbegriff sorgsam von Löws Raumkonzept zu unterscheiden ist.

Das folgende Kap. 3 kann auf der Grundlage dieser sozialen und räumlichen Verstetigungsmechanismen dann danach fragen, wie die Digitalisierung hier im Sinne der benachteiligten Bevölkerungsteile angreifen kann. Die Parallelwelt des Cyberspace lädt zur Reflexion darüber ein, wie die Strukturen und Handlungsmöglichkeiten sich in dieser Sphäre vom Realraum unterscheiden und unter welchen Bedingungen hier ein alternativer Kapitalerwerb für den sozialen Aufstieg realisiert werden kann. Sortiert nach unterschiedlichen Lebensbereichen, den Grunddaseinsfunktionen, lässt sich einerseits zeigen, dass sich ein Großteil der Alltagshandlungen über den Cyberspace bewerkstelligen lässt. Die reglementierenden Strukturen des Realraums können somit zumindest teilweise strategisch umgangen werden. Andererseits setzt eine solche Nutzung des Virtuellen aber Kompetenzen voraus, die wiederum nur ungleich in der Gesellschaft verteilt sind.

In Kap. 4 wird die Auseinandersetzung um die soziale Befähigung digitaler Technologien um einen zentralen Aspekt erweitert. Die individuelle Bezugnahme auf den Cyberspace sowie die Nutzung der vernetzten Geräte im Realraum liefern der Wirtschaft umfangreiche Daten. In unterschiedlichen ökonomischen Verwertungszusammenhängen helfen diese Daten dabei, passende Produkte, Informationen und Dienstleistungen an den Nutzer zu adressieren. Die Kanäle, über die personenbezogene Daten bezogen werden, sind ebenso umfangreich wie die Möglichkeiten einer individuellen Ansprache. Während das umfangreiche Wissen über den Verbraucher für viele Arbeiten die Vorlage liefert, sich mit (staatlicher) Überwachung oder dem Verlust der Privatsphäre auseinanderzusetzen, wird in dieser Arbeit die Bedeutung einer Selbstspiegelung zum Leitmotiv: Welche sozialen Implikationen sind mit der passgenauen Adressierung des Nutzers verbunden, wenn dieser mit der ökonomischen Übersetzung seiner eigenen Dispositionen konfrontiert wird? Dass eine solche rekursive Bezugnahme ebenfalls für einen Großteil der Alltagshandlungen online wie offline möglich ist, gilt es mit unterschiedlichen Beispielen zu demonstrieren. Erneut wird dafür auf die Systematik der Daseinsgrundfunktionen zurückgegriffen.

Die Möglichkeit einer rekursiven Bezugnahme weiter verfolgend, schlägt das Kap. 5 den Bogen zurück in das Quartier. Mithilfe kommerziell gehandelter Daten soll für die Städte Berlin, München und Essen exemplarisch gefragt werden, auf welche Weise eine datenbasierte Verwertungslogik die Quartiere und ihre Bewohner erreicht und welche Implikationen sich daraus für die

Sozialisation und die soziale Frage insgesamt ergeben. Die Befunde werden in einem abschließenden Kap. 6 zusammengefasst und nochmals auf die These einer digitalen Befähigung bezogen. Für das Digitalisierungszeitalter lässt sich dabei eine ökonomisch definierte Gelegenheitsstruktur erkennen, die gesellschaftliche Chancen höchst ungleich vermittelt und damit auf die soziale Frage neues Licht wirft.

Mit der Verschneidung von zwei aktuellen Großthemen „Digitalisierung" und „soziale Ungleichheit" ist naturgemäß eine umfangreiche Literatur gegeben, die zur rigiden Auswahl zwingt. Sie zu treffen ist gerade im Fall der Digitalisierung schwer, da das Forschungsfeld eine hohe Dynamik zeigt. Die raschen technologischen Innovationen bescheren auch der Wissenschaft eine neue Informationsdimension, deren Umfang als Forschungsgrundlage und als Forschungsgegenstand gleichermaßen herausfordert. Sie regt Autorinnen und Autoren zu spekulativen Deutungen des digitalen Alltags an, die möglicherweise von der Gegenwart so nie eingeholt werden oder bereits morgen veraltet sind. Die vorliegende Arbeit ist in Inhalt und Literaturauswahl um einen Mittelweg bemüht. Weit vorausschauende Prognosen werden zugunsten gesicherter Befunde zurückgestellt. Es wird argumentiert, dass die umfangreichen wissenschaftlichen Befunde längst ausreichen, um den sozialen Stratifikationsmechanismen schon heute ein neues Deutungsmuster zu geben. Damit ist keineswegs ausgeschlossen, dass die Geschwindigkeit des technologischen Wandels diese Mechanismen noch weiter verstärken wird.

Stratifikationsprozesse, Sozialisation und Raum

2

Das klassische Thema der Sozialwissenschaften, die soziale Ungleichgleichheit zwischen und innerhalb von Gesellschaften, hat trotz fortwährender Relevanz im Verlauf der Jahrzehnte unterschiedliche Konjunkturphasen durchlaufen und den öffentlichen Diskurs in unterschiedlicher Weise begleitet. Naturgemäß ist die Frage, was als ungleich anzusehen ist, normativ und wertgeladen. Sie ist davon abhängig, was innerhalb einer Gesellschaft als „erstrebenswert" und „wertvoll" gilt und inwieweit die Verfügbarkeit entsprechend begehrter Güter und Dienstleistungen für den Einzelnen realisiert werden kann. Die Begrenztheit von materiellem Wohlstand, Macht oder Prestige und die selektive Beziehbarkeit von Ressourcen generiert Verteilungsunterschiede, deren Bedeutung stets im gesellschaftlich-politischen Kontext zu definieren und auszuhandeln ist. Bei allen unterschiedlichen Positionen ist aber erkennbar, dass die Akzeptanz sozialer Stratifikation übergreifend abnimmt, wenn die relative Schlechterstellung die Handlungsoptionen des Einzelnen derart stark reglementiert, dass eine Veränderung der sozialen Position kaum noch möglich ist. In der jüngeren Gegenwart häufen sich entsprechende Befunde. Es zeigt sich deutlich, dass nicht nur die Einkommens- und Vermögenssituationen in den reichsten Volkswirtschaften Tendenzen einer starken Polarisierung aufweisen, sondern auch, dass die Verlierer des Verteilungsmodus dauerhaft wesentliche Verwirklichungschancen einbüßen und diese Hypothek weiter auf ihre Kinder übertragen. Jenseits der Verteilung der ökonomischen Ressourcen bilden Sozialisations- und Bildungskontexte eine schichtbezogene Selektivität heraus, die gesellschaftliche Aufstiegsprozesse massiv behindert.

Die aktuelle Neubelebung der Ungleichheitsdebatte zieht aus dieser Reproduktionslogik gewichtige Argumente. Sie gewinnt aber auch deshalb an Brisanz, weil in den nachfordistischen Ökonomien viele Berufe, die den Arbeitnehmern

Ressourcen und Zugehörigkeiten sicherten, nun zur Disposition stehen. Mit dem aufkommenden Digitalisierungszeitalter kündigt sich eine völlige Neubewertung der Qualifikationsanforderungen an. Der Stellenwert von Bildung wird weiter wachsen, was erneut die Frage ihrer Zugänglichkeit untermauert und Privilegierte weiter zu begünstigen scheint. Sieht man in der Diffusion digitaler Technologien – etwa dem Smartphone – zugleich neue Werkzeuge des Wissens- und Qualifikationserwerbs, so scheint nicht zwangsläufig ausgemacht, welche Gruppe aus dem Umwälzungsprozess am Arbeitsmarkt als Verlierer herausgeht. Der Umbruch könnte – so die Perspektive mancher Bildungstheoretiker – bislang unbekannte Ressourcenzugänge freilegen und möglicherweise gerade jene belohnen, die in einem reproduktiven Verteilungssystem benachteiligt waren.

Um den Aufstiegschancen im Internetzeitalter schrittweise näher zu kommen, gilt es ausgehend von der Entwicklung und den Ursachen sozialer Ungleichheit in der Gegenwart, den angedeuteten Prozess der sozialen Reproduktion eingehender zu erörtern. Dabei ist der Wissens- und Qualifikationserwerb in den größeren Kontext der Sozialisation und deren räumlicher Bedingtheit zu stellen, um gruppenspezifische Mechanismen von Begünstigung und Benachteiligung umfassender identifizieren zu können.

2.1 Soziale Ungleichheit in der postindustriellen Gesellschaft

Wenn für die Gegenwart ein dramatischer Wandel der Arbeitsmärkte, ein Abbau des Sozialstaates und eine stark wachsende Ungleichheit der Lebenschancen beschrieben werden, so vollzieht sich diese Diagnose als relative Einordnung stets mit Bezugnahme auf eine Vergangenheit mit hoher sozialer Konvergenz. Dabei wird nicht auf die Industriegesellschaft des 19. Jahrhunderts mit ihrer höchst ungleichen Verteilung der Produktionsmittel zurückgeblickt und auch nicht auf die Krisenzeiten im Umfeld der beiden Weltkriege. Referenz für einen erfolgreichen Abbau sozialer Gegensätze und eine hohe sozialstaatliche Absicherung liefert die fordistisch geprägte Nachkriegszeit der 1950er sowie insbesondere der 1960er Jahre in Westeuropa und den USA. Speziell Deutschland, dessen besonders starker Wirtschaftsaufschwung („Wirtschaftswunder") in der Nachkriegszeit dezidiert mit einer *sozialen* Marktwirtschaft verbunden wurde, mag für das fordistische Integrationsmodell exemplarisch stehen. Seit dessen Niedergang in den 1970er Jahren wird die soziale Frage, insbesondere mit Schwerpunkt auf die Einkommensungleichheit, als „neue soziale Frage" wieder stärker diskutiert – bis hin zu aktuellen Szenarien eines drastischen

Rückschritts, der hinsichtlich der Ungleichheit von Lebenschancen Parallelen zur Klassenspaltung des 19. Jahrhunderts zeigt (Siebel 2012, S. 472).

Das Nachkriegsmodell basierte neben einem starken ökonomischen Wachstum und entsprechender Nachfrage auf einer traditionellen Arbeitsteilung, in der sich der Mann mit Vollzeitbeschäftigung auf den Beruf und damit auf die materielle Versorgung seiner Familie konzentrierte, während die Ehefrau in der Regel ausschließlich Hausfrau war. Dass nur ein Einkommen auch bei Geringverdienenden für die Versorgung der Familie ausreichte, war sicheren, unbefristeten Arbeitsverhältnissen und wachsenden Reallöhnen geschuldet, wie sie Dank Vollbeschäftigung selbst außerhalb der Industriezentren realisiert werden konnten. Flankiert wurde diese Wohlstands- und Wachstumsphase durch ein sozialstaatliches Sicherheitsnetz. Dieses umfasste in Deutschland u. a. garantierte Rentenansprüche, einen Kündigungs- und Arbeitsschutz oder verbindliche Tarifnormen. Der ausgebaute Sozialstaat griff zudem auch stärker in die Wohnungsversorgung ein und schuf marktferne Angebote. Den einst besitzlosen Klassen wurden damit insgesamt die materiellen Grundlagen für einen Bürgerstatus geboten, der ihnen ungeachtet fortbestehender Ungleichheiten, ökonomische und gesellschaftliche Teilhabe versprach. In den wachsenden Mittelschichten der kapitalistischen Industrieländer Europas wuchsen die Voraussetzungen für den Massenkonsum standardisierter Güter. Auch in den USA wird zum etwa gleichen Zeitraum „… a new norm of middle-class consumption based on relatively high wages" ausgemacht, in einem System „… of collective bargaining which generalized the class compromise of relatively high and growing wages in return for labor peace throughout the core of the economy" (Vidal 2011, S. 275).

Diese als normative Folie für die Gegenwart oft überglorifizierte Hochphase des Fordismus in Deutschland und weitern hoch entwickelten Volkswirtschaften darf allerdings nicht darüber hinwegtäuschen, dass die soziale Integration keineswegs auf sämtliche Gruppen der Gesellschaft durchschlug. Gerade Migranten, Frauen und gering Qualifizierte erfuhren vielfach eine gesellschaftliche Zurücksetzung (vgl. dazu auch Siebel 2012, S. 463 f.).

Konnte im Spätfordismus letztlich eine breite Mittelschicht gebildet werden und auch den ärmeren Schichten ein Zugang zu den zentralen gesellschaftlichen Institutionen in Bildung und Versorgung garantiert werden, zeichnete sich mit dem Übergang zum Postfordismus ein einschneidender Wandel ab: Eine wachsende Technisierung und Automatisierung der Produktion, die flexible Spezialisierung als Antwort auf die Krise der standardisierten Massenproduktion in einem sich ausdifferenzierenden Konsumentenmarkt sowie neue Arbeits- und Tätigkeitsfelder zersetzen das einstige Gefüge beruflicher Anforderungsprofile vollkommen. Alte Hierarchien und Rollengefüge geraten seitdem ebenso unter

Druck, wie die industrielle Produktion und die staatliche Fürsorge insgesamt. An die Stelle des schützenden Wohlfahrtsstaates tritt zunehmend ein Wettbewerbsmodell, das seit den frühen 1980er Jahren von England und den USA ausgehend die Privatisierung und Deregulierung der Volkswirtschaften anschiebt. Das System von Angebot und Nachfrage wird fortan noch intensiver im globalen Maßstab definiert, was zwangsläufig auch die Löhne und Qualifikationen in eine globale Konkurrenzsituation rückt. Es entstehen neue Beschäftigungsbedingungen, die mit unstetigen, teils prekären Arbeitsverhältnissen, neuer sprunghafter Erwerbsbiografien und dem Eindruck zyklischer Massenarbeitslosigkeit einhergehen. Der Bedeutungsverlust der absichernden Familie, die Verringerung vieler Einkommen und resultierend aus beidem der Zwang zur individuellen Versorgung treffen besonders all jene schwer, die diese aus zeitlichen oder mobilitätsbedingten Gründen schlecht leisten können. Dies betrifft insbesondere alleinerziehende und ältere Menschen, aber auch Schlechtqualifizierte mit ihrem geringeren beruflichen Möglichkeitsspektrum.

Die in den letzten Jahrzehnten verstärkte Nachfrage von Arbeitslosengeld und Sozialhilfe hat deren Bezugskonditionen deutlich verschärft. Gleichzeitig gerät der Sozialstaat selbst im Globalisierungskontext unter Wettbewerbsdruck: In seiner Transformation zum schlanken Wettbewerbsstaat sucht er den zunehmend mobilen und global tätigen Unternehmen attraktive Rahmenbedingungen zu liefern und richtet die sozialen Sicherungssysteme stärker am Niveau der globalen Mitbewerber aus. Soziale Schutzmechanismen, wie die Begrenzung der Wochenarbeitszeiten, die Festlegung von Tarifen oder der Kündigungsschutz geraten so zum Zielobjekt „entgrenzender Verwertungsstrategien" (Dörre 2007). Nicht zuletzt bewirkt der Druck der Anteilseigner auf die Unternehmensleitung, eine maximale Eigenkapitalverzinsung mit entsprechenden Börsenwerten zu generieren, dass ökonomische Prosperität und Beschäftigung zunehmend voneinander entkoppelt werden. Kosten- und renditeorientierte Wettbewerbsstrategien können so selbst in Wachstumsphasen zu einer Forcierung des Arbeitskräfteabbaus führen (Häußermann 1997). Kommt es zu Einstellungen, so oft unter Arbeitsbedingungen, die Befristungen, Leih- und Zeitarbeit oder Minijobs vorsehen und für Unternehmen vielfach die kostengünstigste und flexibelste Anpassung an den Markt darstellen. Selbst Deutschlands vergleichsweise guten Beschäftigungszahlen fußen mit zunehmender Tendenz auf atypischen Beschäftigungsverhältnissen. Ähnlich verhält es sich in den europäischen Nachbarländern oder den USA, wenngleich sich der Beschäftigungsanteil in den Nichtstandardarbeitsverhältnissen von Land zu Land stark unterscheidet. Im Zusammenhang mit einer mangelhaften Absicherung taucht verstärkt das Thema der Altersarmut auf, „welches in der Bundesrepublik

2.1 Soziale Ungleichheit in der postindustriellen Gesellschaft

über Jahrzehnte als gelöst angesehen werden konnte, in Zukunft jedoch wieder an Bedeutung gewinnen wird" (Keller und Seifert 2009, S. 45). Gerade die sog. einfachen Tätigkeiten im aufgefächerten Dienstleistungssektor, vom Reinigen über das Pflegen bis hin zum Bedienen und Aushelfen, bergen ein erhebliches Rationalisierungspotenzial, das die jeweiligen Arbeitnehmer in den Niedriglohnsektor drückt. Während die Entlohnung im einfachen Dienstleistungssektor relativ zur Gesamteinkommensentwicklung zurückbleibt, wachsen jedoch die Löhne im Feld der produktivitätsstarken (hochwertigen) Dienstleistungen an. Kommen also auf der einen Seite eine wachsende Zahl an Arbeitslosen, Langzeitarbeitslosen, gering qualifizierter, alleinerziehende oder ältere Menschen mit den modernen Anforderungen des Arbeitsmarktes schlecht zurecht (Schürz 2017), profitieren auf der anderen Seite die Gewinner der Modernisierung überproportional. Bezieher hoher Einkommen konnten über die Jahre ihre machtvolle Position einkommensverstärkend nutzen, obwohl die relative Höhe gegenüber den niedrigen Einkommen nicht der jeweiligen Produktivität entspricht (Piketty 2014). So hat die Wissens- und Informationsgesellschaft der Gegenwart neue Spitzenverdiener in wissensintensiven und kreativen Bereichen hervorgebracht, die Computerexperten und Medienmacher ebenso belohnt wie Akademiker in gehobenen Positionen, Manager oder medienpräsente Persönlichkeiten. Für die vergangenen zwei bis drei Jahrzehnte ist eine erhebliche soziale Spaltung, ein Auseinanderdriften von Arm und Reich, evident. Dieser soziale Spaltungsprozess manifestierte sich zunächst stärker in den USA und Großbritannien, ist aber spätestens seit den 1990er Jahren auch für Kontinentaleuropa und viele weitere Staaten klar dokumentiert. Insbesondere seine zentrale Triebfeder, die wachsende Einkommensungleichheit, ist für nahezu alle hoch entwickelten Dienstleistungsnationen in Längsschnittstudien nachweisbar (Atkinson et al. 2011; Giesecke und Verwiebe 2009; Rohrbach 2008, S. 195 ff.; United Nations 2020). Gemeinsam ist ihnen der Befund, dass die Anteile der Haushalte in den mittleren Einkommensgruppen abnehmen, diejenigen der oberen und unteren dagegen deutlich zunehmen. In Deutschland ist das reale Einkommen in den vergangenen 15 Jahren in mehr als jedem dritten Haushalt zurückgegangen, während die Ungleichheit der Einkommen der unter 40-Jährigen gegenwärtig doppelt so hoch ist, wie in der vorangegangenen Elterngeneration. Obwohl es in Deutschland einen anhaltenden Wirtschaftsaufschwung gab, der zwischen 1991 und 2015 die realen verfügbaren Einkommen der privaten Haushalte im Schnitt um 15 % nach oben getrieben hat, blieben die untersten Einkommensgruppen davon ausgenommen (Rodenhäuser et al. 2019). Der GINI-Einkommenskoeffizient, der die Ungleichverteilung wiedergibt, verschlechterte sich laut OECD in Deutschland zwischen 1985 bis 2011 um 16,7 %. In dieser Entwicklung liegt Deutschland noch vor Frankreich

(14,4 %), Großbritannien 11,6 % und Italien (10,5 %) (OECD 2015, S. 24; vgl. auch Alvaredo et al. 2018). Legt man den Fokus auf die Vermögenssituation der Haushalte, dann zeichnen sich die Gegensätze, die sich in den letzten Jahrzehnten herausgebildet haben, noch schärfer ab: „In 2011, the top one percent of the U.S. households controlled 40 percent of the nation's entire wealth. And while the U.S. case may be extreme, it is far from unique: all but a few of the countries of the Orgnazation for Economic Cooperation and Development for which data are available experienced rising income inequality (before taxes and transfers) during the period from 1980 to 2009" (Inglehart 2016, S. 2).

Die extreme Ungleichheit des Wohlstands bringt kontrastierende Lebenswirklichkeiten von Privilegierung und völliger Entbehrung hervor, deren Facetten sich nicht nur in der Lebensqualität, den Teilhabechancen und den Verwirklichungsoptionen zeigen, sondern auch eine unterschiedliche Lebenserwartung von bis zu 10 Jahren bedeuten kann (Lampert und Rosenbrock 2017).

Unter den zahlreichen Erklärungsansätzen für die extreme Vermögensakkumulation bei den Besitzenden findet sich insbesondere der Hinweis auf die Produktivität des Kapitals, dessen Einkommen in der Regel prozentual schneller wächst als die Gesamtwirtschaft (Piketty und Saez 2006). Es wird ferner auf die Möglichkeiten der Steuerreduzierung oder -vermeidung (Steueroasen) verwiesen (Druyen et al. 2009), oder auf die zunehmend ungleiche Verteilung von Erbeinkünften (Frick und Grabka 2009) aufmerksam gemacht. Im Spannungsfeld von Umverteilungsforderungen, Besitzstandswahrung, aufweichender staatlicher Zugriffsmöglichkeiten und einer globalen fiskalpolitischen Konkurrenzsituation gerät das normative Ringen um ein sinnvoll realisierbares Gerechtigkeitskonzept zum politischen Kernthema. Ebenso zählt die aktuelle Brisanz der Einkommensungleichheit zur wachsenden Herausforderung moderner Dienstleistungsgesellschaften. Auf der wissenschaftlichen Seite fordert sie zur Analyse der Ursachen des Polarisierungsprozesses auf. Hier geht es zentral um die Ergründung jener Mechanismen, die der (unterschiedlichen) Einkommensgenerierung zugrunde liegen. Die Arbeiten der Ökonomen und der Soziologen weisen hier zwei unterschiedliche Stoßrichtungen auf: Unter Ökonomen dominiert die These des „skill-biased technological change" (auch Humankapitaltheorie), die vor allem eine zunehmende Bedeutung von relevanten Qualifikationen für die steigende Einkommensungleichheit verantwortlich macht. Im Zeichen des technologischen Wandels, gerade im Zusammenhang mit der Verbreitung moderner Computer, steigt die Nachfrage nach hoch qualifizierten Arbeitskräften stark an. Dies führt, wie bereits in der Frühphase der Computerverbreitung in den USA vielfach nachgewiesen, zu erheblichen Lohnabständen zwischen qualifizierten und unqualifizierten Arbeitnehmern, die sich im zeitlichen Verlauf immer stärker auffächert (u. a. Bound und Johnson 1992; Levy und Murnane 1992; Autor et al. 1999). Trotz kritischer Einwände, etwa dem Befund einer zeitweise geringeren Einkommensungleichheit bei wachsendem Computereinsatz oder dem Ausblenden von genderbezogenen und ethnischen Diskriminierungen am Arbeitsmarkt (z. B. Card und DiNardo 2002; Bresnahan 1999), ist der Erklärungsansatz in der Wissenschaft weitgehend etabliert. Die skizzierten Polarisierungen innerhalb des wachsenden Dienstleistungsspektrums zwischen ungelernter Aushilfsarbeit und hoch spezialisierten Tätigkeiten finden hier leicht Anschluss. Eine sich abzeichnende Verzahnung industrieller Produktion mit moderner Informations- und Kommunikationstechnik („Industrie 4.0") wird in dieser Perspektive den Polarisierungsprozessen weiteren Schub verleihen, indem hoch bezahlte Dienstleistungen industrielle Tätigkeiten weiter verdrängen. Durchschnittlich weisen Helfer- und Fachkrafttätigkeiten ein deutlich höheres Substituierbarkeitspotenzial auf als Tätigkeiten, die typischerweise eine höhere Qualifikation erfordern. Sektoral zeigt sich bei Berufen in der Industrieproduktion ein hohes Substituierbarkeitspotenzial, bei Berufen in den sozialen und kulturellen Dienstleistungen dagegen ein niedriges (Dengler und Matthes 2015). Für die USA hat die vielbeachtete Studie von Frey und Osborne (2013) zum Automatisierungspotenzial von Berufen gezeigt, dass gegenwärtig fast die Hälfte der US-amerikanischen Beschäftigten Tätigkeiten nachgehen, die in den nächsten 10 bis 20 Jahren von Computern und Algorithmen übernommen werden könnten. Für Europa und Deutschland werden ähnliche, in einigen europäischen Ländern sogar noch deutlich höhere Substitutionseffekte erwartet (Bowles 2014). In weiterer Zukunft sehen Wissenschaftler in einer vollkommen vernetzten Welt ein globales Prekariat im Entstehen, wenn ein Großteil digitaler Dienstleistungen unter einer globalen Konkurrenz zu immer schlechteren Konditionen verteilt werden kann (Graham und Anwar 2019).

Gegen die ökonomisch begründete Einkommensungleichheit als Funktion von Angebot und Nachfrage führen Soziologen die Schließungstheorie ins Feld (im Überblick Mackert 2004). Danach gelingt es den Eliten durch Diskriminierungsmechanismen, Distinktionsprozesse, institutionelle Veränderungen und Klassenkonflikte sich selbst steigende Einkommen zu sichern und andere von beruflichen Tätigkeitsfeldern und den volkswirtschaftlichen Wohlstandsgewinnen auszuschließen. Die Privilegierung durch eine Staatsbürgerschaft kann in diesem Zusammenhang ebenso eine Konkurrenzbeschränkung darstellen wie die Voraussetzung von Abschlüssen für bestimmte Berufe. Diese strukturelle Sicht auf die wachsende Lohnungleichheit konnte in den vergangenen Jahren empirisch ebenfalls mehrfach untermauert werden (Haupt 2012; Giesecke und Verwiebe 2009), wobei auch vermittelnde Positionen bestehen, die sowohl die Qualifikation als auch die Schließung als relevante Faktoren zusammenbringen (z. B. Groß 2009).

Beide Ansätze zentrieren den Mangel an sozialer Mobilität der Geringverdiener, die im Falle der Humankapitaltheorie auf der Notwendigkeit von Bildung und Qualifikation fußt. Damit ist die Frage verknüpft, wie es wiederum um die Chancengleichheit zur individuellen Bildung bestellt ist? Gerade in Deutschland ist der eingeschlagene Bildungsweg in hohem Maße am verfügbaren Einkommen und der Qualifikation der Eltern ausgerichtet, was zur Reproduktion sozialer Ungleichheit führt. Für Kinder aus statusniedrigeren Schichten besteht eine nachweisbar geringere Wahrscheinlichkeit einen höheren Bildungsabschluss zu erwerben als für Kinder aus höheren Schichten (Jungkamp und John-Ohnesorg 2016; van Essen 2013). Die Studie von Braun und Stuhler (2018) belegt für Deutschland einen mehrere Generationen übergreifenden Prozess der sozialen Benachteiligung. In ihrer Untersuchung zeigen sie über vier Generationen hinweg, dass durchschnittlich 60 % der für den sozialen Status einer Person maßgeblichen Faktoren von einer Generation zur nächsten weitergegeben werden; der Bildungsgrad oder Berufsstand der Ur-Großeltern also vielfach noch auf den ihrer heutigen Nachfahren durchschlägt.

Viele individuelle Schwierigkeiten aus Altersgründen, als Alleinerziehende(r) oder Migrant(in) in den Ausbildungsmarkt einzutreten, oder die Schwierigkeit eine qualifizierende Bildungseinrichtung (auch räumlich realisieren und) erreichen zu können, setzen der sozialen Mobilität weitere Grenzen.

Im Falle der Schließungstheorie ist die soziale Mobilität gewissermaßen von außen reglementiert, was Licht auf die Bedeutung der Exklusionsmechanismen wirft, die bereits auf dem Bildungsweg greifen. Während ein Mangel an Bildungs- und Ausbildungszertifikaten selbst als Schließungsmechanismus fungiert (Rössel 2009, S. 71 f.), sind schon vor dem ersten Abschluss unterschiedliche Mechanismen der Befähigung, bzw. Restriktion im Spiel, die mit der sozialen Herkunft, dem Milieu, dem Wohnort und weiteren Sozialisationsbedingungen zu tun haben. Auch aus dieser Sicht ist eine Chancenungleichheit mit sich selbst verstärkenden Effekten zu konstatieren: Gewährleistet das zugehörigkeitsstiftende „Innen" einen Zugang zu aufstiegsrelevanten Ressourcen, die den erreichten Status festigen, entzieht das „Außen" dem Individuum den notwendigen Zugriff, zementiert oder mindert die bestehende Position und lässt es im Wettbewerb mit anderen relativ zurückfallen. Insofern erscheint es geboten, in der Analyse der sozialen Polarisierung bei den Möglichkeitsfeldern und Ressourcenzugängen von Einzelnen und Gruppen anzusetzen. Bevor dies allgemein und in sozialräumlichen Bezügen konzeptionell weiter ausgeführt wird, gilt es die Dimensionen der ungleichen Lebensbedingungen weiter auszudifferenzieren.

2.1.1 Ungleiche Bildungs- und Sozialisationsbedingungen

Das Vermögen die soziale Position individuell verbessern zu können, ist neben den persönlichen Voraussetzungen von den Lebensbedingungen abhängig. Lebensbedingungen werden hier mit Hradil „… als äußere Voraussetzungen alltäglichen Handelns verstanden, die unabhängig von der Wahrnehmung oder der Interpretation des Einzelnen bestehen und Wirkungen haben" (Hradil 2001, S. 147). Zumeist werden sie in den Kategorien ungleicher Bildung, Erwerbsarbeit, Wohlstand, Macht, Prestige sowie unterschiedlichen Arbeits-, Wohn- und Freizeitbedingungen gefasst (Hradil 2001; vgl. dazu auch Rössel 2009). Sie stehen untereinander in Wechselwirkung, können sich gegenseitig bedingen und verstärken. Eine herausragende Berufsposition sichert etwa die Verfügbarkeit von materiellen Gütern, bedingt aber auch die Qualität der Arbeitsbedingungen sowie Macht oder Prestige. Zentral in diesem Geflecht von Befähigungen und Einschränkungen steht die Bildung. Ihre überragende Bedeutung findet in unzähligen Publikationen ihren Niederschlag, die sie aktuell im Kontext der gewandelten beruflichen Anforderungen gewichten oder – allgemeiner – als wichtigsten Garanten gesellschaftlicher Teilhabe konzeptualisieren (Miethe et al. 2017; Berli und Endreß 2013; Piketty 2014; Castells 2017, Kap. 4). Sie soll hier in beiden Bezügen als ein nicht endender Prozess gefasst werden, der zur Entwicklung einer selbstständigen, problemlösungsfähigen und lebenstüchtigen Persönlichkeit befähigt – und sich damit ganz grundlegend auf die Handlungsoptionen des Einzelnen auswirkt.

In Bezug auf das ungleich verteilte Einkommen wurde zunächst auf ihre wachsende Relevanz für die Ausübung einer qualifizierten Erwerbstätigkeit hingewiesen. Es ist kein Zufall, dass parallel zur Krisendiagnose der fordistischen Industriegesellschaft die Auseinandersetzungen mit den Produktivkräften der Zukunft an Fahrt aufnahmen. In den klassischen Werken von Touraine (1972, im Original 1969), Drucker (1992, im Original 1969) und Bell (1973), die mit unterschiedlichen Schwerpunkten die „postindustrielle Gesellschaft" früh ausdeuten, kommt es zu radikalen Neubewertung der volkswirtschaftlich relevanten Qualifikationen. Wissenschaftlich-technische Forschung, eine hochqualifizierte Berufsausbildung und die wachsende Bedeutung von Informationen werden hier bereits als Schlüsselfaktoren des postfordistischen Zeitalters identifiziert. Bell spricht direkt von einer neuen „Informations- und Wissensgesellschaft", deren Innovationen zunehmend von der Forschung und Entwicklung mit korrespondierenden Berufen ausgehen werden: „The weight of the society (…) is increasingly in the knowledge field" (Bell 1973, S. 212; ähnlich auch Drucker

1992, S. 263 ff.). Seine Einschätzung lässt sich heute, in Anbetracht einer globalen Produktion, Distribution und Nutzung von Wissen als entscheidendem Faktor für Wettbewerbsfähigkeit und Wachstum deutlich unterlegen. Speziell Castells (2017, im Original 1997) hat in seinem bekannten dreibändigen Werk die Wissensgesellschaft konsequent im Internetzeitalter platziert und für die Gegenwart und Zukunft als neues Paradigma ausgedeutet. Er beschreibt die neue Wirtschaftsform in globalen Netzwerkstrukturen von Kapital, Management und Information, deren Zugang zu technologischem Knowhow über Produktivität und Konkurrenzfähigkeit bestimmen wird (Castells 2017, S. 569 f.). Der soziale Status des Einzelnen resultiert letztendlich aus dem Grad der Einbindung in eine solche Netzwerkgesellschaft und wird mit dessen Wissen, seiner Flexibilität und seiner Qualifikation korrelieren.

Indem die rasante Beschleunigung von Daten- und Informationsflüssen die weltweite Konkurrenz um Wissen anfacht, wächst für die einzelnen Standorte die Notwendigkeit, ihre Institutionen der Wissensvermittlung und die Möglichkeiten der Wissensaneignung zu optimieren. Während Daten zunächst nur einfache Angaben über Zustände und Gegebenheiten der Welt darstellen, bestehen Informationen aus ihrer zielgerichteten Verarbeitung. Wissen entsteht, wenn diese Informationen mit Kontext und Erfahrung kombiniert werden (vgl. Huang et al. 1999), womit allein im Feld der Ökonomie unzählige, sich stets wandelnde Verwertungskontexte angedeutet sind. Ihnen zuarbeitend rücken bei allen Bemühungen der Wissensgenerierung und -verbreitung die Bildungssysteme bzw. die berufsbezogenen Ausbildungssysteme in den Mittelpunkt. Sie vermitteln nicht allein Wissen oder allgemeine Fähigkeiten, sondern im breiten Sinne von „Bildung" auch Urteilsvermögen, Reflexion und kritische Distanz gegenüber dem wachsenden Informationsangebot. Nicht zuletzt kommt Bildung auch eine Sozialisationsfunktion zu, indem Werte, Normen und Verhaltensformen vermittelt werden. Sie sind zweifellos auch jenseits des Berufs für die Alltagsbewältigung von höchster Relevanz, da sie u. a. das sozial Akzeptierte definieren, den Grundkonsens herstellen und dem Individuum die sozialen Widerstände der individuellen Persönlichkeitsentfaltung verständlich machen.

Die Verknüpfung von institutionalisierter Bildung als zentrale Voraussetzung für den beruflichen und gesellschaftlichen Erfolg darf jedoch nicht vergessen lassen, dass die Bildungssysteme nur Teil eines umfassenden Sozialisationsprozesses sind, dessen komplexe Komponenten sich aus individuell psychologischen und extern sozialen Bedingungen zusammensetzen. Die Chancen des Einzelnen, über Bildung und Wissen im Arbeitsmarkt zu bestehen, sind also sowohl von der Entstehung und Entwicklung der Persönlichkeit abhängig, wie auch von der gesellschaftlich vermittelten sozialen und materiellen Umwelt.

Hurrelmann und Bauer (2015) haben mit dem Modell der produktiven Realitätsverarbeitung, Sozialisation in diesen doppelten Kontext von innerer und äußerer Realität einspannt. Demnach wird die Persönlichkeitsentwicklung als eine ständige Interaktion von individueller Entwicklung und den umgebenden Faktoren zusammengedacht, „...wobei diese Interaktionserfahrungen aktiv und produktiv verarbeitet und sowohl mit den inneren körperlichen und psychischen als auch mit den äußeren sozialen und physischen Gegebenheiten permanent austariert werden" (Hurrelmann und Bauer 2015, S. 15). Die Autoren unterteilen die sozial-räumlichen Bedingungen in kontextuelle Faktoren, welche die materielle Ausstattung, die symbolische Besetzung sowie die Normierung eines umgebenden Raumes betreffen und in kompositorische Faktoren. Letztere bezeichnen die Zusammensetzung der Gruppe, der Menschen angehören oder in der sie handeln.

Wenn Bildung und Wissenserwerb im Sozialisationsprozess also gemeinhin die Befähigung zu gesellschaftlicher Teilhabe versprechen, dann steht dieses Versprechen noch unter dem Vorbehalt der Chancengleichheit beim Bildungserwerb. Folgt man dem Lebenslauf des Einzelnen, das sich in den Etappen von den frühen Jahren, über das junge Erwachsenenalter, das mittleres Erwachsenenalter bis hin zum älteren und ältesten Erwachsenenalter vollzieht, dann unterscheiden sich die Lebensbedingungen, oder – sozialisationstheoretisch gefasst – die kontextuellen und kompositorischen Faktoren innerhalb dieser Phasen von Arm und Reich doch beträchtlich. Für Deutschland haben die letzten beiden Armuts- und Reichtumsberichte des Bundesministeriums für Arbeit und Soziales (BAS 2013, 2017) die bestehenden Erfolgs- und Risikofaktoren phasenbezogen zusammengetragen (vgl. dazu auch Becker und Lauterbach 2007; Bauer et al. 2012). Sie zeigen: Ungeachtet der unterschiedlichen, individuellen Voraussetzungen, die der Einzelne von Geburt an in den Sozialisationsprozess (innere Realität) einbringt, lassen sich für Bevölkerungsgruppen mit unterschiedlichem sozioökonomischen Status strukturell vollkommen unterschiedliche Bedingungen hinsichtlich der Verfügbarkeit aufstiegsrelevanter Ressourcen ausmachen. Schon in der *ersten Lebensphase* üben die soziokulturellen Merkmale der Familie als primäre soziale Umgebung einen starken Einfluss auf die Entwicklung des Kindes aus. Bildungsferne und ein niedriger ökonomischer Status korrespondieren nachweislich mit einer geringeren Förderung der vorhandenen Fähigkeiten und Fertigkeiten, dem Erlernen nachteiliger Rollenbilder und geringeren Betreuungs- und Bildungserfahrungen etwa in Kinderkrippe oder Kindergarten. Sind Kinder mit Armutserfahrungen konfrontiert, leidet die Entwicklung des Kindes in vielen Fällen darunter weiter, da Möglichkeiten der Teilhabe beschnitten, aber auch negative

Einflüsse (Stress, Ängste) auf das Kind übertragen werden (vgl. auch Biedinger 2009). Zur Einschulung sind Entwicklungsverzögerungen und -störungen bei Kindern aus sozial belasteten Familien rund dreimal häufiger nachweisbar, als bei Familien ohne soziale Belastungsfaktoren. Sie werden in der Regel im weiteren Schulverlauf auch nicht mehr aufgeholt (vgl. BAS 2013, S. 91). Eine erfolgreiche Bildung in den ersten Kindheitsjahren begünstigt dagegen die Startbedingungen in der Schule und zeigt darüber hinaus einen kumulativen Effekt für den Bildungsweg insgesamt (BAS 2013, S. 77 f.; vgl. auch Hummrich und Kramer 2017, S. 117 ff.). Auch die Sprachförderung ist wichtiger Teil des Bildungsprozesses und auch sie ist milieuabhängig unterschiedlich ausgeprägt. So liegt der Sprachförderbedarf von Kindern zwischen 3 und 5 Jahren mit hoch gebildeten Eltern bei rund 20 %, bei Eltern mit niedriger Bildung bei fast 40 % (BAS 2017, S. 219 f.). Ihre Bedeutung für den Erfolg in Schule und Beruf sowie als Grundlage für soziale Beziehungen und Integration ist im weiteren Lebensverlauf elementar. Im Zeichen der durch die Corona-Pandemie im Jahr 2020 erzwungenen Isolation wurde die selektive Benachteiligung gering geförderter Kinder zusätzlich verstärkt (Ackeren et al. 2020).

Auch der Übergang in die Phase des *jungen Erwachsenenalters* setzen sich familiär bedingte Benachteiligungen fort. Auch hier zeigt sich, je höher das Bildungsniveau der Eltern, desto häufiger besuchen die Kinder nach der Grundschule eine Schule, die zu einem höheren Bildungsabschluss führt (vgl. Rössel 2009, S. 203 f.). Ein Hochschulstudium wird in Deutschland von Kindern mit der höchsten sozialen Herkunft bis zu achtmal häufiger aufgenommen als von Kindern aus bildungsferneren Schichten (BAS 2017, S. 221). Boudon (1974) hat in seinem oft zitierten Aufsatz neben der spezifischen Sozialisation, abhängig von der sozialen Herkunft, einen weiteren Effekt ausgemacht, der diesen Mangel an sozialer Mobilität erklärt. Er bezieht sich dabei auf die Tatsache, dass selbst bei gleichen Leistungen vornehmlich die Kinder aus höheren Klassenlagen eine weiterführende Laufbahn einschlagen – entweder weil die Eltern unterschiedliche, milieuspezifische Bildungsentscheidungen treffen, oder weil die Lehrer bei gleicher Leistung unterschiedliche Empfehlungen für die weiterführende Schule abgeben (vgl. auch Ditton 2007). Dieser Zusammenhang ist gravierend, da der formale Bildungsabschluss als wichtiger Nachweis für die Kompetenzen und den Bildungserfolg steht. Entsprechend reglementiert er die weiteren Teilhabechancen eines Menschen.

Gleichzeitig kommen in der Phase der jungen Erwachsenen weitere Faktoren zum Tragen, die außerhalb der Familie und Schule angesiedelt sind. Als wichtige Sozialisationsinstanz nimmt die Freizeitgestaltung wesentlichen Einfluss auf die Entwicklung der Heranwachsenden, indem Interessen vertieft

2.1 Soziale Ungleichheit in der postindustriellen Gesellschaft

und im Austausch kognitive und soziale Kompetenzen erweitert werden. Lernmotivation, Kreativität und Selbstständigkeit können sich mit ihren positiven Rückkopplungseffekten auf der Schule weiter entfalten. Doch auch für den Freizeitbereich verweist der Armuts- und Reichtumsbericht auf eine gravierende Chancenungleichheit. So reflektieren die gewählten Freizeitaktivitäten vor allem die Präferenzen der Eltern, was Studien in einer Kontrastierung von einem von Vielfalt und Anregung gespickten Tätigkeitsspektrum (musisch-kreative Aktivitäten, Lesen, Unternehmungen) einerseits und einer überwiegend einseitigen Freizeitgestaltung mit hohem Medienkonsum (Fernsehen, Computer/Spielekonsole) andererseits dokumentieren (BAS 2013, S. 102 ff.). Eine solche Gegenüberstellung von anregenden, bildenden und fördernden Aktivitäten und ihrem weitgehenden Fehlen, schlägt sich darüber hinaus in der ungleichen Nachfrage von Vereinen, Urlaubsreisen oder musisch-kulturellen Aktivitäten nieder. Die soziale Vorfilterung dessen, was es an Möglichkeiten gibt und welche Relevanz diesen Möglichkeiten im Sozialisationsprozess zukommt, greift zusammen mit den ungleichen Geldmitteln in die Freizeitgestaltung ein. Auch die materielle Limitierung lässt sich klar belegen: „Alle Bildungs-, Kultur- und Freizeitangebote, die mit Kosten verbunden sind, von der Privatschule über den Nachhilfeunterricht bis zu privat zu zahlenden Angeboten und Musikunterricht, werden von Kindern und Jugendlichen mit relativ geringem Einkommen und/oder mit Bezug von Transferleistungen signifikant weniger in Anspruch genommen als von Kindern und Jugendlichen aus Haushalten mit höheren Einkommen" (BAS 2013, S. 106 f.). Die (unterschwellige) Erfahrung von Beschränkung und Entbehrung kann gerade beim Aufbau der Ich-Identität und dem realistischen Einschätzen der eigenen personalen und sozialen Ressourcen problematisch sein, wenn dem Ausprobieren engere Grenzen gesetzt werden und unterschwellige Exklusionsmechanismen dem Selbstwertgefühl zusetzen. Hohe Erwartungen an die eigene Leistungsfähigkeit generieren in der Lebensphase einen hohen Leistungsdruck auf den Einzelnen, der jedoch im Zeichen materiellen Wohlstands (Statussymbole, Kleidung, Wohnsituation), höheren Reflexionskapazitäten und der Perspektive größerer Handlungsspielräume leichter abgefedert werden kann. So resümieren Hurrelmann und Bauer, dass „die ‚Abgehängten' () sich von den komplexen gesellschaftlichen und wirtschaftlichen Umständen des Lebens teilweise überrollt fühlen und es nicht schaffen, das hohe Ausmaß an Biografie-Management zu aktivieren, das für einen Erfolg im Bildungs- und Berufssystem und für die Gestaltung des privaten und freizeitlichen Lebens notwendig ist" (2015, S. 137).

Mit Eintritt in die *Lebensphase des Erwachsenenalters* geht traditionell auch die Übernahme der Rolle des Erwerbstätigen einher. Erworbene Qualifikationen und Fähigkeiten werden für den Eintritt und die Positionierung im Arbeitsleben eingebracht. Sie nehmen starken Einfluss auf die Möglichkeiten der ideellen und materiellen Verwirklichung des Einzelnen (Familiengründung, Erwerb von Wohneigentum, etc.). In dieser Phase manifestiert sich statistisch – trotz der grundsätzlich vielfältigen Optionen zur Lebenslaufgestaltung – erneut die Hypothek der sozialen Benachteiligung, die sich von der Kindheit in das Erwachsenalter vielfach durchgepaust hat. Die elterlichen Bildungsabschlüsse wirken sich deutlich auf die Bildungsergebnisse der untersuchten Personen aus und reduzieren die Berufsperspektiven und Aufstiegschancen (BAS 2017, S. 291 ff.; Brake und Büchner 2012). Zwar sind die Bildungsabschlüsse insgesamt gegenüber der Elterngeneration gestiegen, doch relativiert sich das verbesserte Qualifikationsniveau in der Gegenwart durch die anhaltende Verschiebung der Qualifizierungsanforderungen. Besonders Nichtqualifizierte sind mit sehr eingeschränkten Karrierechancen konfrontiert, sie scheiden häufiger und auch früher dauerhaft aus dem Erwerbsleben aus. Erneut stehen die eingangs genannten Lebensbedingungen in starker Wechselwirkung zueinander. Die Qualifikation nimmt Einfluss auf das Einkommen und direkt oder indirekt auf die Arbeits-, Wohn- und Freizeitbedingungen jedes Einzelnen. Sie alle korrespondieren mit Macht und Ansehen und wirken insgesamt auf die Zugänge und Teilhabechancen, die sozialen Kontakte und aufstiegsrelevanten Potenziale zurück, die im Sozialisationsverlauf des Erwachsenen relevant sind. Darüber hinaus geben sie im Falle einer Familiengründung wiederum einen Sozialisationskontext vor, der sich begünstigend oder restriktiv auf die Nachkommen auswirken kann.

In der Erwerbsphase werden auch die Voraussetzungen für die Lebensbedingungen im älteren und ältesten Erwachsenenalter geschaffen. Wenngleich die materielle Absicherung der heutigen Rentnergeneration insgesamt vergleichsweise gut ist, zeigen sich auch in dieser Phase starke innergesellschaftliche Gegensätze, die sich in Bildern von Pensionären zeigen, die ihren zeitlichen Zugewinn dank ihres Wohlstandes mit einer intensiven Freizeitgestaltung ausfüllen können oder Bedürftigen, deren Rente mangels Vorsorge die Handlungsmöglichkeiten stark einschränkt. Während erstgenannte durch Vererbung den materiellen Wohlstand ihrer Nachkommen begünstigen können, sind die ärmeren Alten selbst für ihre eigenen Grundbedürfnisse, insbesondere bei Krankheit und Pflege finanziell schlecht gerüstet. Die Armutsgefährdung als Folge von gering bezahlter Erwerbsarbeit und unzureichender Vorsorge nimmt auch in Deutschland zu und kann im Alter durch Zuerwerb, wie Studien belegen, selten abgewehrt werden (BAS 2017, S. 430 f.; Brettschneider und Klammer 2016).

Für sämtliche Lebensphasen lassen sich somit gravierende soziale Ungleichheiten belegen, die wiederum zur Ungleichheit der Sozialisationsprozesse beitragen.

Tagtäglich rahmen die kontextuellen Umgebungen (Handlungsbedingungen) wie auch die kompositorischen Faktoren (Gruppenzusammensetzungen) die Handlungen des Einzelnen höchst ungleich, indem Sozialräume unterschiedliche Verwirklichungschancen bieten, Partner- und Freundschaften abhängig vom Kontaktfeld entstehen, Arbeitstätigkeiten mit unterschiedlichen Anregungen und Freiräumen einhergehen oder der Freizeit- und Konsumsektor mittel- und bildungsabhängig reproduzierende Effekte schafft. Gesteht man in diesem Spektrum Bildung einen zentralen Stellenwert zu, so wird schnell deutlich, dass die Möglichkeit ihres Erwerbs über Bildungsinstitutionen ebenso reglementiert ist, wie im außerschulischen Lebensumfeld mit seiner höchst spezifischen Beziehbarkeit von personalen und sozialen Ressourcen. Wesentlich ist in diesem Prozess die fortlaufende Internalisierung des Erlebten, die erwähnte „produktive Verarbeitung der inneren und der äußeren Realität" (Hurrelmann und Bauer 2015, S. 97), welche auf das individuelle Handlungs- und Wahrnehmungsreservoir rückbindet und wiederum spezifische Optionen vorgibt.

Die Sozialisationskontexte, in denen Menschen selbstverständlich und zumeist ohne explizites Zugehörigkeitsbewusstsein interagieren, sind in Bezug auf die vorherrschenden sozialen Gruppen differenzierbar. Was bislang polarisiert mit „arm" und „reich" umschrieben wurde, ist in Anbetracht der vielfältigen Formen sozialer Ungleichheit weiter zu unterscheiden.

2.1.2 Erfassung sozialer Ungleichheit

In Entsprechung zur jeweiligen Epoche der Sozialgeschichte haben sich die sozialen Kennzeichnungen von Gruppen immer wieder geändert. Differenzierte sich die vorindustrielle Gesellschaft über Stände aus, denen der Einzelne in der Regel qua Geburt sein Leben lang angehörte, festigte sich mit der aufkommenden Industrialisierung eine auf Besitz Bezug nehmende Einteilung in Klassen. Soziale Ungleichheit kommt in der Klassengesellschaft insbesondere in einer unterschiedlichen Verfügbarkeit von Kapital und industriellen Produktionsmitteln zum Ausdruck. Demgegenüber etablierte sich in den entwickelten Industriegesellschaften die Einteilung in Schichten, welche den Beruf und die mit ihm zusammenhängenden Ungleichheiten (Einkommen, Bildung, Prestige) anstelle des Besitzes gewichtete. Mit der skizzierten wechselseitigen Bedingtheit ungleicher Lebensbedingungen haben beide Begriffe in ihrer jüngeren Verwendung allerdings an Trennschärfe verloren. Vielfach wird herausgestellt, dass der Klassenbegriff in der heutigen Verwendung eher zur Erklärung verwendet wird, während der Schichtbegriff stärker auf eine Beschreibung abzielt. Zudem sind Klassenbegriffe relational als Ausdruck von Beziehungen zwischen

Gruppierungen zu verstehen, wohingegen attributive Schichtbegriffe auf individuelle Merkmale des Menschen Bezug nehmen. In ihrem Kollektiv sind Klassen potenziell kollektive Akteure mit gemeinsamen Interessen. Schichten setzen sich demgegenüber aus individuellen Akteuren mit spezifischen Lebensbedingungen zusammen (Hradil 2001, S. 42). Insofern erlebt die Klassenanalyse derzeit ihre Renaissance, wenn es darum geht, den diagnostizierten Spaltungen in der Gesellschaft einen kollektiven Namen zu geben („Klassenbewusstsein", „Klassenkampf", „neue Klassengesellschaft") und die offenkundigen Zusammenhänge von Klassenlage und Ausgrenzung, Klasse und Wahlverhalten oder politischer Artikulation zu untersuchen (z. B. Bischoff et al. 2002). Der Terminus Schicht führt eine vertikale Struktur sozialer Ungleichheit ein. Er qualifiziert sich gegenüber dem relativ starren Klassenbegriff durch die Pluralisierung der berufsnahen Ungleichheitsdimensionen (Einkommensschichten, Berufsprestigeschichten, Bildungsschichten) und bezieht deren Durchlässigkeit mit ein (soziale Mobilität).

Mit der Ausdifferenzierung der postindustriellen Gesellschaft wuchsen allerdings die Zweifel, ob die Klassen- oder Schichtzugehörigkeit tatsächlich das Denken und Verhalten des Einzelnen in dem Maße prägt, wie es mit einer Zentrierung auf das Erwerbsleben und Einkommen unterstellt wird. Nicht zwangsläufig müssen die äußeren, erwerbsbedingten Lebensbedingungen auch den inneren Haltungen entsprechen, wenn die Möglichkeiten zur Gestaltung des Alltagslebens zunehmen und die Nachfrage von Freizeit- und Konsumwelten sich von der Schichtzugehörigkeit partiell zu entkoppeln scheint. Die gesellschaftliche Pluralisierung bringt zudem vielfältige Statusinkonsistenzen, also widersprüchliche Einteilungsmerkmale hervor, die eine Person gleichzeitig in unterschiedlichen Schichten verankert (Burzan 2011, S. 66 ff.).

Auf dem Boden dieser Einwände wuchsen in den 1980er Jahren die Lebensstil- und Milieukonzepte empor, die bereits früher von Klassikern der Soziologie unterschiedlich verwendet wurden. Um kollektive soziale Ungleichheiten zeitgemäß abzubilden, setzen sie nun unmittelbar bei den Verhaltens- und Meinungsroutinen der Menschen an: Unter sozialen Milieus werden „… Gruppen Gleichgesinnter verstanden, die jeweils ähnliche Wertvorstellungen, Prinzipien der Lebensgestaltung, Beziehungen zu Mitmenschen und Mentalitäten aufweisen" (Hradil 2006, S. 4). Bei kleineren Milieus, wie etwa in Stadtvierteln, ist zudem häufig ein innerer Zusammenhang gegeben, der sich in einem Wir-Gefühl zeigen kann (vgl. Hradil 2006, S. 4). Milieus unterscheiden sich von den Lebensstilen, die eher kurzfristige Kombinationen spezifischer Alltagspräferenzen ausdrücken, in ihrer Internalisierung. Als psychologisch tiefsitzende gruppentypische Werthaltungen sind Milieus gegenüber Lebensstilen weniger

2.1 Soziale Ungleichheit in der postindustriellen Gesellschaft

schnell wandelbar und weniger stark von verfügbaren Ressourcen und aktuellen gesellschaftlichen Strömungen abhängig. Gegenüber Schichtbegriffen nehmen Milieus nach Hradil als „Gruppierungen gleicher Mentalitäten" auf unterschiedliche, subjektive Faktoren in der Gesellschaft Bezug, anstatt sich auf die festen Größen des Einkommens, des Bildungsabschlusses oder der Stellung zu beziehen (vgl. Hradil 2006, S. 5). Burzan betont indes die zentrale Dimension von Werten in Milieumodellen (2011, S. 205). Mit den Lebensstil- und Milieukonzepten halten in der Folgezeit Koordinatensysteme Einzug in diverse Studien, auf deren Achsen Wertorientierungen, Bildung, Alter, kulturelle Vorlieben oder Geschmackspräferenzen oft mit Schichten, teils auch mit Klassen kombiniert werden. Die heute in Wissenschaft und Praxis weit verbreiteten SINUS-Milieus platzieren ihre Gruppierungen etwa entlang der Dimensionen „Soziale Lage" (Unter-, Mittel- oder Oberschicht) und „Grundorientierung" (grundlegende Wertorientierungen wie „Tradition", „Modernisierung/Individualisierung" und „Neuorientierung"). So lassen sich Gruppen erkennen, die sich in ihrer Lebensweise und ihren Alltagseinstellungen zu Arbeit, Freizeit, Familie oder Geld und Konsum unterscheiden. Für die Gesellschaft Deutschlands werden zwischen diesen Koordinaten derzeit zehn, sich teils leicht überlagernde Milieus gesehen, wobei „Traditionelle", „Prekäre" und „Hedonisten" mit jeweils unterschiedlichen Wertorientierungen die untere Schicht abdecken und „Konservativ-Etablierte", „Liberal-Intellektuelle", „Performer" und „Expeditive" die obere Schicht repräsentieren. Dazwischen findet sich die „Bürgerliche Mitte", das „Sozial-Ökologische"- und das „Adaptiv-Pragmatische" Milieu wieder. Der Anspruch des SINUS-Instituts über die Milieuerfassung „ein wirklichkeitsgetreues Bild der real existierenden Vielfalt in der Gesellschaft (zu liefern), indem sie die Befindlichkeiten und Orientierungen der Menschen, ihre Werte, Lebensziele, Lebensstile und Einstellungen sowie ihre soziale Lage vor dem Hintergrund des soziokulturellen Wandels genau beschreiben" (www.sinus-institut.de) deutet ihr mögliche Anwendungsbreite an. Ihren praktischen Schwerpunkt haben die SINUS-Milieus mit der Identifizierung typischer Konsummuster allerdings in der Marktforschung. Sie stellen gruppenbezogene Präferenzen zusammen, die – wie noch zu zeigen ist – insbesondere das Internet in eine spezifische, hochwirksame Kundenansprache überführen kann (Barth et al. 2018).

Im Feld der Sozialwissenschaft existieren fruchtbare Ansätze, die mit Hilfe der SINUS-Milieus der Entstehung von Ungleichheit nachsetzen. Stellvertretend sei auf die Arbeit von Choi (2012) hingewiesen, welche die SINUS-Milieus mit unterschiedlichen Erziehungsstilen verknüpft und damit den reproduktiven Charakter von Ungleichheitslagen über die milieuabhängige Ressourcenvermittlung durch die Eltern aufzeigt. Gleichzeitig weist das Beispiel auf das reglementierende Gewicht des Klassifikationsmodus hin, dass dem Individuum externe Einflüsse jenseits des betonten „Sozialisationskontextes Milieu" vorenthält. Zieht man aber in Betracht, dass die gesellschaftliche Ausdifferenzierung, gespeist durch eine globale Informationsdiffusion, multiple Lebensentwurfsangebote und durch eine ubiquitäre Internetkommunikation grundsätzlich fortschreitet, drohen auch differenzierte Klassifikationen dem Individuum immer weniger gerecht zu werden. Beck (1983) hat eine solche „Entstrukturierung" schon früh erkannt und mit seiner umstrittenen Individualisierungsthese auf die Spitze getrieben. Ein Ausblenden der gleichzeitig möglichen Gruppenzugehörigkeiten des Einzelnen – Hansen (2009, S. 20 ff.) spricht hier von Multikollektivität, Reckwitz (2017, S. 261 ff.) von Neogemeinschaften – kommt nicht nur einer Reduzierung der erwähnten kompositorischen Faktoren im Sozialisationsverlauf gleich, sondern bedingt auch die Gefahr falscher Attribuierungen. Ein umfassendes Milieu oder eine Schicht wird trotz Status- oder Gruppeninkonsistenzen auf den Einzelnen bezogen, übergreifende Charakteristiken personalisiert. Übertragen auf die milieubezogene Marketingpraxis impliziert die Zuordnung eine Konfrontation mit spezifischen Gruppenpräferenzen, die vom Individuum möglicherweise nicht geteilt werden.

Naturgemäß ist die Diskussion über den Grad der adäquaten Generalisierung stets über das gegebene Erkenntnisinteresse auflösbar. Hinsichtlich der Erfassung sozialer Stratifikationsprozesse ist allerdings brisant, dass die aktuellen Polarisierungen zunehmen und daher einerseits nach wissenschaftlichen Beschreibungskategorien drängen. Andererseits wird die Polarisierung mit Prozessen in Verbindung gebracht, die eine solche Kategorisierung unterlaufen. Groß (2008) beschreibt diesen Spagat in seiner Auseinandersetzung mit dem Klassenbegriff: Mit der gegenwärtigen Flexibilisierung des Arbeitsmarktes lässt sich sowohl die Zunahme sozialer Ungleichheit und die Neureflexion der Klassenfrage in Verbindung bringen, wie auch die Tendenz zu individualistischen Handlungsstrategien und zur Individualisierung generell erkennen (vgl. Groß 2008, S. 216, vgl. dazu auch Sörensen 2000). Allein vor diesem Hintergrund mögen die parallel bestehenden Ansätze zur gegenwartsbezogenen Klassifizierung sozialer Ungleichheit im Spannungsfeld von Kategorisierung und Entstrukturierung bereits erklären, warum sich ein gemeinhin akzeptiertes Modell im wissenschaftlichen Diskurs nicht absetzen konnte. Burzan resümiert entsprechend: „Auch die neueren Ansätze sehen es entweder nicht als ihre Aufgabe an oder sind meist nicht – zumindest nicht konsensfähig – in der Lage, die theoretischen Anforderungen oder auch die komplexe Realität in ein einziges theoretisches Modell zu integrieren, das zudem noch empirisch umsetzbar wäre" (2011, S. 175).

2.1 Soziale Ungleichheit in der postindustriellen Gesellschaft

Für die weitere Argumentation wird auf die wohl bekannteste Milieutheorie, jene von Pierre Bourdieu (insbesondere 1987), zurückgegriffen. Sie weist mit den bislang dargelegten Ungleichheitsmechanismen zahlreiche Berührungspunkte auf. Ihre Relevanz im Kontext der sozialräumlichen und der virtuellen Bildungs- und Sozialisationsbedingungen soll hier vorab kurz begründet werden:

Erstens bietet Bourdieu ein klassenbezogenes Klassifikationsschema an, das in Kombination mit mannigfaltigen Lebensstiläußerungen die Zusammenhänge beider Kategorien betont. Die Verbindung von sozialen Positionen als Strukturebene und Lebensstilen als Praxisebene gewährleistet ein vollständiges Bild des sozialen Raumes und entgeht damit der genannten Schwierigkeit, die Kennzeichnung sozialer Stratifikation zulasten einer weiteren Ausdifferenzierung nach Werten, Präferenzen und sozialen Praktiken abwägen zu müssen. Im Gegenteil: Es ist die Stärke Bourdieus, die wechselseitige Bedingtheit beider Dimensionen aufgezeigt zu haben. Dieser Zusammenhang ist für die weitere Betrachtung der realräumlichen und virtuellen Zugänge zu aufstiegsrelevanten Ressourcen wesentlich. Das internetgestützte Potenzial, Klassenunterschiede zu überwinden, soll sich grundsätzlich auf diverse Lebensbedingungen und unterschiedliche raumgebundene Tätigkeitsfelder beziehen können. Klasse wird indes – ganz im Sinne Bourdieus – als starre, mobilisierende Gruppe zugunsten einer Betonung von Relationen aufgeweicht.

Zweitens wurde im Prozess der sozialen Polarisierung die wechselseitige Bedingtheit der ungleichen Lebensbedingungen unterstrichen. Gewichtet man diese Interdependenz und die – über die Bedeutung der schulischen Bildung und den Wissenserwerb hinausgehende – Relevanz des Sozialisationsprozesses insgesamt, dann gilt es den Blick auf die unterschiedlichen Lebensbereiche auszuweiten. Ungleichheit im Sozialisationsprozess wurde als Ergebnis von kontextuellen (sozialräumlichen) und kompositorischer (sozialer) Differenzierungen herausgestellt. Die weitere Aufgliederung beider Faktoren, verweist auf ein Bündel unterschiedlicher Ressourcen, die für den Einzelnen spezifisch beziehbar sind. Bourdieu liefert mit seinen verschiedenen Kapitalsorten ein geeignetes Instrumentarium für die Erfassung dieser Ressourcen. In räumlicher Perspektive gilt es dann herauszuarbeiten, welche Reglementierungen dem Bezug dieser Ressourcen in verschiedensten Lebensbereichen entgegenstehen und inwieweit das Internet diese Reglementierungen überwinden kann.

Drittens wurde im Zusammenhang mit der Sozialisation auf den Dualismus von Persönlichkeitsentwicklung und Umwelteinflüssen, also von individueller sowie einmaliger Struktur von Merkmalen und Dispositionen einerseits und sozialen und physischen Umwelteinflüssen andererseits hingewiesen. Im erwähnten Modell der produktiven Realitätsverarbeitung von Hurrelmann wird dieser Dualismus überbrückt, indem der Sozialisationsprozess im gesamten Lebenslauf als aktive und andauernde Tätigkeit des Menschen beschrieben wird, der die innere und äußere Realität permanent in Beziehung setzt (Hurrelmann und Bauer 2015, S. 90 ff.). Produktiv gilt es demnach Entwicklungsaufgaben zu lösen, die von den sich wandelnden personalen und sozialen Ressourcen abhängen. Unter diesem metatheoretischen Dach lässt sich Bourdieus Theorie der Praxis gut platzieren, die „...wie kaum eine andere (Konzeption in der Sozialisationsforschung) in der Lage ist, eine Struktur- und Handlungsorientierung miteinander zu verbinden" (Hurrelmann und Bauer 2015, S. 55): Die Polarität zwischen objektivistischer und subjektivistischer Position, zwischen sozial geprägten und autonom handelnden Individuen löst Bourdieu über das Habituskonzept auf, welches die soziale Struktur aufnimmt und das Denken und Handeln des Menschen wiederum strukturiert. Das Individuum steht seiner Umwelt nicht isoliert gegenüber, sondern inkorporiert diese und vereint sich mit ihr. Objektive Strukturen der Lebensbedingungen – wie das Einkommen oder der Bildungsgrad – und subjektive Handlungsmotive, Dispositionen und Wissensvorräte zeigen starke Übereinstimmungen (vgl. Bourdieu 1987).

Mehrfach wurde *schließlich* hervorgehoben, wie der sozioökonomische Status der Familie sowie weitere kontextuelle und kompositorische Faktoren soziale Ungleichheit perpetuieren. Die hierfür in Anschlag gebrachten Erklärungsmuster lassen sich mit dem reproduktionstheoretischen Konzept Bourdieus gut in Einklang bringen. Die unteren Klassen bilden milieuabhängige Dispositionen aus, die den Zugang zu aufstiegsrelevanten Ressourcen versperren und – grundsätzlicher – auch die gesellschaftlich anerkannte Ordnung kaum Infrage stellen. Dieses reproduktive Muster gilt es ebenfalls in einen sozialräumlichen Kontext zu rücken, um weitere Mechanismen der Verstetigung sozialer Ungleichheit deutlich zu machen. Im Zeitalter des Internets könnte sich die reproduzierende Kraft des Milieus freilich abschwächen, sofern es als Vehikel zum Ausbruch aus den klassenspezifischen Konventionen taugt. Habitus und Kapitalerwerb sind dafür in den virtuellen Raum zu überführen.

2.1.3 Milieutheoretische Zugänge über Pierre Bourdieu

Etabliert in der Sozialisations-, Bildungs- und Stratifikationsforschung hat die Milieutheorie von Bourdieu als Klassiker ihre wissenschaftliche Anschlussfähigkeit und Erklärungskraft auch in jüngster Zeit vielfach unter Beweis stellen können und darüber hinaus auch einen interdisziplinären Bezugspunkt für unterschiedlichste Forschungsinteressen geliefert. Je nach Bezugnahme wird das

2.1 Soziale Ungleichheit in der postindustriellen Gesellschaft

umfangreiche Werk des französischen Soziologen als Milieutheorie, Lebensstilmodell, Theorie der Praxis oder auch Habituskonzept aufgegriffen, was eine einheitliche Konstruktion des grundlegenden Theoriegerüstes aber nicht in Abrede stellt. Die nachfolgende Zusammenfassung zentraler Aussagen Bourdieus greift – vornehmlich mit Bezug auf sein Hauptwerk (Bourdieu 1987[1979]) – die sozialisationstheoretische Relevanz seiner Arbeit noch einmal auf, indem der Kapitalerwerb und die milieuinterne Habitualisierung von reproduktiven Dispositionsmustern angesprochen werden. In einem späteren Schritt lässt sich hier die Relevanz des physischen Raumes gut anbinden, was Bourdieu selbst allerdings nur bedingt getan hat (Bourdieu 1991, 1997).

Als Grundlage für die Darstellung von ökonomisch-sozialen Bedingungen (Klassen) und Lebensstilen sowie ihrer wechselseitigen Bedingtheit, entwickelt Bourdieu das Konzept des sozialen Raumes. Sozialer Raum ist bei Bourdieu als ein relationales Gefüge von sozialen Positionen zu begreifen (und als solches keineswegs mit Orten oder Territorien im Realraum zu verwechseln), deren Koordinaten die Stellung von Individuen und Gruppen wiedergeben. Auf einer ersten Ebene lässt sich in diesem Geflecht sozialer Lagebeziehungen die klassenbezogene Positionierung festlegen. Diese macht Bourdieu bekanntermaßen an der jeweiligen Kapitalausstattung fest, die er abweichend zur bisherigen Klassenanalyse von einer rein ökonomischen Betrachtung löst: „Der Struktur und dem Funktionieren der gesellschaftlichen Welt (kann man nur dann) gerecht werden, wenn man den Begriff des Kapitals in allen seinen Erscheinungsformen einführt" (Bourdieu 1983, S. 183). Neben dem *ökonomischen* Kapital, also dem in Geld konvertierbaren Kapital, wie Eigentum und Vermögen, spricht Bourdieu damit ergänzend das vielfach rezipierte soziale und kulturelle Kapital an. Das *kulturelle Kapital* kann a) als inkorporiertes, b) als objektiviertes und c) als institutionalisiertem Kapital drei Formen annehmen:

a) Das inkorporierte Kulturkapital umfasst Wissen und Bildung. Ganz im Sinne der in ihrer Relevanz für den Ausbildungs- und Arbeitsmarkt skizzierten Anforderungen beinhaltet Bildung im o. g. weitesten Sinne unterschiedliche Fähig- und Fertigkeiten, die sich das Individuum in einem andauernden Sozialisationsprozess in Familie, Schule und sozialem Umfeld lernend aneignet. Damit sind also spezifische Kenntnisse in einem wissenschaftlichen Feld ebenso angesprochen, wie Geschmackspräferenzen, das persönliche Auftreten im Kontext des „Angemessenen" oder die individuelle Sprachfertigkeit. Diese angeeigneten Fähig- und Fertigkeiten können weder durch Geld erworben noch vererbt werden. Gleichwohl bezieht sich ihre Inkorporierung auf ein milieuabhängiges Potenzial, das Maß nimmt an familiären Erziehungsmustern, den gebotenen kulturellen Anregungen oder den sozialen Kontakten der Nachbarschaft. Insofern fokussiert die beschriebene Perpetuierung des sozialen Milieus ganz wesentlich auf das inkorporierte Kapital durch die permanente Verinnerlichung des verfügbaren Bildungsangebotes und durch die Wiedergabe der spezifischen Lebensanregungen. Schließungstheoretisch gewendet, lässt sich die ungleiche Möglichkeit in Bildung zu investieren, als gehüteter Vorteil der Eliten begreifen. Sie setzen die Spielregeln durch, mit denen sie festlegen, welche Kultur eine legitime ist und welche nicht.

b) Dem inkorporierten Kapital stellt Bourdieu das objektivierte Kapital zur Seite, welches materielle Kulturgüter umfasst (wie z. B. Bücher, Gemälde, Instrumente). Aufgrund ihrer Gegenständlichkeit können sie als Besitz übertragen werden. Ihren Nutzen als strategisch einsetzbare Kapitalform erhalten sie aber nur, wenn dem Handelnden die Bedeutung dieser Güter auch bewusst ist, er das entsprechende inkorporierte Kapital mitbringt.

c) Mit dem institutionalisierten Kapital werden Titel bezeichnet. Das Verfügen über Titel (Zeugnisse, Urkunden, akademische Grade) bescheinigt dem Individuum personengebunden, dass es über spezifische kulturelle Fähigkeiten und Fertigkeiten verfügt. Aufgrund ihrer institutionellen Anerkennung bahnen Titel eine Übertragung in das ökonomische Kapital an, wenn etwa der erfolgreiche Bildungsabschluss als Qualifikationsnachweis für den Eintritt in die Berufswelt akzeptiert wird. Auch das institutionalisierte Kapital weist somit Wechselbeziehungen zu den anderen genannten Kapitalarten Bourdieus auf, da die berufliche Laufbahn sowohl vom inkorporierten als auch vom ökonomischen (und auch objektivierten) Kapital beeinflusst wird, der Erwerb dieser Kapitalien wiederum durch den Beruf und das Einkommen begünstigt oder erschwert wird.

Unter *sozialem Kapital* versteht Bourdieu das soziale Netz einer Person, auf das sie bei Bedarf mit unterschiedlichen Anliegen zurückgreifen kann. Freunde, Mitgliedschaften oder Geschäftskontakte bedingen unterschiedliche Gruppenzugehörigkeiten, die dabei helfen können, an aufstiegsrelevante Ressourcen zu gelangen, sei es durch eine wichtige Information (z. B. freie Stelle, Immobilie), eine Bevorzugung (z. B. Job- oder Kreditvergabe) oder eine hilfreiche Anregung oder sonstige Hilfestellung. Auch hier ist die Kapitalausstattung stark von der familiären Herkunft abhängig, wenngleich eine dauerhafte Beziehungsarbeit zur Aufrechterhaltung der Kontakte notwendig ist. Beim weiteren Erwerb von Sozialkapital sind grundsätzlich die Gegebenheiten des sozialen Lebensumfeldes zu berücksichtigen, strukturieren doch die gängigen Aufenthaltsorte des Einzelnen

2.1 Soziale Ungleichheit in der postindustriellen Gesellschaft

weitgehend vor, mit welchen Personen und unter welchen Bedingungen Kontakte überhaupt möglich sind.

Schließlich taucht bei Bourdieu eine weitere, übergreifende Kapitalart auf, die als *symbolisches Kapital* bezeichnet wird. Es beschreibt das Prestige oder Renommee, dass abhängig von den drei vorgenannten Kapitalarten, etwa aufgrund von Kontakten, des Titels, der Bildung oder des Vermögens einer Person zugesprochen wird.

Für die Positionsbestimmung im sozialen Raum ist die Menge und Ausprägung der Kapitalsorten entscheidend. Während eine Kumulierung aller Kapitalsorten möglicherweise eine klare soziale Stratifizierung impliziert, betont Bourdieu vielmehr die Konstruktion sozialer Klassen, die sich „durch die Struktur der Beziehungen zwischen allen relevanten Merkmalen" ergibt (1987, S. 182 f.). Im Koordinatensystem von ökonomischem und kulturellem Kapital verortet er einzelne Berufe und Berufsgruppen, denen eine spezifische Kapitalausstattung eigen ist. So weisen Hochschullehrer, leitende Angestellte, Ärzte oder freie Wirtschaftsberufe insgesamt ein hohes Kapitalvolumen auf, wobei bei ersteren das kulturelle Kapital stärker ausgeprägt ist, während sich die Berufe in der freien Wirtschaft stärker durch ihr ökonomisches Kapital auszeichnen. Demgegenüber kennzeichnet u. a. angelernte Arbeiter oder Verwaltungsangestellte insgesamt eine geringe Kapitalausstattung. Bourdieu ergänzt diesen Raum der objektiven Klassenlagen, den er als „Raum der sozialen Position" bezeichnet, mit dem „Raum der Lebensstile". Beide sind eng miteinander verknüpft: Die Klassenzugehörigkeit drückt sich in den verschiedenen Lebensstilen aus, etwa wie man sich kleidet, dem Musikgeschmack oder dem Bildungswissen. Im Koordinatensystem der Kapitalausstattung finden sich somit Cluster spezifischer Geschmackspräferenzen, Vorlieben und Tätigkeiten wieder, die mit bestimmten Berufen korrespondieren: „(Es) sind um den Titel einer jeden Fraktion die relevantesten, weil distinktivsten Merkmalszüge ihres Lebensstils gruppiert; womit nicht ausgeschlossen ist, dass sie diese auch mit anderen Fraktionen teilt (…) diese aber (…) weniger prägt" (S. 218 f.).

Wenn die Kapitalausstattung eines Menschen mit seiner sozialen Position korreliert und sich in bestimmten Lebensstilen manifestiert, dann setzt dies klassenspezifische Denk- und Verhaltensstrukturen voraus. Ihnen hat Bourdieu mit dem „Habitus" einen Namen gegeben. Als allgemeine Grundhaltung, als internalisiertes Wahrnehmungs- Denk- und Handlungsschema strukturiert der Habitus für den Einzelnen die Welt, legt fest was wahrgenommen, gutgeheißen und denkbar ist. Da er sich im Verlauf der Sozialisation herausbildet, ist er geprägt vom Herkunftsmilieu und Ausdruck einer verinnerlichten sozialen Ordnung: „In den Dispositionen des Habitus ist () die gesamte Struktur des

Systems der Existenzbedingungen angelegt, so wie diese sich in der Erfahrung einer besonderen sozialen Lage mit einer bestimmten Position innerhalb der Struktur niederschlägt. Die fundamentalen Gegensatzpaare der Struktur der Existenzbedingungen (oben/unten, reich/arm, ect.) setzen sich tendenziell als grundlegende Strukturierungsprinzipien der Praxisformen wie deren Wahrnehmung durch" (Bourdieu 1987, S. 279). Indem im Habitus also spezifische Schablonen zur Realitätsverarbeitung angelegt sind und die Struktur der Daseinsverhältnisse als sinnhafte Ordnung verinnerlicht ist, wird sozialer Wandel stark erschwert. Während der Habitus innerhalb eines Milieus dabei hilft, den hier vorherrschenden Kodierungen und Erwartungen zu entsprechen, Akzeptanz und Zugehörigkeit zu stiften, limitiert er gleichermaßen die Zugänglichkeit in ferne Milieus. Dort finden die internalisierten Wahrnehmungs- und Beurteilungsschemata nicht oder nur schwer Anschluss an die vorherrschen Konventionen. Das Reservoir an Handlungsoptionen, ursprünglich entwickelt um sich vor krisenhaften Erfahrungen innerhalb des Milieus zu schützen, erweist sich für den Eintritt in fremde Milieus als unzureichend und für Veränderungen als träge (Bourdieu und Wacquant 1996, S. 186 f.). Für Mitglieder der einfachen Milieus (bei Bourdieu der „unteren Klassen") hat dies zur Konsequenz, dass ihnen gleichermaßen der Zugang zu aufstiegsrelevanten Kapitalsorten vorenthalten wird: Ihnen sind bestimmte Kontakte verwehrt, die im Sinne des sozialen Kapitals zu einer Verbesserung ihrer Position beitragen könnten. Ihnen bleibt mit Blick auf das kulturelle Kapital verborgen, auf welcher Grundlage Einstellungen und Beförderungen unabhängig von der beruflichen Qualifikation vorgenommen werden. Ihnen fehlen Anregungen und Vorbilder, um spezifische Ambitionen zu entwickeln oder um überhaupt reflektieren zu können, worin die unsichtbaren Reglementierungen im sozialen Aufstieg bestehen.

In diesem gesellschaftlichen Reproduktionsprozess greifen zahlreiche Distinktionsmechanismen, über die sich Klassen auf symbolischer Ebene voneinander abgrenzen. Bourdieu stellt den „Luxusgeschmack" der herrschenden Klassen dem „Notwendigkeitsgeschmack" der unteren Klassen gegenüber. Erstgenannte definieren die anerkannte Kultur, suchen sich durch Güter und Stilformen, die einen Seltenheitswert besitzen, von der breiten Masse zu distanzieren. Ihrem Habitus entsprechen der sichere Geschmack, die Sympathie für das Nicht-Notwendige, der spielerische Umgang mit Regeln und der Wille, distinktive Praxisformen durchzusetzen. In seiner Empirie zu den „feinen Unterschieden" in der französischen Gesellschaft, welche überwiegend aus der zweiten Hälfte der 1960er Jahre stammt, stellt Bourdieu vielfältige Distinktionspraktiken zusammen. In ihrer Breite machen sie deutlich, „…dass im Grunde kein Bereich der Praxis sich gegenüber der Intention einer Verfeinerung und Sublimierung der elementaren Triebe und Bedürfnisse verschließen kann, dass mithin kein Bereich existiert, in dem die Stilisierung des Lebens, d. h. die Setzung des Primats der Form gegenüber der Funktion, der Modalitäten (und Manieren) gegenüber der Substanz, nicht die gleichen Auswirkungen zeitigte" (Bourdieu 1987, S. 25). In nahezu sämtlichen Lebensbereichen wird der ökonomische Klassenkonflikt vielfältig durchdrungen von einem symbolischen Konflikt um Werte und legitime Standards. Das Verstehen diverser Codes, das korrekte Umsetzen von Ritualen und das selbstverständliche Auftreten setzen neben einem langwierigen Prozess des Verstehens und des Verinnerlichens immer auch einen Zugang zu der jeweils referenzgebenden Klasse voraus. Fehlt dieser Zugang, mangelt es zwangsläufig an Anleitung – und viel grundlegender – an Klassenbewusstsein und Verständnis für die Stratifikationslogik. Das konkurrierende Gegeneinander der herrschenden Klasse um Abgrenzung, bzw. Distinktion einerseits und den Aufstiegsbemühungen der Kleinbürger andererseits, vollzieht sich in den unterschiedlichen Feldern der Kultur, Wirtschaft und Politik. In der gesellschaftlichen Auseinandersetzung um Ansehen (symbolisches Kapital), werden sämtliche Kapitalsorten eingebracht. Welche Kapitalzusammensetzung über die anderen triumphiert, ist nach Bourdieu immer abhängig vom Feld. Dessen Logik bestimmt, „…was auf diesem Markt Kurs hat, was im betreffenden Spiel relevant und effizient ist" (Bourdieu 1987, S. 194). Stets wirkt der Raum der Lebensstile mit seiner Distinktionskraft in den Raum der sozialen Position hinein und entfacht reproduzierende Kräfte. Eine Persistenz sozialer Ungleichheitsverhältnisse ist aus dieser Sicht zwar nicht zwangsläufig gegeben, jedoch von gewisser Wahrscheinlichkeit.

An dieser Stelle ließe sich auch gegen Bourdieu das Argument anführen, dass die beschriebene Distinktionspraxis in der Spätmoderne nicht mehr richtig greifen kann, wenn die gesellschaftliche Pluralisierung derart viele Referenzstrukturen hervorbringt, dass eine Stratifizierung zwischen Luxusgeschmack und Notwendigkeitsgeschmack im Nebel der Bezugslosigkeit versinkt. Was ist die „herrschende Klasse", wenn Computerexperten, TV-Sternchen oder Fußballprofis ökonomisches und symbolisches Kapital massiv anhäufen und dabei sämtliche Türen leichtfüßig durchschreiten können, die ihnen im System Bourdieus mangels kulturellen Kapitals noch verschlossen blieben? Sie mögen zugleich als Vorbilder einer steilen Karriere herhalten, die sich um die von Bourdieu untersuchten Qualifikationen und Klassifikationsmodi kaum mehr schert. Dass es heute unterschiedlichste Wege eines gesellschaftlichen Aufstiegs geben kann, die traditionell typischen Kapital-Korrelationen und ihren empirisch fassbaren Ausprägungen im sozialen Feld trotzen, ist unbestritten. Dennoch bleibt Bourdieus Idee von feldspezifischen Relationen in Abhängigkeit von der Kapitalausstattung und einem spezifischen Habitus dadurch unversehrt, auch wenn diese Felder in der Gegenwart weiter zu pluralisieren wären.

In diesem erweiterten Koordinatensystem ist allerdings auch von einer Erweiterung der Handlungsoptionen des Einzelnen auszugehen, die Bourdieu im Habitus stark beschneidet. Entsprechend geriet die soziale Reproduktion über die prägende Kraft des Habitus häufig in das Visier der Kritiker, welche dem in soziale Strukturen eingeflochtenen Individuum kaum noch individuelle Handlungsmöglichkeiten zutrauten. In homogener und dauerhafter Konditionierung durch die Klasse wird die Möglichkeit einer abweichenden Selbstentfaltung so radikal beschnitten, dass sie faktisch einer externen Determinierung gleichkommt (z. B. Hradil 2001, S. 91; Bischhof et al. 2002, S. 143 f.; Ecarius 1996, S. 130 ff.). Eine solche Argumentation könnte aktuell, in Anbetracht der rund 50jährigen Distanz zwischen Empirie und Gegenwart, zwischen nationalstaatlicher Kontextualisierung und globaler Verflechtung für sich reklamieren, dass die Entkopplung des Individuums aus den sozialisierenden Vorgaben des Milieus fortgeschritten ist und dass die aktuellen Wahl- und Bildungsmöglichkeiten vollkommen neue Ressourcenzugänge freilegen. Im Mittelpunkt stünde dabei das Internet als Garant historisch einmaliger Bezugsoptionen. Ob die jüngeren Informations- und Kommunikationsmöglichkeiten eine solche Erwartung tatsächlich rechtfertigen können, wird noch zu prüfen sein.

Indes lässt sich für Bourdieu in Anspruch nehmen, dass die reproduzierende Kraft der Habitualisierung keineswegs eigene, abweichende Erfahrungen ausschließt und stets auch Varianten durch den individuellen Habitus möglich sind (z. B. Bourdieu 1987, S. 184 f.; Bourdieu und Wacquant 2013, S. 170). Dennoch scheinen die kollektiven Einflüsse ausreichend stark zu sein, um kapitalabhängige Differenzierungen weiterhin durchführen zu können. Auch in jüngerer Zeit ließen sich in Anknüpfung an Bourdieu in unterschiedlichen Ländern entsprechende Milieus ausweisen und in einem reproduktiven Schema deuten (z. B. Holt 1997 für die USA; Prieur et al. 2008 für Dänemark; Bennett et al. 2009 für UK). Zugleich wurde die Unmissverständlichkeit reproduzierender Mechanismen im Bildungssystem unter Bezug auf Bourdieu vielfach unterstrichen (Vester 2004; Biermann 2009; Cushion und Jones 2012; Benson et al. 2015).

Ohne die gravierende Ungleichheit in Deutschland und anderen Ländern zu verkennen, lässt sich für den Einzelnen in der „Multioptionsgesellschaft" (Gross 1994) zweifellos eine Zunahme an Möglichkeiten gegenüber früher konstatieren, die selbst über geringes ökonomisches Kapital realisierbar sind. Allerdings liefern sie nicht unbedingt das Argument gegen Bourdieus Kategorien, sondern lassen auf einer anderen Ebene nicht-monetäre Strukturierungsprinzipien aufscheinen, für die sich das Habituskonzept gerade stark gemacht hat: „In Zeiten, in denen Punks Golf spielen und Wein trinken, alle Kinder die gleichen Spielkonsolen besitzen, jeder für wenige Euro einen Flug buchen kann, alle bei IKEA mit dem Leben beginnen können statt einfach nur zu wohnen, ist der materielle Unterschied nicht der entscheidende Faktor", wie etwa El-Mafaalani und Wirtz (2011, S. 6) mit Bezug auf Bourdieu festhalten. Vielmehr spielt bei der Erklärung sozialer Unterschiede die der Konsumentscheidung vorausgehende Kenntnis des aufstiegsrelevanten Mitteleinsatzes eine wesentliche Rolle. Sie verweist wiederum auf die Bedeutung der anderen Kapitalsorten Bourdieus und auf die Schwierigkeiten, sie sich überhaupt aneignen zu können. Ob sich die Konditionen dafür in den vergangenen Jahren grundlegend verbessert haben, ist mit Blick auf die obigen Ausführungen fraglich. Der Zweifel wächst, wenn man die Bedingungen des Kapitalerwerbs in einen räumlichen Kontext überführt.

2.2 Raum im Sozialisationsprozess

Das räumliche Umfeld nimmt als Lebens- und Sozialisationskontext wesentlichen Einfluss auf die Chancen jedes Einzelnen. Wer in den armen Regionen des globalen Südens zur Welt kommt, wird es im Lebensalltag gemeinhin schwerer haben im Wohlstand zu leben als jene Bürger, die in einem wirtschaftlich und politisch privilegierten Umfeld groß werden. Wer unter dem Druck aufwächst, lebensnotwendige Grundbedürfnisse befriedigen zu müssen, hat wenig Gelegenheit sich weiter zu bilden, erst recht dann nicht, wenn die entsprechenden Institutionen im erreichbaren Nahraum fehlen oder ihr Zugang reglementiert ist. Und wer nicht ausreichend mobil ist und in der Peripherie eines infrastrukturell unterentwickelten Landes lebt, dem bleiben wesentliche Ressourcen zur individuellen Verbesserung der Lebensbedingungen verwehrt. Eine solche Ungleichverteilung von Erwerbs- und Bildungschancen, von sozialer Absicherung und statistisch wahrscheinlichem Wohlstand artikuliert sich im globalen Maßstab zweifellos besonders deutlich. Selbst wenn der innergesellschaftliche Referenzrahmen „des Erstrebenswerten" die Vergleiche zwischen den extremen Unterschieden auf der Erde etwas zu relativieren vermag, ist diese territorial bezogene Chancenungleichheit dramatisch. Im Zeichen einer zunehmend globalisierten Wahrnehmung „westlicher" Lebensstile tritt sie als globale Ungerechtigkeit zugleich stärker ins Bewusstsein der Betroffenen.

In den Städten der entwickelten Dienstleistungsgesellschaften kann der unterschiedliche Zugang zu Ressourcen auf kleinräumiger Ebene zunächst ähnlich thematisiert werden. Indem eine soziale Stratifizierung mit spezifischen Stadtteilen korreliert, lassen sich Wohn- und Lebensräume von unterschiedlicher

Qualität ausweisen. Die Inanspruchnahme räumlich entfernter Bildungseinrichtungen, der Kontakt mit anderen Milieus oder die Nutzung einer abgelegenen Freizeitinfrastruktur ist mit hohem Aufwand und Kosten behaftet, die letztlich die quartierübergreifenden Möglichkeiten vieler Stadtbewohner beschneidet. Die Verwiesenheit auf das eigene Quartier muss im Sinne Bourdieus auch die Kapitalerwerbschancen einschränken: Der Zugang zu Wissen und Institutionen der Bildung, zu sozialem und kulturellen Kapital, hängt mit der jeweiligen Lokalisierung im Stadtraum zusammen.

Dennoch ist eine solche strukturelle Perspektive allein, die Raum als Behälter mit eingelagerten, ungleich verteilten Ressourcen begreift, unzureichend, um die Herausbildung sozialer Unterschiede letztlich erklären und deuten zu können. Sie impliziert eine Territorialisierung des Sozialen, bei der Räume und Chancenverhältnisse statisch und homogenisierend festgeschrieben werden. Sie verweist zwar auf die räumliche Bedingtheit des Handelns, zieht aber nicht in Betracht, den jeweiligen Weltbezug in der Wahrnehmung bereits zu pluralisieren und Räume selbst als Konstruktionsleistung aufzufassen. Eine Ausweitung des Raumbegriffes muss zugleich die Tatsache reflektieren, dass die räumlich ungleichen Handlungsbedingungen auch aus anderen Orten (mit)gesteuert werden und im Zeichen von Globalisierung und Vernetzung reproduzierende Wirkung entfalten, ohne dass die konstituierenden Akteure physisch in Erscheinung treten.

Ausgehend von einer groben Differenzierung von Arm und Reich in Städten, soll daher im Folgenden ein Raumbegriff erörtert werden, der – analog zu Hurrelmann und Bourdieu – die Dualität von externen, teils global gesteuerten Vorgaben und individuellen Möglichkeiten, von Struktur und Handlung gleichermaßen in den Blick nimmt. Martina Löw macht mit ihrem relationalen Raumkonzept hierfür ein hilfreiches Angebot: Sie legt eine Raumsoziologie vor, die räumliche Strukturen einerseits als Ergebnis von Handlungen sieht, diese aber andererseits zugleich als wesentliche Bedingung für die Konstitution von Raum begreift. Sie formuliert mit einigen Parallelen zu Bourdieu einen weiten konzeptionellen Rahmen, der Möglichkeiten bietet, Räume als (global) hergestellte und reglementierende Struktur im Prozess des sozialen Aufstiegs zu begreifen. In einem weiteren Schritt ist dann auf Bourdieus Ausführungen zum Raum als reproduzierende „Ortseffekte" einzugehen. Löw und Bourdieu in ihren Gemeinsamkeiten und Unterschieden aufeinander beziehend, soll es abschließend darum gehen, grundlegende Hindernisse des Kapitalerwerbs im Rahmen eines relationalen Raumverständnisses herauszuarbeiten.

2.2.1 Segregierte Sozialräume

Eine Reihe mittlerweile klassischer Studien zur räumlichen Verteilung einzelner Bevölkerungsgruppen im urbanen Raum – zu ihnen zählen die Schule von Chicago ebenso wie Georg Simmels Stadtsoziologie oder Friedrich Engels Blick auf die urbane Klassengesellschaft – haben anschaulich gemacht, wie sich die Stadtbevölkerungen in allen Weltregionen nach verschiedenen Kriterien zwischen Lebensstil, Alter und sozialem Status differenzieren lassen. Bei all diesen und weiteren Möglichkeiten zur Unterscheidung von Bevölkerungen im Stadtraum, ragen im aktuellen Diskurs die sozioökonomischen Verwerfungen massiv hervor: In Begriffen wie „Zitadellen der Reichen", Gated Communities und privatisierten, exklusiven Räumen einerseits sowie Armutsinseln, Ghettos sozialer Exklusion und einer Peripherie der „Urban Underclass" anderseits, finden sozialräumliche Polarisierungsprozesse in den Großstädten Europas und der westlichen Welt ihren aktuellen Ausdruck. Wenn die zweigeteilte „Dual-" oder „Divided City" in ihrem Bezug auf die wohlhabenden Staaten übertrieben scheint, so verweist sie doch ganz konkret auf jenen Entwicklungsprozess, der oben als wachsendes Ungleichheitsphänomen im postindustriellen Zeitalter ausgeführt wurde. Der Zusammenhang zwischen sozialer und räumlicher (Unter-)Privilegierung lässt sich nun in beide Richtungen denken: Wo jemand wohnt, ist primär als Ausdruck des verfügbaren Budgets, des vertrauten Milieus und der individuellen Dispositionen zu begreifen. Umgekehrt nimmt der Wohnort auf die Lebens- und Aufstiegschancen des Einzelnen starken Einfluss. Spielt bei der Suche des präferierten Objekts die Sozialisation als Filter des Wünschenswerten, Machbaren und als Ergebnis von Handlungsoptionen eine große Rolle, gibt die gewählte Wohnlage und Wohnform ihrerseits kontextuelle und kompositorische Faktoren vor, die auf die Sozialisation starken Einfluss nehmen. Mit Bezug auf Bourdieus Kapitalarten geht es also einerseits um deren Nutzung für die individuelle Realisierung der Wohnfunktion, anderseits um die Chancen der Aneignung von Kapitalien im Kontext einer gegebenen Wohnlage.

Betrachten wir, den Sozialisationskontext zurückstellend, die residenziell segregierte Stadt zunächst als Manifestation der ökonomischen Potenz und der sozialisationsgeprägten Präferenz seiner Bewohner, so lassen sich mehrere Einzelfaktoren unterscheiden. Sie können mit Friedrichs (1983) auf einer Mikro- und einer Makroebene sortiert werden. Die Mikroebene deckt das individuelle Wohnstandortverhalten ab, die Makroebene beschreibt das differenzierte Wohnungsangebot.

Das *individuelle Wohnstandortverhalten* lässt sich (a) ganz wesentlich aus einer ökonomischen Perspektive begreifen, wonach die Möglichkeiten zur Verwirklichung der Wohnansprüche von Einkommen und Vermögen gesteuert sind. Was sich der Stadtbewohner als Mieter oder Eigentümer nach Größe und Lage leisten kann, hängt demnach vom Haushaltsbudget ab. Vielfach ist in Abhängigkeit von der Lage auch das Transportbudget einzupreisen, um den Arbeitsplatz erreichen zu können. Der sozialpsychologische Ansatz ergänzt (b) die ökonomische Einschränkung der Wohnstandortwahl um eine sozialabhängige Präferenz. In der Regel suchen Angehörige einer sozialen Gruppe die gruppeninternen Kontakte zu intensivieren, während Gruppen, die eine hohe soziale Distanz aufweisen, eher gemieden werden. Im Realraum hat das eine Viertelbildung mit einer hohen sozial-räumlichen Korrelation zur Folge. Perzeptionsstudien (c) gewichten demgegenüber die Relevanz der subjektiven Wahrnehmung des städtischen Raumes. Als Folge spezifischer Raumbilder (Images, Assoziationen und Konnotationen) kommt es zur Auf- oder Abwertung von einzelnen Stadträumen, die häufig kollektiv geteilt werden und damit die Entwicklung sozialhomogener Viertel begünstigen. Schließlich wird mit dem aktionsräumlichen Ansatz (d) der individuellen Bedeutung von Distanzen, zumeist mit Bezug auf den Weg zur Arbeit, Rechnung getragen. Diese weitere Determinante der Wohnstandortwahl, fragt danach, inwieweit die persönlich relevanten Tätigkeiten (neben der Arbeit z. B. Kindergarten, Freizeitstätten oder die physische Erreichbarkeit von Freunden) in möglichst kurzer Zeit erreichbar sind.

Auf *der Makroebene* sind ebenfalls mehrere Determinanten zu differenzieren: Als zentral ist zunächst das Bodenpreisgefüge (a) herauszustellen. Der Bodenpreis resultiert in einem freien Markt aus dem Verhältnis von Angebot und Nachfrage und zeigt in der Regel eine zentral-periphere Abnahme. Für den Wohnungsmarkt sind allerdings neben der Erreichbarkeit, die das Zentrum auch für konkurrierende Nutzungen attraktiv macht, weitere Qualitätsmerkmale von Bedeutung (u. a. Größe der Wohnungen, Grünflächen, bauliches Umfeld). Entsprechend weisen Bodenwertkarten neben einem hochbewerten Zentrum oft weitere Subzentren oder randstädtische Gebiete von hoher Nachfrage auf. Die Bewertung korrespondiert ferner mit der Topographie (b): Hanglage, Exposition, Grünflächen- oder Gewässernähe sowie einst die Westlage jenseits der Fabrikschlote sind hochbewertete Aspekte im Stadtraum und häufig den statushohen Bevölkerungsgruppen vorbehalten. In das freie Spiel der Kräfte wirkt reglementierend die Stadtplanung (c) ein, die mit unterschiedlichen Regelwerken, Funktionszuweisungen und über städtebauliche Interventionen den

2.2 Raum im Sozialisationsprozess

politischen Vorgaben und gesellschaftlichen Leitbildern verpflichtet ist. Hinsichtlich der heutigen Bewertung des Stadtraumes kommt dem randstädtischen Bau von Großwohnanlagen im Spätfordismus eine hohe Bedeutung zu. Was in Westdeutschland unter dem Leitbild „Urbanität durch Dichte" einst als fortschrittlicher und sozialer Wohnungsbau gepriesen wurde, steht heute vielfach als steinernes Synonym für sozialen Abstieg und gesellschaftliche Ausgrenzung. Mit der „Wiederentdeckung" des Zentrums und dem Leitbild der „behutsamen Stadterneuerung" wurde seit der zweiten Hälfte der 1970er Jahre wiederum eine zentrennahe Entwicklung angestoßen, die in vielen Großstädten mittlerweile ein Hochpreissegment ausgebildet hat, das nun den sozialen Gegenpol zur Peripherie bildet. Um entsprechende Dualismen einzufangen, zielen jüngere Leitbilder auf die „soziale Stadt". Das kommunale Potenzial, einer sozialräumlichen Segregation entgegen zu wirken, ist allerdings stark von dessen Vermögen abhängig, kostengünstigen Wohnraum zu schaffen. Im segmentierten Wohnungsmarkt (d) obliegt nur ein (zunehmend) kleiner Teil der kommunalen Verfügungsgewalt, während die privatwirtschaftlichen Objekte auf eine hohe Rendite ausgerichtet sind und in attraktiven Lagen für Geringverdiener kaum noch erschwinglich sind.

Das Zusammenwirken aller Faktoren auf beiden Ebenen macht mehr oder weniger deutlich abgrenzbare Sozialräume identifizierbar, die modellhaft als zwei-, drei- oder vielteilige Gliederungen greifbar werden (Schwabe 2005; Marcuse 1997). Sie geben deutlich zum Ausdruck, dass sich primär die ökonomischen Unterschiede der Bewohner im Stadtraum quartiersabhängig formieren, selbst wenn sich mitunter kleinräumige Differenzierungen, etwa nach ethnischer Herkunft oder Lebensstilen (z. B. Helbrecht 1997), argumentieren lassen. Seitdem Häußermann und Siebel (1987) bereits vor über drei Jahrzehnten programmatisch die Gefahr der sozialen Chancenungleichheit unter den sich zunehmend globalisierenden Bedingungen anmahnten, haben die Befunde zu einer sozialräumlichen Polarisierung, zu Segregations- und Ausgrenzungstendenzen (Siebel 2012; Kronauer 2010) bis hin zu der Frage einer künftigen Gewährleistung des sozialen Leistungspotenzials (Préteceille 2013) deutlich an Brisanz gewonnen.

Einerseits lassen sich die jüngeren Prozesse der ökonomischen Spaltung, wie sie oben als Folge ungleicher Teilhabe-, Erwerbs- und sonstiger Bezugsmöglichkeiten (u. a. Erbschaft) beschrieben wurden, direkt auf den Stadtraum legen, wo die unterschiedliche Mittelausstattung der Bevölkerung die Wohnfunktion viertelabhängig vorgibt. Neben dem ökonomischen Kapital können aber auch Titel, Positionen und soziale Kontakte, die Wahlmöglichkeiten des Einzelnen hinsichtlich der Wohnform und -lage beeinflussen. Berufliche Befristungen oder gar

Arbeitslosigkeit, fehlende Hilfestellung durch Dritte, mangelnde Referenzen oder das fehlende Vermögen einer überzeugenden Präsentation beim ersten Kontaktgespräch mögen die ergänzende Relevanz des kulturellen und sozialen Kapitals deutlich machen.

Andererseits sind die Bedingungen des postfordistischen Wandlungsprozesses selbst auf die Städte zu beziehen und in den Globalisierungskontext einzuordnen. Der Sog des globalen Wettbewerbs zieht unterhalb des Nationalstaats jegliche Standorte, insbesondere die Städte als Zentren von Wirtschaftsaktivitäten, in eine starke Konkurrenzsituation. Während die ökonomische Deregulierung, Flexibilisierung und der induzierte Strukturwandel mit den Folgen für die Beschäftigung und die sozialen Sicherungssysteme schon angesprochen wurden, nimmt die Fähigkeit zur erfolgreichen Transformation starken Einfluss auf das Städtesystem selbst. Klassischen Standorten der industriellen Produktion, die mangels Konkurrenzfähigkeit an Arbeitsplätzen, Einwohnern und Attraktivität einbüßen, stehen prosperierende Produktions- und Dienstleistungsregionen mit stark wachsender Bevölkerung gegenüber. Der ökonomische Stellenwert einer Stadt schlägt sich in der Bevölkerungsstruktur, ihrer Erwerbs- und Vermögenssituation nieder und bestimmt nicht zuletzt den Immobilienmarkt. Hier findet die Wette auf steigende Renditen ebenfalls in einer globalen Arena statt, in der internationale Anleger verstärkt danach streben, den kommerzialisierbaren Stadtraum gründlich auszuleuchten. Privatisierung, Umwidmung und Aufwertung haben in den letzten Jahren das Phänomen der Gentrifizierung wieder stark befeuert, das auf Sicht einer einkommensabhängigen Sortierung der Bevölkerung gleichkommt. Der Verdrängung von einkommensschwächeren Bevölkerungsteilen entgegentretend, beklagen kommunale Vertreter die bisherigen Veräußerungen von Sozialwohnungen an private Investoren und suchen mehr oder weniger erfolgreich, im Zeichen der Haushaltskonsolidierung und eines wachsenden Zuzugs an Neubürgern, bezahlbaren Wohnraum zu schaffen. Dabei müssen sie sich in einem aufgeheizten Marktumfeld behaupten, das durch eine langjährige Niedrigzinspolitik die Immobilienpreise stark angekurbelt hat. Wenig überraschend ist die residenzielle Segregation in den stark nachgefragten Ballungsräumen besonders weit fortgeschritten (Goebel et al. 2012, S. 392).

Doch auch funktional bringen Orte mit hochwertigen Dienstleistungsangeboten, mit Steuerungs- und Managementfunktionen, ein Nebeneinander von Arm und Reich hervor. Sassen (1994, 2001) hat in ihren bekannten Studien aufgezeigt, dass Städten, die Zentralen von global agierenden Unternehmen aufweisen, eine soziale Polarisierung strukturell inhärent ist. Angelagert an die hochbezahlten Jobs in den Konzernzentralen sind immer auch Tätigkeitsfelder, die den Abläufen im Bereich Finanzwesen, Rechtsberatung oder

High-Tech-Entwicklung mit einfachen Dienstleistungen zuarbeiten. Gastronomie, Reinigung oder Transportwesen sind nur einige Bereiche eines Niedriglohnsektors, die für die Funktionsfähigkeit sog. Global Cities unentbehrlich sind. Folglich korrespondieren Gutverdiener mit Schlechtverdienern, was sich im Stadtbild im Dualismus entsprechender Wohnstandorte und einer ebenfalls polarisierten Nachfrage an Freizeitangeboten zwischen Golfplätzen und Spielhallen, Edelboutiquen und Massenwareanbietern, Luxusrestaurants und Fastfoodketten niederschlägt. Diese außengesteuerte Raumgestaltung infolge internationaler Kapitalflüsse, globaler Standortentscheidungen und darauf bezugnehmende Nachfragestrukturen lassen die traditionellen und einst stabilen Zusammenhänge von lokalem Arbeitgeber und lohnabhängiger Wohnlage verblassen. Es etablieren sich auf globaler Ebene marktwirtschaftliche Verwertungsmuster, die sich vor Ort auf das Arbeitsangebot auswirken und die zugleich auf die individuelle Verfügbarkeit von Raum durchschlagen. So obliegt die Miet- und Grundstückspreisentwicklung immer weniger allein der betreffenden Kommune. Internationale Investoren definieren über große Distanzen das Verhältnis von öffentlichen und privaten Raum um, und mobile Bevölkerungsgruppen, Telematik und die Deindustrialisierung sorgen für neue räumliche Anordnungen. Mittlerweile mehren sich die Anzeichen dafür, dass die Digitalisierung selbst zu starken arbeitsräumlichen Verlagerungen von der Peripherie in großstädtischen Zentren mit einzelnen urbanen Schwerpunkten führt, da gerade dort qualifizierte Arbeitskräfte in Kreativberufen die besten Standortbedingungen für die aufziehende neue Ökonomie finden (Fuchs et al. 2017; Florida et al. 2017). Sozialräume werden zum Ergebnis eines komplexen Zusammenspiels unterschiedlichster Faktoren, die Standortattraktivität im postindustriellen Zeitalter ausmachen.

Im entgrenzten Wettbewerb definieren Städte ferner ihre Attraktivitätsmerkmale zunehmend jenseits der klassischen Standortpolitik. Dies bringt Maßnahmen zur Imageverbesserung, zur Bespielung von Zukunftsthemen und besonders zur unverwechselbaren Abgrenzung mit sich. Allerdings teilen die geschaffenen Landmarks, die ehrgeizigen Revitalisierungsmaßnahmen, die Aufwertung der „waterfront" und kostspielige Kulturprojekte die Gemeinsamkeit, dass sie selten ohne privates Kapital auskommen und der kommerzielle Aspekt frühzeitig mitgedacht wird. Zugleich erfüllen sie ihre Signifikanz am besten in zentraler Lage. So lassen sie die Stadt insbesondere dort strahlen, wo Kapital bereits konzentriert ist, oder sich im Sinne der Investoren (gentrifizierend) ausbreiten soll. Obwohl die Stadtentwicklung in Europa und den USA auf diverse bauliche Aufwertungsbemühungen in strukturschwachen Stadtgebieten verweisen kann, sind die Beispiele kaum dazu angetan, den Gegensatz von wohlhabendem Zentrum und partiell armer Peripherie grundlegend aufzubrechen. Vielfach wurde die erfolgreiche Transformation eines benachteiligten Viertels durch bauliche und infrastrukturelle Maßnahmen um den Preis steigender Mieten erreicht, die der angestammten Wohnbevölkerung ein wünschenswertes Lebensumfeld und neue Arbeitsplätze vorführt, die sie sich selbst mangels Qualifikation und Einkommen aber nicht zu Nutze machen kann. Ihre langfristige Verdrängung gliedert die Sozialstruktur der Stadt lediglich um, ohne soziale Gegensätze räumlich zu versöhnen (Altrock und Kunze 2017; Dangschat 2017). Vielmehr verfestigt sich eine Bevölkerungsverteilung im Stadtgebiet, die bei aller Verschiedenheit der Städte, doch soziale Cluster und grobe Muster erkennen lässt: Zum einen können die reichen Bevölkerungsgruppen überwiegend im Zentrum und zentrumsnah lokalisiert werden, wo das Stadtbild, die Infrastruktur, das Gefühl des „Inmitten" und das einer erlebnisreichen Urbanität wesentliche Pull-Faktoren stellen. Zum anderen konzentriert sich diese Gruppe in ausgewählten, durchgrünten Vororten. Die ärmere Mittelschicht findet sich überwiegend in den Einfamilienhausgebieten der Vororte wieder, während Armutsinseln sich häufig im Umfeld der Siedlungen des sozialen Wohnungsbaus der 1960/1970er Jahre bilden (Schwabe 2004, S. 23 f.). Castel formuliert allgemeiner eine gesellschaftliche Dreiteilung, die er bildhaft in „Zonen der Integration, der Vulnerabilität und der Ausgrenzung" gliedert. Übertragen auf konkrete Städte lassen sich diese Zonen empirisch mit unterschiedlichem, räumlichen Zuschnitt und in unterschiedlicher Verteilung über den Stadtraum nachweisen (im Überblick Gornig und Goebel 2013, S. 57 ff.). Die Zone der Integration umfasst Quartiere mit einer ökonomisch weitgehend abgesicherten und milieuintern gut vernetzten Bevölkerung. In der Zone der Vulnerabilität konzentrieren sich hingegen Quartiersbewohner, deren Beschäftigungssicherheit (und sonstige ökonomische Absicherung) auf Dauer nicht mehr gewährleistet ist (Castel 2000). Siebel (2012, S. 467) beschreibt sie mit Bezug auf Castel als äußerst heterogene Zone mit einer wachsenden Zahl an Einpersonenhaushalten, einer großen Anzahl atypisch Beschäftigter und Menschen in Situationen des Übergangs. Sie ist von hoher Fluktuation gekennzeichnet und fungiert als Auffangbecken des urbanen Bevölkerungsspektrums. Es konzentrieren sich hier sowohl Bevölkerungen, die Dank kultureller und sozialer Kapitalausstattung den Aufstieg in die Zone der Integration bewerkstelligen können, als auch jene, deren Lebenslage eine starke Abstiegsbedrohung kennzeichnet.

In der dritten Zone der Ausgrenzung konzentrieren sich schließlich jene Stadtbewohner, die zumeist dauerhaft von der Erwerbsarbeit ausgeschlossen sind oder allenfalls noch sporadisch in gering entlohnten Arbeitsverhältnissen stehen. Die sozialen Kontakte sind gering und ganz überwiegend auf Menschen aus dem eigenen Milieu bezogen. Auch wenn dieses Bild in historisch individuell geprägten Städten jeweils weiter zu differenzieren ist und vielfache Durchsetzungen des Stadtgebietes etwa aufgrund des politischen Einflusses, der kulturellen Gegebenheiten, der Topographie, des je nach Parteiengröße relevanten Wohnungszuschnitts, innerstädtischer Auflassungen oder einer spezifischen Lage- oder Verkehrssituation zu berücksichtigen sind, ist der grundsätzliche Befund einer wachsenden sozialen Segmentierung im Stadtraum nicht zu übersehen (Aehnelt 2011; Kronauer und Siebel 2013; Hanesch 2011; Friedrichs und Triemer 2009, S. 29 ff.).

In der vorgenommenen Charakterisierung weckt die segmentierte Stadt, als verfestigte räumliche Verteilung von Nutzungsarten und Bevölkerungen verschiedene Assoziationen zu dem jeweils vorherrschenden räumlichen Umfeld, das sich im Kontrast von optisch ansprechend, gepflegt oder durchgrünt und einer betonierten, stark verdichteten und unruhigen Umgebung plakativ umreißen lässt. Wenn diese Gegensätze bereits Vor- und Nachteile im Lebensalltag der Bewohner implizieren, die mit einer unterschiedlichen Lebensqualität zu tun haben, liegt ihre Bedeutung für die Aufstiegschancen des Einzelnen doch tiefer. Über baulich-ästhetische, alltagspraktische oder komfortbedingte Unterschiede hinaus, geht es darum zu ergründen, wie der (urbane) Lebens- und Sozialisationskontext beschaffen ist, dass er als befähigendes oder einschränkendes Moment reproduzierend wirksam wird. Die Strukturen, die gegenüber dem Einzelnen oder – in generalisierender Betrachtung – gegenüber Milieus unterschiedliche Bedingungen schaffen, müssen mit den jeweiligen Handlungsoptionen in Bezug gebracht werden. Das Verständnis dieser städtischen Strukturen schließt zugleich die Frage ihrer Konstituierung in einer vernetzten Welt zentral mit ein.

2.2.2 Soziale Ungleichheit im relationalen Raum

Städte sind Ergebnis von Entscheidungen und nicht per se gegeben. Die ungleiche Verteilung von Bevölkerungsgruppen im (Stadt-)Raum wurde als ressourcenabhängiger Prozess dargestellt. In der Konkurrenz um Raum setzen sich in einer Marktwirtschaft die kapitalkräftigen Akteure gegenüber den kapitalschwächeren Akteuren durch, wobei die Bürokratie mit Gesetzen, Leitbildern und Konzepten der Entwicklung einen Rahmen vorgibt. Physische Strukturen, die in einer Stadt entstehen, indem etwa Häuser gebaut, Wohnungen, Geschäfte und Büros eingerichtet, Infrastrukturen nachgefragt und Freizeitmöglichkeiten genutzt werden, sind das Ergebnis von Handlungen im Raum. Stadt resultiert ferner aus den jeweiligen Macht- und Kapitalressourcen, einen spezifischen Ort nicht nur einnehmen (z. B. als Hausbesitzer oder Geschäftsinhaber), sondern ihn auch prägen zu können. Wer über soziales Kapital seinen Einfluss in der Stadtverwaltung geltend machen kann, jemanden kennt, der ihm einen Informationsvorsprung liefert oder wer aufgrund seines ökonomischen Kapitals die Gestaltung eines Geschäftsviertels maßgeblich beeinflusst, hat ein anderes Potenzial die Strukturen einer Stadt zu verändern, als jene Bevölkerungsteile, die eher machtlos der Entwicklung dieser Strukturen gegenüberstehen. Letztere müssen sich als Mieter dort ansiedeln, wo der Wohnungsmarkt Nischen lässt oder als schlechtbezahlter Arbeitnehmer mit geringeren Partizipations- und Gestaltungsmöglichkeiten Vorlieb nehmen. Um Stadt aber als „Zuweisungssystem von unterschiedlichen Chancen" (Häußermann und Siebel 2004, S. 117) begreifen zu können, ist es wesentlich die Potenziale „etwas zu beeinflussen" und die Bedingungen unter welchen die Möglichkeiten der Einflussnahme bestimmt werden, zusammenzubringen, also Handlung und Struktur aufeinander zu beziehen. Dabei wird deutlich werden, dass dieser Bezug speziell über Raum plausibel wird, der als Handlungsbedingung wie -ergebnis für die Erklärung sozialer Unterschiede und ihrer Reproduktion die entscheidende Rolle einnimmt.

Mit den obigen Beispielen, lässt sich der beschriebene Einfluss von individuellen Handlungen auf die Stadt zunächst in einem absolutistischen Raumkonzept denken. Raum existiert vorab, er fungiert als Hülle, für die sich in ihm befindlichen Körper (Häuser, Fußballplätze, Radwege etc.). Als Behälter nimmt er Dinge auf, die im zeitlichen Verlauf in ihm platziert und verändert werden. Pragmatisch lassen sich verschiedenste Benachteiligungen, die etwa aus der Lage, der Qualität der Bausubstanz oder Verfügbarkeit von Bildungseinrichtungen herrühren, für den Erwerb von aufstiegsrelevanten Ressourcen untersuchen. Die Eingängigkeit der zählebigen Behälter-Raumauffassung bis in die heutige Zeit hinein (vgl. dazu Schroer 2006, S. 46; Löw und Sturm 2005, S. 32) kann in der globalisierten und digitalisierten Gegenwart aber kaum verdecken, dass die (oft implizit) gesetzten Prämissen nicht mehr tragen können. Ältere, auf das Behälterkonzept bezogene Untersuchungen hatten aus heutiger Sicht für ihre Studien in einem abgegrenzten Untersuchungsraum noch das Argument einer territorialen Korrelation auf ihrer Seite, indem sämtliche gesellschaftsprägende Wirkfaktoren in einem betrachteten Raum zusammengedacht werden konnten. Die Sozialökologie der Chicago-Schule grenzte in den 1920er Jahren die Phänomene der sozialen Segregation viertelbezogen ab und analysierte, wie unter den Bedingungen unterschiedlicher Lebensräume (z. B. großstädtischer Siedlungsstrukturen) soziale Desintegration erklärt werden kann. Relationen zwischen Stadtraum, Nachbarschaften und den dort lebenden Menschen werden in ausgewählten Raumausschnitten hergestellt (Park et al. 1925). Rund hundert Jahre später ist dieser Zusammenhang brüchig geworden und konzeptionell nicht

2.2 Raum im Sozialisationsprozess

mehr tragbar. Grenzen werden in sozialen Interaktionen permanent überwunden, Handlungsräume „unwiderruflich kosmopolitisch konstituiert" (Beck 2017, S. 22).

Wie gezeigt nimmt auch die jüngere Stadtforschung sozialräumliche Gliederungen vor. Dies tut sie allerdings (zunehmend) in dem Bewusstsein, dass weder das Quartier, noch das Viertel, noch die gesamte Stadt jene strukturellen Einflüsse bergen müssen, die für die Erklärung sozialer Sachverhalte tatsächlich relevant sind. Während soziale, wirtschaftliche und politische Einflüsse aus sämtlichen Weltregionen in den urbanen Untersuchungskontext hineinragen können, fokussiert der Forscher dort lediglich Innenbeziehungen sowie die Substanz des physischen Raumes, der in seiner Stabilität zwar greifbar, eben aber nur bedingt soziale Phänomene erklären kann. Konkret zeigt sich die Entankerung der sozialen Zusammenhänge etwa in der Einflussnahme von Investoren, deren Engagement auf eine Profitmaximierung in sämtlichen Stadtgebieten hin gedacht werden muss. Grundstücke, Baubestand und Nutzung unterliegen dabei einer marktwirtschaftlichen Bewertung, die keineswegs nur regionalen Akteuren zusteht, sondern den Strategien internationaler Kapitalgeber folgt. Entscheidungen in den Büros von London, Doha oder Hongkong zeigen – trotz wirksamer Gesetze und Bestimmungen vor Ort – weitreichende Auswirkungen auf die Stadt und die Lebensbedingungen ihrer Bewohner: Die Umwidmung eines Viertels oder Gebäudes, der Anstieg von Boden- und Mietpreisen, der Verlust des Arbeitsplatzes, die Privatisierung öffentlicher Räume oder eine extern beeinflusste Stadtpolitik sind nur einzelne Beispiele, die für die soziale Position des Einzelnen und dessen Handlungsmöglichkeiten große Relevanz haben. Umgekehrt ist offensichtlich, dass das Handeln der Bewohner einer Stadt über das lokale Umfeld hinaus von globaler Reichweite sein kann. Es sind Prozesse, die der alten Logik territorialer Korrelationen trotzen und die Welt immer weniger aus einer abgegrenzten Untersuchungseinheit heraus erklärbar machen.

Als herausragende Medien eines globalen Austauschs sind die internetgestützten Technologien anzusehen. Sie greifen in doppelter Weise die Prämissen des absolutistischen Raumkonzeptes an: Sie revolutionieren erstens die Interaktionsmöglichkeiten durch eine virtuelle Abstandslosigkeit. Ununterbrochen werden Kontakte über größte Distanzen in Echtzeit gewährleistet. Zweitens produzieren sie eine digitale Sphäre, die parallel zum Realraum alternative Bildungs- und Sozialisationseinflüsse bereithält. Eine Analyse von Privilegierung oder Benachteiligung, von Bildungspotenzial und Aufstiegschancen muss erklärungsrelevante Strukturen also nicht nur in der realräumlichen Ferne, sondern auch in der virtuellen Parallelwelt in Betracht ziehen und suchen. Raum als sozial relevanter Kontext vervielfältigt sich, der Behälter des absolutistischen Raumkonzeptes wird mehrfach gesprengt.

Dem absolutistischen Raumkonzept steht die relativistische Tradition gegenüber, in der sich Raum aus der Anordnung von bewegten Körpern ableitet. Raum wird nicht als Gegebenheit betrachtet, sondern durch soziale Operationen erst konstituiert. Er wird prozessual im Handeln hergestellt.

Indem sich die Perspektive von der Struktur auf die Handlung verlagert, wird das Problem der Voraussetzung von sozialräumlichen Korrelationen in einem vorgegebenen Territorium entschärft. Individuen oder Gruppen rücken in den Mittelpunkt, während sich die räumliche Struktur als Voraussetzung oder Ergebnis von Wahrnehmungen und Handlungen, nah oder fern, unterschiedlich konzeptionalisieren lässt. So ist es insbesondere die relativistische Perspektive, die in den 1990er Jahren den Cultural Turn begleitet und Raum zur relevanten Größe für gesellschaftliche Veränderungsprozesse emporhebt (ausführlich Döring und Thielmann 2008; Bachmann-Medick 2016, S. 211 ff.). Transnationalisierung, wachsende Mobilität und die aufkommende Informationsrevolution legen es nahe, Raum zu dynamisieren, zu pluralisieren und ihn in seiner Wahrnehmung und Konstruktion als kulturell und gesellschaftlich hervorgebracht zu spezifizieren. Eine Gewichtung des Herstellens, Handels und Wahrnehmens von Raum in der relativistischen Perspektive muss sich allerdings dem Vorwurf auszusetzen, dass nun die strukturierenden Momente bestehender räumlicher Ordnungen in den Hintergrund geraten. In der hier verfolgten Zielsetzung, milieuspezifische Reglementierungen in der Stadt zu analysieren, sind gebaute Strukturen, städtische Institutionen und durch physische Gegebenheiten erschwerte Zugänglichkeiten, die dem Handeln vorangehen, zweifellos bedeutsam. Sie sind keineswegs determinierende, dennoch wesentliche Momente städtischer Sozialisation.

Vermittelnd sind heute daher konzeptionelle Bemühungen erkennbar, die Handlung nicht zulasten der Struktur einseitig zu gewichten, sondern mit dieser zusammen zu führen. In diesem Sinne hat Anthony Giddens (1984) mit seiner Theorie der Strukturierung eine wegweisende Vorlage ausgearbeitet. Dabei begreift er die gesellschaftlichen Strukturen sowohl als Resultat des Handelns wie auch als Medium dieses Entstehungsprozesses („Dualität von Struktur"). Unter Strukturation versteht er den Vermittlungsprozess, bei dem Handeln und Struktur in Bezug gebracht werden. Routinen im Handeln führen dazu, dass einerseits die Persönlichkeitsstrukturen des Handelnden reproduziert werden, gleichzeitig auch die sozialen Institutionen, die ihrerseits auf die Routinen des Einzelnen wieder zurückwirken (Giddens 1984, S. 111 ff.). In der Geographie wurde Giddens insbesondere von Benno Werlen (u. a. 1997) aufgegriffen, der die Strukturation für seine „Geographie der Alltäglichen Regionalisierungen" fruchtbar machte. Er bricht im Globalisierungskontext konsequent mit dem Behälterkonzept, indem nicht der (Erd-)Raum, sondern das handelnde Individuum in den Mittelpunkt

2.2 Raum im Sozialisationsprozess

seines Entwurfs rückt. Die Idee der Strukturation auf den Raum übertragend, gewinnt dieser als Handlungsbedingung und als Handlungsfolge Bedeutung, was die Geographie letztlich von der Raumwissenschaft zu einer raumorientierten Handlungswissenschaft führt.

In der deutschsprachigen Soziologie hat Martina Löw (2001), ebenfalls unter Bezug auf Giddens, eine „Raumsoziologie" ausgearbeitet, deren Grundzüge im Folgenden ausführlicher betrachtet werden sollen. Expliziter als Werlen hebt sie in ihrer Kritik am Behälterkonzept die Bedeutung virtueller Räume hervor, die Raum flüchtiger, immaterieller und vernetzter machen. Sie tragen dazu bei, dass mehrere Räume am gleichen Ort gebildet werden können und räumliche Anordnungen dynamischer zu fassen sind. Doch wendet sie sich nicht vollständig von der Strukturbetonung des absolutistischen Raumverständnisses ab, sondern wirft vielmehr die Frage auf, „…ob nicht entsprechend der Alltagsvorstellung zwei Raumbegriffe zur Erklärung sozialer Phänomene herangezogen werden sollten" (Löw 2001, S. 112). Die Zusammenführung vom absolutistischen und relativen Raum mündet bei Löw in ein relationales Raumverständnis, das Raum als „eine relationale (An)Ordnung von Lebewesen und sozialen Gütern an Orten" begreift (Löw 2001, S. 271). Mit dem zentralen Begriff der „(An) Ordnung", betont Löw gleichzeitig die „Ordnung" als Strukturdimension sowie den Prozess des „Anordnens", der für die Handlungsdimension steht. Dieses Anordnen wird durch soziale Akteure vollzogen, deren Handlungsmöglichkeiten wesentlich davon abhängig sind, welche materiellen und symbolischen Faktoren ihnen gegenüberstehen und welche Handlungsressourcen vorliegen. Um Raum zu konstituieren, werden von Löw zwei Prozesse unterschieden: das „Spacing" und die „Syntheseleistung". Das Spacing bezeichnet den Akt des Platzierens von sozialen Gütern und Menschen und von symbolischen Markierungen an Orten. Der Bau von Häusern, die Gestaltung von Inneinrichtungen oder das Vermessen von Grenzen sind allgegenwärtige Beispiele dieser Praxis. Die zeitgleich ablaufende Syntheseleistung jedes Einzelnen stellt die Voraussetzung dafür, dass Güter und Menschen erst aufeinander bezogen und zu Räumen zusammengefasst werden können. Dies geschieht über Wahrnehmungs-, Vorstellungs- oder Erinnerungsprozesse (Löw 2001, S. 158 ff.). Wenn damit individuelle Raumbezüge in vielfältiger Weise denkbar sind und ein pluralisierter Raum letztlich raumbezogene Verständigungsmöglichkeiten verhindern und den Prozess einer überindividuell beschreibbaren Konstitutionsleistung zuwiderlaufen müsste, reduziert sich Konstitution und Wahrnehmung in Löws Raumsoziologie dann wieder deutlich durch Routinen. Mit Giddens und im Einklang mit Bourdieu verweist Löw darauf, dass Routinen gesellschaftliche Institutionen reproduzieren und das eigene Handeln habitualisieren. Durch die gewohnheitsmäßige

Wiederholung alltäglichen Handelns kommt es zur rekursiven Reproduktion gesellschaftlicher Strukturen. Gleichermaßen führen Routinen und Institutionen zu überindividuell beschreibbaren und akzeptierten Räumen, die eine geregelte Kooperation zwischen Menschen sichern. So besteht eine Stadt äußerlich (z. B. Verkehrsflächen, Geschäfte, Friedhöfe) und innerlich (z. B. Theatersäle, Toiletten, Umkleidekabinen) aus relativ stabilen und funktional anleitenden Räumen, die Löw als „institutionalisierte Räume" beschreibt. Es sind jene Räume, „bei denen die An(Ordnung) über das eigene Handeln hinaus wirksam bleibt und genormte Syntheseleistungen und Spacing nach sich zieht. Als institutionalisierte (An)-Ordnung wird der Raum zur Objektivation, das bedeutet, dass er – ein Produkt menschlicher Tätigkeit – als gegenständlich erlebt wird" (Löw 2001, S. 164).

„Räumliche Strukturen" begreift Löw, neben anderen Strukturen (politisch, ökonomisch, rechtlich), als Teil der gesellschaftlichen Struktur. Giddens Strukturdefinition aufgreifend, werden (An)Ordnungen von Menschen und sozialen Gütern zu Räumen als räumliche Struktur bezeichnet, wenn sie in Regeln festgeschrieben oder durch Ressourcen abgesichert und unabhängig von Ort und Zeitpunkt in Institutionen rekursiv eingelagert sind (Löw 2001, S. 171, S. 226). Während Regeln der Herstellung von Sinn und der Sanktionierung dienen, sind mit Ressourcen Machtmittel angesprochen. Mit Institutionen sind auf Dauer gestellte Regelmäßigkeiten sozialen Handelns umrissen, was sich auf Verhalten leitende, Konventionen hervorbringende oder Regeln gebietende Einrichtungen aller Art beziehen kann. Der Konstitutionsprozess von räumlichen Strukturen ist rekursiv, weil sie aus den zugrundeliegenden Regeln und Ressourcen immer wieder neu geschaffen werden. Mit diesen Komponenten weist Löw dem Begriff der räumlichen Strukturen eine gesellschaftlich hergestellte Wirksamkeit zu, die eine erneute Verstetigung impliziert, freilich ohne die Möglichkeit eines schleichenden oder radikalen Wandels je auszuschließen. Aus Giddens „Dualität von Struktur" macht Löw eine „Dualität von Raum": Räumliche Strukturen werden durch Handeln hervorgebracht und wirken auf das Handeln zurück, sie ermöglichen Handeln und schränken Handlungsmöglichkeiten ein.

Als ein Beispiel, das die Mechanismen einer sozialen Segregation im Sinne Löws als Zusammenspiel von Raum und Gesellschaft illustriert, lässt sich ein fiktiver, zentral gelegener Platz im Inneren einer Stadt betrachten. Dieser legt (als institutionalisierter Raum) der städtischen Bevölkerung verschiedene Nutzungsmöglichkeiten (etwa als Treffpunkt und Ort des Austauschs) nahe, deren Realisierung (durch Nachfrage, Nutzungsweise und stete Bezeichnung) die räumliche Struktur des Platzes wieder reproduziert. Der Platz wurde über Jahrzehnte milieuübergreifend von allen Teilen der Gesellschaft nachgefragt, idealtypisch

2.2 Raum im Sozialisationsprozess

übernahm er die Agora-Funktion. Eines Tages hat die regel- und ressourcengestützten Umgestaltung des Platzes durch eine städtische Behörde („Spacing" als bauliche Aufwertung) jedoch zur Folge, dass die Attraktivität des Platzes für die einkommensschwachen Milieus nachlässt, weil durch die veränderte Optik Prozesse der Entfremdung greifen und ein sukzessiver Wandel der Nutzerstruktur einsetzt. Die Wirkung der räumlichen Struktur ändert sich nun entscheidend: Als bevorzugter Treffpunkt der vorwiegend wohlhabenden Stadtbevölkerung erhält der Ort eine abgewandelte Bestimmung, die tagtäglich mit der Frequentierung bestimmter Gruppen und Milieus (und durch das Fernbleiben statusniedriger Bevölkerungsteile) aktualisiert wird. Während die Aufrechterhaltung der neuen räumlichen Struktur auch durch die Ressourcen ihrer neuen Nutzer längerfristig gewährleistet ist und darüber hinaus sogar Folgeinvestitionen der Privatwirtschaft im Umfeld des Platzes wirksam werden, sind die Handlungsmöglichkeiten der einstigen Besucher stark eingeschränkt. Ihnen ist der Platz als Ort des Austauschs, des Informations- und Kapitalerwerbs verloren gegangen, ohne dass dies durch physische Barrieren erzwungen wurde. Aufgrund fehlender sozialer Anknüpfungspunkte und der Umwidmung des Angebots ist für sie eine Weiternutzung keine Option mehr. Der neu geschaffene Raum strukturiert das Handeln seiner Besucher nun in anderer Weise vor, wobei die veränderte Zusammensetzung der Platznutzer konstituierende Bedeutung erhält.

Ein solches Beispiel ließe sich mit einer privatwirtschaftlich angestoßenen Gentrifizierung ganzer Viertel, einem „Spacing", das den Betroffenen die Verfügungsgewalt über einen Ort durch physische Barrieren direkt entzieht und der Kopplung räumlicher mit neuen rechtlichen Strukturen (Privatisierung öffentlicher Räume) zweifellos noch drastischer für die Betroffenen ausführen. Konzeptionell wird aber bereits deutlich, dass die von Löw eingenommene Perspektive und ihr analytisches Instrumentarium die soziale Relevanz des Raumes klar zur Geltung bringen. Um die Bedeutung von Räumen weiter zu erschließen, widmet sich Löw auch ihrer Symbolik (Löw 2001, S. 191 ff.) sowie Prozessen der Wahrnehmung und der Wirksamkeit von Atmosphären (Löw 2001, S. 195 ff.). Analog zum relationalen Verständnis insgesamt, sind auch diese Dimensionen als Bedingung und Ergebnis individuellen Handelns relevant. Sie nehmen Einfluss auf Kategorisierungen von Zugehörigkeit und Fremdheit, schaffen Nähe und Distanz, können befähigen und hemmen und in Distinktionsprozesse einfließen. Auf das genannte Beispiel bezogen greift die soziale Umwidmung des Platzes umso mehr und dauerhafter, je stärker diese unsichtbaren Raumbezüge kollektive Abgrenzungen unterstützen.

Zentrale Gedanken, die sich in der beschrieben Reproduktionslogik Bourdieus finden, lassen sich in Löws relationales Raumkonzept gut einpassen und werden von ihr teilweise auch aufgegriffen: Für den Prozess des Anordnens ist die Verfügbarkeit von sozialen, ökonomischen und kulturellen Kapital wesentlich. Das Beispiel des städtischen Platzes macht deutlich, dass der Wandel der räumlichen Struktur zunächst von öffentlicher Seite mit entsprechenden Ressourcen und weitgehend im Rahmen der vorgefunden materiellen Gegebenheiten angestoßen wurde. Bereits an der Stelle ließe sich vertiefend fragen, inwieweit die örtlichen Entscheidungsträger durch die Einflussnahme von Vertretern der jeweiligen Milieus beeinflusst wurden und ob der pauschal zum allgemeinen Interesse deklarierte Eingriff nicht dem spezifischen Ideal einer Gruppe entspringt, die aufgrund ihrer Kapitalausstattung die Diskurs- und Gestaltungsmacht übernehmen konnte. Die nachfolgende Transformation des Platzes ist durch die Dominanz einer Gruppe mit einer spezifischen Kapitalausstattung gegeben. Ihre Distinktion über sämtliche Kapitalsorten (teure Kleidung, das Verständnis eingesetzter Labels, die Verwendung exklusiver Konsumartikel, die Art der Kommunikation etc.) führt zu fehlenden Anschlussmöglichkeiten der ehemaligen Platzbesucher. Für die neuen Nutzer trägt der Ort zu einer milieubezogenen Selbstvergewisserung bei. Er dient als Reservoir einer weiteren Kapitalakkumulation, indem insbesondere Kontakte milieuintern angebahnt werden können.

In der Wahrnehmung der verdrängten Stadtbewohner verliert der Ort hingegen an Bedeutung. Ihr vertrauter Sozialraum ist, über die gewandelte Anordnung hinaus, einer Atmosphäre mit unterschiedlichen, auf sämtliche Sinneswahrnehmungen beziehbare Fremdheitskomponenten gewichen. Allein die vorherrschende Art der Kommunikation oder abweichende Gerüche (z. B. durch den Einsatz von Parfum als Distinktionsmittel) mögen hier ausreichen, um eine wirksame Distanzierung herbeizuführen. Indem der Platz von den kapitalschwachen Milieus gemieden wird, verliert er seine Funktion als Bildungs- und Sozialisationskontext, als Ort des Kapitalerwerbs und als milieuübergreifende Kontaktbörse. Für die Verdrängten führt die Verinnerlichung seiner spezifischen Irrelevanz und der Rückzug in milieunahe Kontexte dazu, dass aufstiegsrelevante Orientierungen und Anregungen abnehmen. Der einst von ihnen nahezu täglich nachgefragte Platz könnte in der persönlichen Wahrnehmung ganz abtauchen, was sich auf die Möglichkeit zur Konstituierung von Raum dort und aufgrund des Ressourcenverlustes allgemein negativ auswirkt. Stattdessen befördert die dauerhafte Einrichtung in den sozial vertrauten Kontexten der Stadt (z. B. sozialschwache und periphere Viertel) wiederum eine Raumkonstitution, die reproduzierend auf ihre Anlieger rückwirkt. Dort, wo die Gestaltungsoption stärker geben ist, etwa im Umfeld des persönlichen Besitzes, ist sie Ausdruck einer milieuspezifischen Internalisierung. Diese räumliche Struktur kann

2.2 Raum im Sozialisationsprozess

dann auch eher milieuspezifisch verstanden und goutiert werden, während die Anerkennung statusfremder Gruppen ausbleibt.

Die Habitualisierung einer spezifischen Raumstruktur reglementiert folglich die Möglichkeiten des Kapitalerwerbs mehrfach und reproduziert milieuspezifisch die Handlungsoptionen. Vor diesem Hintergrund kann die Auseinandersetzung mit dem individuellen Potenzial zur Konstitution von Raum nicht hoch genug eingeschätzt werden. Den Betroffenen, die des Zugriffs bedürften, fehlt es aber wiederum an Ressourcen und Bewusstsein, da der Habitus die Wahrnehmung von Räumen mit den eingelagerten Chancen und Verwehrungen vorstrukturiert. Er nimmt – in den Worten Löws – auf das „Spacing" und die „Syntheseleistung" Einfluss.

Löw zentriert die Bedeutung des Raumes für den Kapitalerwerb in ähnlicher Weise (Löw 2001, S. 210 ff.), wenngleich nicht Bourdieus Kapitalformen sondern die verwandten Dimensionen Kreckels (1992) verwendet werden. Die reproduzierende Kraft des Habitus ist in ihrer Raumsoziologie zentral angelegt, wobei sie nicht Milieus, sondern Geschlecht und Klasse (Löw 2001, S. 173 ff., S. 189) als Strukturprinzipien einer Gesellschaft wählt. Mehrfach wird unterstrichen, dass von räumlichen Strukturen soziale Stratifikationsprozesse stark beeinflusst werden. „Da die Strukturprinzipien Klasse und Geschlecht alle Ebenen der Konstitution (von Raum, J.S.) durchziehen und über sie gesellschaftlich Begünstigungen und Benachteiligungen sowie Abgrenzungen und Einschlüsse verankert werden, ist auf jeder Ebene der Konstitution von Raum die Reproduktion von sozialer Ungleichheit systematisch möglich und faktisch gegeben" (Löw 2001, S. 210).

Konzeptionell ist über Löws relationales Raumverständnis grundsätzlich nachvollziehbar, wie sich Räume als (An)Ordnung vervielfältigen und prinzipiell auch verinselt oder in Form globaler Netzwerke hergestellt werden können. Mit Bezug auf Sassen zeichnet sie die Konstitution von Global Cities nach, deren Phänomen nur im Zusammenhang mit einer virtuell gestützten Verknüpfungsstruktur wirklich erfasst werden kann (Löw 2001, S. 104 ff.). Kritisch ist an dieser Stelle allerdings zu fragen, wie sich dieser essentielle virtuelle Teil des Raumes selbst durch Handlungsprozesse erklären lässt. Ob sein Konstitutionsprozess ebenfalls als strukturbildend und strukturreproduzierend zu begreifen ist und wie sich die (räumlichen) Strukturen online und offline unterscheiden, bleibt bei Löw offen. Sie nimmt den virtuellen Raum zu Recht als Anlass für ihre relationale Argumentation, versäumt es aber, der Komplexität der virtuellen Räumlichkeit in gleicher Weise nachzusetzen. Dabei ist es gerade der virtuelle Raum, der Handeln in einer ungeahnten Weise zu befähigen scheint und damit die Hürden des Kapitalerwerbs im Realraum beiseite schieben könnte.

Um diese Perspektive weiter zu verfolgen, gilt es zunächst im physischen Realraum die reproduzierenden räumlichen Strukturen weiter zu konkretisieren und in die Reproduktionslogik Bourdieus einzupassen. Mit dem Ziel, ein konsistentes Raumkonzept zugrunde legen zu können, dass die reglementierenden Strukturen für einen Abgleich mit den Chancen im virtuellen Raum aufzeigt, sind Bourdieus und Löws Ausführungen zum Raum abschließend aufeinander zu beziehen.

2.2.3 Quartiers- und Ortseffekte

Als Ausdruck von Platzierung und Syntheseleistung legt Raum in einem relationalen Verständnis unzählige Perspektiven frei, die eine Rezeption Löws nicht nur begünstigt sondern auch erschwert haben. Raum kann in unterschiedlicher Qualität, zeitlicher Beständigkeit oder Größe begriffen werden, kann abstrakt, physisch-konkret, in Überlappung oder extremer Flüchtigkeit bestehen. In der „Dualität von Raum" ist die doppelte Betrachtung von Handeln und Struktur angelegt, was empirisch ein weites Forschungsfeld zwischen indiographischem Zugang in der Rekonstruktion von Wahrnehmungen, Motiven und Ressourcen einerseits und einer komplexen Strukturanalyse andererseits eröffnet. Um grundlegende Muster einer räumlichen Reglementierung im Sozialisationsverlauf zu erkennen, soll im Folgenden der vielfach segregierte Stadtraum in seiner Begünstigungs- und Benachteiligungsstruktur verallgemeinernd auf einer Viertels- und Quartiersebene betrachtet werden. Die unterschiedlichen Lebensbedingungen, die oben allgemein als äußere Voraussetzungen des alltäglichen Handelns für verschiedene Individuen und Bevölkerungsgruppen beschrieben und mit Löw spezifischer betrachtet wurden, äußern sich in Quartiers- bzw. Ortseffekten (Bourdieu 1997). Individuelle Wahrnehmungen, Aneignungs- und Handlungsstrategien werden dabei nicht in Abrede gestellt, sondern der generalisierenden und typisierenden Strukturbeschreibung untergeordnet.

Mit der kapitalabhängigen Wahl eines Wohnortes gliedern sich die Bewohner einer Stadt in räumliche Strukturen ein, die mehr noch als andere Strukturen (rechtlich, ökonomisch oder politisch) innerhalb einer Stadt die Chancen auf Kapitalerwerb massiv beeinflussen. Anders als der beschriebene Platz, der temporär aufgesucht wird, ist der Wohnort mit seinen Funktionen ein permanenter Bezugspunkt im Lebensalltag. Seine Bedeutung als Sozialisationskontext geht über die Wohnumgebung selbst weit hinaus, da sämtliche Tätigkeiten aktionsräumlich und als Synthese von Stadt auf ihn verwiesen sind. Als allgemein negative Quartierseffekte können im Rahmen einer materiellen

Dimension zunächst direkte Benachteiligungen angeführt werden, die mit der Wohnung und deren Umfeld zusammenhängen: Bauliche Enge, unzureichende Ausstattung oder eine schlechte Erreichbarkeit (Kronauer und Vogel 2004). Benachteiligen Stadtquartiere weisen darüber hinaus eine Vernachlässigung der baulichen Qualität, ein negatives Erscheinungsbild des Viertels sowie infrastrukturelle Mängel auf, womit auch die Ausstattung wohnortnaher Treffpunkte, Grünanlagen oder Spiel- und Sportplätze gemeint sind.

Die Benachteiligung der Quartiersbewohner greift in diesem Sozialisationskontext bereits im Kindheitsalter, wenn das physische Umfeld individuell erkundet und mit seinen relativen Mängeln und Beeinträchtigungen als normal und gegeben internalisiert wird. Die scheinbar tote Welt der Gegenstände wird im Aneignungsprozess in ein individuelles „sozialräumlich-personales Erlebnissetting" transformiert (Böhnisch und Schröer 2010, S. 2), bei dem es zur Anlage grundlegender Dispositionen kommt. Die Bewertung der Beschaffenheit mag individuell oder milieuspezifisch differieren, keinesfalls aber ausklammern, dass die Handlungsoptionen und Kapitalerwerbschancen von der Qualität des Wohnumfeldes grundlegend beeinflusst werden. Unsicherheit, Enge, Verfall und weitere Vergegenständlichungen sozialer Ungleichheit hinterlassen Abbilder in der Psyche, prägen Horizonte und legen individuell Möglichkeitsräume fest. Indem auch die primäre Sozialisationsinstanz, die Familie, von den Benachteiligungen des Quartiers betroffen ist, wird das Kind indirekt durch den von der Familie vermittelten Umgang mit der Umwelt und den Folgen ihrer Mängel (Stress, Angst, Krankheit, Entbehrung) konfrontiert (Ecarius et al. 2011; Thiele und Bolte 2011). Im Jugendalter setzt sich der Einfluss des Quartiers auf seine Bevölkerung fort, wenn die Schulen des Nahraums von geringerer Qualität sind und auch die Peergroup der Gleichaltrigen lediglich jene Dispositionen und Horizonte kennzeichnet, die ohnehin dem eigenen Umfeld entstammen (Ainsworth 2002; Lauen 2016; Tunsch 2015). In Relation zu privilegierten Stadtquartieren kann sich das Bewusstsein über den eigenen Status im räumlich benachteiligten Kontext negativ auf das Selbstbild auswirken und bis in das hohe Erwachsenenalter verstetigen. Wiederkehrende Gefühle der Verwehrung koppeln nicht zuletzt an der physischen Umgebung des Quartiers und des eigenen Wohnumfeldes an (Blasius et al. 2008, S. 112 ff.).

Mit dem Einfluss der Quartiersbewohner auf die Sozialisation, wird die materielle Dimension benachteiligender Quartierseffekte durch eine soziale Dimension erweitert: In segregierten Quartieren sind die sozialen Netzwerke weitgehend homogen, was die Möglichkeiten, seine eigene Situation zu verbessern, gemeinhin hemmt. In der Erfahrungswelt von Kindern und Jugendlichen kommen soziale Rollen, die alternative Lebensentwürfe jenseits des gegebenen Milieus repräsentieren, kaum vor. Stattdessen kann das Aufwachsen in problematischen Sozialräumen bei Jugendlichen und jungen Erwachsenen zu einer starken Identifikation mit den jeweils vorherrschenden Gegebenheiten führen. Sprache und Themen, Anerkennungsmodi und Lebensziele etablieren sich folglich milieuintern und weisen über die Zeit immer weniger Anknüpfungspunkte zu den kapitalstärkeren Milieus in anderen Quartieren auf. Eine selektive Abwanderung jener Bevölkerungsteile, die dank einer höheren Kapitalausstattung Anreize und Perspektiven aufzeigen könnten, trägt dauerhaft zu einer weiteren Homogenisierung des Quartiers bei. Mit der negativen baulichen und milieuspezifischen Konnotierung, bleibt der Zuzug von außen hingegen auf bestimmte Bevölkerungsgruppen beschränkt. Diese symbolische Benachteiligung greift noch weiter, indem sie die sozialen Teilhabechancen der Bewohner selbst beschneidet. Vielfach wird bei der Lehrstellen- und Arbeitsplatzsuche an der Herkunft und Adresse Maß genommen, schon bevor der beschriebene Mangel an Erfahrung, Konventionen und Kontakten relevant werden könnte. Nimmt man diese Faktoren zusammen, wird der große Stellenwert des jeweiligen Quartiers für den Sozialisationsprozess des Einzelnen deutlich: „Der soziale und ökologische Raum, allem voran die eigene Wohnung und das Wohnquartier, konstituiert eine allgegenwärtige Umwelt, die sich zum großen Teil durch alle übrigen Sozialisationsinstanzen hindurchzieht oder einen Rahmen für diese bildet" (Hurrelmann und Bauer 2015, S. 187; Farwick 2004).

Bourdieu setzt die Quartierseffekte in Relation zu dem von ihm beschriebenen sozialen Raum. Dieser ist zwar „… nicht der physische Raum, realisiert sich aber tendenziell und auf mehr oder minder exakte und vollständige Weise innerhalb desselben" (Bourdieu 1991, S. 28). Anknüpfend an die gesellschaftlich ungleich verteilte Ausstattung mit Kapital legt er in seiner eigenen Terminologie dar, warum bestimmte privilegierte Quartiere zur weiteren Kapitalakkumulation durch „Raumprofite" befähigen, während benachteiligte Quartiere die Möglichkeiten des Kapitalerwerbs und des gesellschaftlichen Aufstiegs stark limitieren. Raumprofite differenziert er a) nach Situationsrenditen, b) Positions- und Rangprofiten und c) nach Okkupations- und Raumbelegungsprofiten (Bourdieu 1991, S. 31 ff., 1997, S. 163 f.). Mit den *Situationsprofiten* führt er jene Vorteile an, die sich aus der Nähe zu seltenen und begehrten Gegebenheiten sowie aus der Ferne zu unerwünschten Personen oder Dingen ergeben. Damit ist die oben angesprochene materielle Dimension der Lage umschrieben, die Qualitätsmerkmale wie Bausubstanz, Großzügigkeit in der Anlage oder gehobene Freizeit-, Bildungs- und Versorgungseinrichtungen als räumliche benachbarte Erscheinungen für die Besitzenden möglich macht und ihnen zugleich negative Umgebungsmerkmale, z. B. störende Umwelteinflüsse (Verkehr, Lärm) oder unerwünschte

2.2 Raum im Sozialisationsprozess

Personengruppen vorenthält. Die *Positions- und Rangprofite* beziehen sich demgegenüber auf die symbolische Dimension der Lage und begünstigen die jeweiligen Bewohner durch das Prestige eines Viertels. Sie versprechen neben den Distinktionsvorteilen, die mit der „guten Adresse" einhergehen, zugleich einen Lage- und Zeitvorteil, der anderen Bevölkerungsteilen durch die Nutzung bestimmter, gut erreichbarer Orte vorenthalten bleibt. Hieran schließt Bourdieu mit den *Okkupations- und Raumbelegungsprofiten* an. Sie ergeben sich aus dem Potenzial, soziale Homogenität durch Weitläufigkeit und räumliche Distanzierung aufrecht zu erhalten. Der Besitz an physischem Raum trägt dazu bei, dass fremdes und unerwünschtes Eindringen verhindert wird. Zusammengenommen kommt Bourdieu in seiner Auseinandersetzung mit dem physischen (Stadt-)Raum und dessen Durchsetzung mit unterschiedlichen Milieus qua Kapitalausstattung zu einer Verstetigungsthese, die den jeweils okkupierten Wohngebieten unterschiedliche „Durchschnittswahrscheinlichkeiten" (Bourdieu 1991, S. 31) einer weiteren Kapitalaneignung zuschreibt und die aufgrund der beschriebenen Mechanismen soziale Unterschiedlichkeit festigt. Ein wesentliches Argument Bourdieus für diese Verstetigung liegt in dem Mangel an Wissen begründet, sich in den milieufremden Räumen adäquat verhalten zu können. Wie beispielhaft für die soziale Umdeutung des zentralen Platzes beschrieben wurde, gewährt die physische Erreichbarkeit eines Ortes noch nicht den Zugang zu dessen Ressourcen. Fehlt die Vorbildung, um sich ein Museum inhaltlich aneignen zu können, mangelt es an kulturellem Kapital, in einem vornehmen Wohngebiet konform in Kontakt zu treten, oder sind einem die vorherrschenden Codes in einem angesehenen Restaurant verborgen, wird es für die Betroffenen sehr schwer sein, neues kulturelles oder soziales Kapital zu akquirieren. Die räumliche Annäherung geht folglich nicht automatisch mit einer sozialen Annäherung einher: „Man kann durchaus ein Wohngebiet physisch belegen, ohne wirklich und im strengen Sinne darin zu wohnen; wenn man nämlich nicht über die stillschweigend geforderten Mittel dazu verfügt, angefangen mit einem bestimmten Habitus" (Bourdieu 1991). Die Unzulänglichkeit einer Aneignung trägt letztlich dazu bei, dass die Wahl der aufgesuchten Räume das milieuferne Terrain freiwillig ausklammert und langfristig auch die Wahrnehmung des grundsätzlich Möglichen und Erstrebenswerten beeinflusst. Selbst wenn also die von Planern und Politikern gewünschte Zugänglichkeit zu den räumlich verteilten Angeboten des Kapitalerwerbs im Sinne des Leitbildes einer „sozialen Stadt" gewährleistet ist, bleibt die tatsächliche Inanspruchnahme des „Milieufremden" aufgrund der von Bourdieu analysierten Feldlogik aus. Insofern findet sich hier im Realraum allgemein der Mechanismus wieder, der oben für Bildungssysteme bereits spezifisch beklagt wurde.

Diese Segmentierung erhält eine weitere Verhärtung durch den Kitt des Zusammenrückens statushoher Bewohner, die sich gemeinsam ihrer Kapitalausstattung versichern und ihre Abgrenzung nach unter betonen. Unter dem Begriff des „Klub-Effekts" beschreibt Bourdieu diese, insbesondere durch ökonomisches und symbolisches Kapital bedingten, Konzentrationen „...von Personen und Dingen, die sich darin ähneln, dass sie sich von der großen Masse unterscheiden, denen gemein ist, nicht gemein zu sein" (Bourdieu 1991, S. 32). Demgegenüber wirkt der „Ghetto-Effekt" jedem Aufstieg entgegen, indem er, statt symbolisch zu erhöhen, die Quartiersbewohner kollektiv stigmatisiert und so einem Aufstieg in andere Milieus entgegenarbeitet. Polarisierend bedient sich Bourdieu dabei exemplarischer Stadträume, die er als „Nobelviertel" oder „Luxuswohngebiet" einerseits und „Ghetto" oder „eine Art Reservat" der Mittellosen andererseits illustriert. Überführt man dieses Bild in die europäische oder nordamerikanische Stadtlandschaft, werden sich zweifellos räumliche Pendants derartiger Kontraste mit den jeweiligen Manifestationen der Kapitalausstattung finden lassen: Der erfolgreiche Rechtsanwalt in einer großbürgerlichen, mit Kunstwerken ausgestatteten Gründerzeitwohnung, der neben den gepflegten Nachbarschaftskontakten, Freunde im Umfeld klassischer Konzerte trifft, der einen Distinktionsgewinn aus der sorgfältigen Auswahl seiner Kleidung und elitärer Umgangsformen bezieht und darüber hinaus soziale Distanz beim Ausüben von Freizeitsportarten sowie der Wahl sämtlicher Konsumorte walten lässt. Ihm steht sozial wie räumlich entkoppelt die alleinerziehende Mutter aus der Großwohnsiedlung am Stadtrand gegenüber, deren Leben mangels ausreichender Einkünfte, auf die bloße Organisation und Bewältigung des Alltags ausgerichtet ist und das aufgrund räumlicher, zeitlicher, finanzieller aber auch interessensgeleiteter Entkopplung frei von milieufremden Anregungen ist. In diesem Dualismus wird die Logik einer doppelten Begünstigung bzw. Benachteiligung besonders plastisch, die über die unterschiedliche Lebensqualität hinaus vor allem die ungleiche Chance zum Kapitalerwerb zwischen beiden Sphären deutlich macht: Sind hier (wie auch im Falle des umgewandelten Platzes) die Möglichkeiten gegeben, soziale Netzwerke im Kreis höherer beruflicher Positionen auszubauen, durch den alltäglichen Kontakt die aufstiegsrelevanten Codes in allen Lebensbereichen zu aktualisieren und nicht zuletzt über ökonomisches Kapital seine Stellung zu festigen, bietet sich dort ein Lebensumfeld, das Sozialkapital, Bildung, Geschmack und Umgangsformen vorwiegend milieuintern vermittelt und nicht an die aufstiegsrelevanten Ressourcen anschließen kann. Gleichwohl sollten diese plakativen Gegenüberstellungen nicht zu einem reduktionistischen Verständnis führen, dass die Problematik der sozialen Stratifizierung nur auf

Extreme bezieht. Bourdieu selbst betont immer wieder die Hierarchisierung sämtlicher Felder des Kapitaleinsatzes und -erwerbs und die damit einhergehende Hierarchisierung des physischen Raumes, der den Sozialraum objektiviert und reproduziert. „In der Beziehung zwischen der Verteilung von Akteuren und der Verteilung von Gütern im Raum manifestiert sich der jeweilige Wert der unterschiedlichen Regionen des verdinglichten Sozialraumes" (Bourdieu 1997, S. 161).

2.2.4 Kapitalorte und ihre selektive Zugänglichkeit

Wenn sich mit Bourdieu soweit die soziale Ungleichheit aus einem Wechselspiel von sozialer Position, Inkorporierung, Lebensstil und korrespondierenden Raumprofiten gut ergründen lässt, bleibt im einführend dargelegten Sinne dennoch zu fragen, ob die Rolle des physischen Raumes als verdinglichter Sozialraum von ihm angemessen bewertet ist. Schroer (2006, S. 100 ff.) gibt in seiner Auseinandersetzung mit Bourdieu zu bedenken, dass sich der soziale Raum nicht zwangsläufig dem physischen Raum einschreiben muss. Dies läuft nicht nur auf fragwürdigen Vorkategorisierungen hinaus, die Automatismen zwischen räumlichen Erscheinungen und sozialen Gegebenheiten unterstellen, sondern legt auch eine gewisse Trägheit im sozialen Wandel nahe. Die Persistenz des physischen Raumes muss existierende Auf- und Abstiegsprozesse Einzelner in der stabilen Anordnung eines Stadtgefüges letztlich negieren. Umgekehrt muss auch ein realräumlicher Wandel nicht unbedingt mit einem sozialen Wandel einhergehen. Während der soziale Raum als Ausdruck eines kapitalabhängigen Positionskampfes noch in relationaler Perspektive fungiert, schleicht sich mit dessen Materialisierung die Gefahr einer Verdinglichung des Sozialen ein (vgl. dazu auch Deffner und Haferburg 2012, S. 168). Die soziale Konstruktion von Räumen droht damit in den Hintergrund zu geraten, bestehende Raumarrangements lassen sich nicht alternativ lesen und deuten (Schroer 2006, S. 102).

Mit der dualisischen Konzeption Löws, die Raum als Bedingung und Folge seiner Konstitution begreift, relativieren sich diese Einwände. Handeln wird in Abhängigkeit von den in einer Handlungssituation vorgefunden symbolischen und materiellen Faktoren gesetzt, die ihrerseits aus Handlungen resultieren (Löw 2001, S. 191 ff.). In der Bewertung der Kapitalerwerbschancen sind Mauern, Distanzen oder bauliche Enge ganz zweifellos wesentliche Strukturen, die der Analyse von Handlungsmöglichkeiten vorangestellt werden müssen, auch wenn sie selbst hervorgebracht wurden und im Rahmen individueller Dispositionen vervielfältigt werden. Die soziale Wirksamkeit des beispielhaft angeführten

Platzes geht zwar in erster Linie von den dort anwesenden Akteuren und ihren Distinktionsmitteln aus, wäre aber ohne die spezifische Materialität des Platzes so nicht denkbar. Die Umwidmung des Platzes macht zugleich deutlich, dass stets ein Wandel – hier im Wechselspiel von physischem Eingriff und sozialen Interaktionen – möglich ist. Darüber hinaus sind im Prozess des Anordnens Synthese und Spacing immer auch auf die naturräumlichen Gegebenheiten gebunden: „Wo kein Fluss ist, kann dieser nicht in die Konstitution von Raum einbezogen werden" (Löw 2001, S. 191).

Folgt man diesem Verständnis, so schleicht sich allerdings dennoch eine wesentliche Inkonsistenz gegenüber Bourdieus Raumkonzept ein: Dessen Gegenüberstellung in einen metaphorisch eingesetzten Sozialraum einerseits und dem angeeigneten physischen Raum andererseits, zeigt die beschriebene Wechselseitigkeit nicht. Während im Sozialraum soziale Prozesse ausgetragen werden und Wandel möglich ist, nimmt der physische Raum bei Bourdieu diese Prozesse lediglich auf. Da er selbst nicht als Wirkgröße auf soziales Handeln in Betracht gezogen wird, kann die strukturierende Wirkung von Räumen nur in den genannten Verstärkungseffekten (z. B. Klub-Effekt) gedacht, nicht aber als grundlegende Einflussgröße auf menschliches Handeln in Betracht gezogen werden. Räume, die im Handeln entstehen, können nicht als Ergebnis der Gesellschaft gegenübergestellt werden, sie sind als Teil dieses Prozesses zu begreifen. Die Diskrepanz in diesem Punkt bringt Löw selbst deutlich zum Ausdruck: „Die Bourdieusche Gleichsetzung von Strukturen mit ‚Prinzipien der Klassengesellschaft' machen es systematisch unmöglich, räumliche Strukturen als etwas Gesellschaftliches zu untersuchen. Raum und Gesellschaft stehen sich in diesem Denkmodell gegenüber, wobei nur die Gesellschaft den Raum zu prägen scheint, nicht umgekehrt Räume gesellschaftliche Prozesse vorstrukturieren" (Löw 2001, S. 167). Viele Ansätze der Sozialisations- und Bildungsforschung, etwa im Bereich der Umwelt- oder der Architekturpsychologie (Hellbrück und Fischer 1999; Bär 2008) oder in der Auseinandersetzung mit der dinglich gestalteten Lernumgebung (Petmecky 2008) machen die physisch-materielle Umgebung gerade zum Ausgangspunkt. Modifiziert man entsprechend Bourdieus Diktum, dass das „Habitat dem Habitus folgt" (Bourdieu 1991, S. 32; vgl. dazu auch Bourdieu und Wacquant 2013, S. 262) und zieht auch den Umkehrschluss in Betracht, dann lässt sich die reproduzierende Logik Bourdieus in den weiten Rahmen der Raumsoziologie Löws weitgehend einpassen.

Löw selbst greift auf Bourdieus Habitus und die Reproduktionslogik immer wieder zurück, thematisiert ihn aber vornehmlich als Einflussgröße für die Konstitution von Raum und weniger als Bedingung für gesellschaftliche Teilhabe im Raum. Ein eigenes Kapitel zu „Raum und sozialer Ungleichheit" (Löw

2001, S. 210 ff.) gliedert die Chancen, Raum zu konstituieren, nach Reichtum, Wissen, Rang und Zugehörigkeit. Es unterstreicht auf der Seite der Handlung die ungleichen Herstellungschancen und deutet darüber hinaus an, dass dem Ergebnis Zuweisungen und atmosphärische Qualitäten inhärent sind, die nachgelagerte Inklusions- und Exklusionseffekte, wiederum gepaart mit unterschiedlichen Möglichkeiten zur Raumkonstitution, hervorbringen (Löw 2001, S. 216 f.). Wenn damit auf einer allgemeinen Ebene wesentliche Bedingungen für den Kapitalerwerb angesprochen werden, da letztlich jeder Konstitutionsprozess in bauliche Strukturen mündet, institutionalisierte Räume hervorbringt und Ausgrenzungs- und Wahrnehmungsprozesse bedingt, bleibt der Blick auf die (hervorgebrachten) Strukturen, die Opportunitäten und Restriktionen mit sich bringen, unscharf. Nicht die Herstellung, sondern die Chance sich in diesen räumlichen Strukturen zu bilden und gesellschaftlich aufzusteigen sollen im Folgenden aus der Sicht des Handelnden unter dem Aspekt der Zugänglichkeit herausgestellt werden.

Für die Auseinandersetzung mit den begünstigenden und limitierenden Strukturen für den Kapitalerwerb (ökonomisch, sozial, kulturell), werden als Synthese drei Dimensionen eines räumlichen Einflusses unterscheiden. Diese stellen sowohl auf die physische als auch auf die soziale Zugänglichkeit von Ressourcen ab und fassen die angesprochenen Facetten einer Reglementierung im relationalen und reproduktiven Verständnis von Löw bzw. Bourdieu zusammen. Im Mittelpunkt steht dabei das handelnde Subjekt, dessen Handlungsmöglichkeiten und die Chancen auf Kapitalerwerb abhängig von dem jeweiligen Habitus und den jeweils verfügbaren Ressourcen sind. Lokalisiert durch seine Körperlichkeit an einem Ort (Stadtteil als Wohnort) oder im zeitlichen Verlauf an mehreren Orten (Aktionsräume), bietet sich ihm in räumlicher Hinsicht eine spezifische Gelegenheitsstruktur, die mit ihren Orts- und Quartierseffekten und zahlreichen Verstärkungsmomenten beschrieben wurde. Ausgehend von dem Motiv eines sozialen Aufstiegs und bedingt mobil, stellen sich ihm im Realraum grundlegende Hindernisse, um an Kapital zu kommen:

Erstens ist der Zugang zu aufstiegsrelevanten Ressourcen physisch reglementiert. Die Aneignung von kulturellem und sozialem Kapital setzt aus der Sicht der kapitalschwachen Milieus Kontaktflächen voraus, Begegnungsorte, die aufstiegsrelevante Codes und Verhaltensregeln transportieren und milieuübergreifende Netzwerke ermöglichen. Die Schwierigkeit einer körperlichen Zugänglichkeit zu Orten und Menschen zeigt sich verstärkt im Licht einer zunehmenden Privatisierung und Verregelung urbaner Räume und wirft im Nachklang von Lefebvre zunehmend die Frage nach dem „Recht auf Stadt" auf (Holm und Gebhard 2011; Harvey 2008). Zwischen Türstehern vor Restaurants und der hermetischen Umzäunung von Gated Communities lassen sich zahlreiche Stufen einer Begrenzung von Aktionsräumen ausmachen, die die kapitalschwachen Bevölkerungsteile letztlich stark auf die (verminderte) Gelegenheitsstruktur des eigenen Quartiers verweist. Für das Verständnis der selektiven Zugänglichkeit des (Stadt-)Raumes ist bedeutsam, dass dessen Konstitution über große Entfernungen stattfinden kann. Was Löw mit ihrer relationalen Perspektive zwar konzeptionell ermöglicht, aber nicht weiter vertieft, ist die Handlungsmacht externer Akteure, deren Spacing und Syntheseleistung durch Investitionen, Standortentscheidungen, politischer Einflussnahme oder sonstiger Mobilisierung weiterer Akteure im globalen Kontext und unter marktwirtschaftlichen Bedingungen befähigend oder reglementierend durchschlagen. So ist die Konstitution von Raum durch gesellschaftliche Strukturen und die Bedingungen einer Handlungssituation nach Löw ja stets vorstrukturiert, wobei sich diese Bedingungen zu einem „nicht unbeträchtlichen Teil aus dem Handeln anderer ableiten lassen" (Löw 2001, S. 194; vgl. auch S. 162). Eine solche Kausalität täuscht leicht darüber hinweg, dass mit der Aufhebung des Prinzips räumlicher Nähe eine komplexe Konstitutionslogik möglich wird, deren Ursache-Wirkungsbeziehungen sich nicht mehr annähernd rekonstruieren lassen. Die Herstellung des Sozialisationskontextes verliert sich im Globalen (Scheffer und Voss 2008). Die strukturierende Wirkung von Räumen ausklammernd, macht Bourdieu eine externe, globale Beeinflussung von Handlungsoptionen erst gar nicht zum Thema. Seine Zentrierung auf die kapitalabhängige Positionierung im sozialen Raum und die Betonung von Abgrenzungsprozessen, die in der Besetzung von physischen Orten mündet, blendet das Herstellen von räumlichen Bedingungen jenseits der individuellen Positionierung aus. Doch der physische Raum ist in seiner Ressourcenzugänglichkeit selbst zunehmend polarisiert und weist unterschiedliche Qualitäten auf, die nicht allein den sozialen Aneignungsdefiziten von milieufremden Bevölkerungsteilen entstammen, sondern in der Regel einem ökonomischen Konzept geschuldet sind. Raumübergreifendes „Spacing" kann bedeuten, dass Einlasskontrollen, baulich geförderte Schwellenängste und verschlossene Tore Ressourcen sortieren, ohne dass konkrete Akteure und Erklärungszusammenhänge erkennbar sind. Dasselbe gilt für die Zuweisung von Wohnraum und der damit einhergehenden Chance des Kapitalerwerbs in einem globalisierten Immobilienmarkt. Gentrifizierung, Verdrängung, und Strukturwandel vollziehen sich zwar auf der begrenzten Bühne eines Stadtteils, ihre Erklärung führt jedoch hinter den Vorhang des Greifbaren, fordert eine Entgrenzung des Analysezusammenhangs zwingend mit ein. Besonders in Städten ist die Kapitalisierung des Raumes so weit fortgeschritten, dass er über Macht- und Besitzverhältnisse die individuellen Möglichkeiten des Kapitalerwerbs aus der Ferne vorstrukturiert. Mit dem Verlust, die Ursachen der Ressourcenverwehrung

2.2 Raum im Sozialisationsprozess

nachvollziehen zu können, schwindet für die benachteiligten Bevölkerungsteile der Einfluss auf eine sie begünstigende Konstitution von Raum weiter.

Orte mit aufstiegsrelevanten Ressourcen sind auch deshalb nur selektiv erreichbar, weil sie für benachteiligte Bevölkerungsteile eine zu große Distanz aufweisen. In ihrer Soziologie globaler Ungleichheiten unterstreicht Weiß (2017, S. 297 ff.) die Entfernungsrelation als wesentliches Entwicklungshemmnis. Im kleinräumigeren urbanen Kontext haben insbesondere die VertreterInnen des sog. „Mobilitäts-Paradigmas" die Bedeutung der Mobilität für die gesellschaftliche Konstitution allgemein herausgestellt und die Chance zur Distanzüberwindung für den Bezug von Ressourcen im Besonderen gewichtet (Urry 2007; Sheller 2014). Eine Benachteiligung durch größere Entfernungen zu relevanten Feldern, etwa infolge eines residentiellen Segregationsprozesses oder einer ungünstigen infrastrukturell-verkehrstechnischen Anbindung, tragen der jeweiligen physischen Positionierung im Raum erhebliche Relevanz ein (Manderscheid 2017, S. 200). Für die Stadtbewohner in einer peripheren Wohnlage ist Bildung über den Theater- oder Museumsbesuch im Zentrum mit einem ungleich größeren Aufwand verbunden, als für den Innenstadtanlieger. Betreuungs- und Bildungseinrichtungen geben die soziale Zusammensetzung entsprechend des jeweiligen Einzugsgebietes vor und Freizeitaktivitäten orientieren sich häufig am Angebot des Wohnumfeldes. In der segregierten Stadt mit großen Distanzen zwischen den Einkommensgruppen und Milieus sind kapitalfördernde Kontakte für die sozial benachteiligten Bevölkerungsteile schwerer zu realisieren. Trotz physischer Zugänglichkeit ist es das Zeit- und das Kostenbudget, das ihnen aufstiegsrelevante Ressourcen verstellt, während eine hohe Ausstattung mit ökonomischem Kapital die allgemeine Mobilität steigert und die Zugriffschancen auf Ressourcen erhöht. Besonders deutlich wird der ungleiche Ressourcenzugang, wenn man die Orte des Kapitalerwerbs in einer überregionalen Perspektive betrachtet. Bourdieu (1997) ist mit seinen Beispielen stark von der Sicht des Quartiersbewohners geleitet, der den Stadtraum spezifisch erschließt. Das lässt vergessen, dass sich soziale Stratifizierung in sämtlichen Lebensbereichen auf verschiedenen räumlichen Maßstabsebenen mit erheblichen, sozial exkludierenden Distanzen abspielt: Allein die Freizeit- und Urlaubsindustrie hat von Aspen bis St. Barth weltweit unzählige Enklaven hervorgebracht, die Dank der Homogenität ihrer Besucher einer gruppeninternen Kapitalvermehrung zuarbeitet. Der Austausch von Codes, Trends und Geschmacksformen, das Knüpfen neuer Netzwerke und gegenseitige Selbstvergewisserung vollziehen sich hier unter fast hermetischem Abschluss. Ohne materielles Kapital sind diese Orte schon aufgrund ihrer Distanz unerreichbar, es braucht hier weder bauliche Hürden noch hochpreisige Infrastruktur, um selbst Neugierigen einen

Zutritt zu jenen Sphären zu verstellen, in denen Bourdieus Klubeffekte wirksam werden. Ein „spacing", das den Anbietern und Nachfragern Exklusivität sichert, reproduziert diese durch räumliche und soziale Distanzierung.

Zweitens ist die Nutzung von Ressourcen stets durch die Fähigkeit ihrer Wahrnehmung sozial vorstrukturiert. Wie mit Bourdieu mehrfach betont, unterliegt der Zugriff auf die sozialräumliche Gelegenheitsstruktur einer Stadt den Dispositionen des Habitus. Bereits das Bewusstsein, dass sich die Chance auf Kapitalerwerb räumlich ungleich verteilt und dass jede gezielte Aneignung zuallererst die Wahrnehmung von gewinnbringenden Kontaktfeldern im Stadtraum voraussetzt, ist individuell und milieubezogen unterschiedlich angelegt. Die jüngeren Arbeiten zur räumlichen und sozialen Mobilität analysieren in diesem Sinne den Einfluss der Sozialisation und Bildung auf die Wahrnehmung von Räumen und setzen deren Erreichbarkeit in einen individuellen „mobilitätsbiographischen" Kontext (Holz-Rau und Scheiner 2015). Hurrelmanns produktive Realitätsverarbeitung als permanente Auseinandersetzung mit der inneren Realität, also den körperlichen Anlagen und psychischen Prozessen innerhalb des menschlichen Organismus, und der äußeren Realität, d. h. der Gesellschaft mit ihrer Sozial- und Wertstruktur sowie den materiellen, räumlichen Rahmenbedingungen, streicht die physische und soziale Umwelt im Sozialisationsprozess deutlich heraus (Hurrelmann und Bauer 2015). Die aktive und selbstständige Raumaneignung (als Teil der Aneignung der äußeren Realität), die im zeitlichen Verlauf mit wachsendem Aktionsradius zunimmt, wirkt sich auf die Persönlichkeitsentwicklung mobilitätsbiographisch aus (Döring 2015). Sozialräumliche Erfahrungen legen in diesem Prozess individuelle Wahrnehmungsschemata an, die rekursiv zur Mobilität anregen und spezifische Kapitalerwerbsorte eröffnen können, oder – umgekehrt – die alltäglichen Handlungen in einem Rahmen belassen, in dem es an aufstiegsrelevanten Ressourcen mangelt. Auf die ungleichen Sozialisationsvoraussetzungen unter Einfluss des familiären Umfeldes, der Wohnlage und -ausstattung, zahlreicher Ortseffekte und Mobilitätsunterschiede wurde hinreichend verwiesen. Das sich die Art der Wahrnehmung räumlich entfernter Dinge und Zusammenhänge grundsätzlich von der Wahrnehmung naher Gegebenheiten unterscheidet, erscheint banal. Für die Aneignung von (räumlich entfernten) Ressourcen ist dieser Wahrnehmungsunterschied, der sich aus einer peripheren Wohnlage oder dem ritualisierten Aufsuchen kapitalferner Orte ergibt, jedoch wesentlich. Wie Analysen aus der Sozialpsychologie zeigen, geht räumliche Distanz mit einem hohen Grad an mentaler Abstraktion einher. Die Fähigkeit, Gegebenheiten konkret und kontextbezogen erfassen zu können, schwindet (z. B. Henderson et al. 2011). Die „Welt der Anderen" wird ohne räumliche Annäherung in der Wahrnehmung übergeneralisiert, was die spezifische Logik von Anerkennung und Austausch für den

2.2 Raum im Sozialisationsprozess

räumlich entfernen Stadtbewohner uneinsichtig macht. Demgegenüber befähigt die Präsenz „vor Ort" zu einer kapitalfördernden Wahrnehmung des Systems. Auch Löw, die der Wahrnehmung einen eigenen Abschnitt widmet, betont die Selektivität der Wahrnehmung in Abhängigkeit von Habitus, Bildung und Sozialisation (Löw 2001, S. 197). Die Wahrnehmungsaktivität des Konstituierenden vor Ort umfasst sämtliche Sinne, die bei der Außenwirkung der sozialen Güter und anderer Menschen aktiviert werden (Löw 2001, S. 191). Das bedeutet, dass über die optische Wahrnehmung des Materiellen hinaus, auch olfaktorische, haptische oder akustische Eindrücke entstehen, die die Konstitution von Raum beeinflussen. Bezogen auf die Restriktionen im Prozess des Kapitalerwerbs sind damit noch einmal die habituell internalisierten Wahrnehmungsfilter und Relevanzkriterien angesprochen, die es dem Einzelnen erleichtern oder erschweren, relevante Räume als solche zu registrieren (Syntheseleistung) oder Räume durch Handlungen kapitalfördernd zu beeinflussen (Spacing). Indem Löw in diesem Prozess Nicht-Dingliches miteinschließt, bereitet sie den Boden für eine umfassendere Analyse, welche sämtliche Qualitäten des (Stadt-)Raumes berücksichtigen kann: Wie am Beispiel des umgewidmeten Platzes erwähnt, sind es nicht nur physische Objekte, sondern auch Gerüche oder Atmosphären, die Distinktionskraft entfachen, die zurückweisen und die ausschließen. Selbst wenn die Wahrnehmung einer Stadt für die kapitalschwächere Bevölkerung durchaus auch aufstiegsrelevante und physisch erreichbare Kontexte aufscheinen lässt, können innerhalb dieser Fremdheitsgefühle und Schwellenängste so stark wirken, dass die Chance auf Kapitalerwerb dennoch verstellt bleibt.

Drittens soll schließlich als weitere Restriktion des Kapitalerwerbs die soziale Zugänglichkeit herausgestellt werden. Fehlender Zugang resultiert – wie es Bourdieu zentral thematisiert hat – aus dem Mangel, ein räumlich erreichbares Angebot an Ressourcen mit den zur Verfügung stehenden Dispositionen auch nutzen zu können. Hier bezieht sich der Habitus nicht spezifisch auf die Wahrnehmung, sondern auf die jeweiligen Verhaltensmuster, Präferenzen und Relevanzkriterien, die vielfach nicht oder nur unzureichend an die sozialräumlichen Gegebenheiten des jeweiligen Ortes anschließen können. Die Erwartung, die von den dort Anwesenden implizit an jeden gerichtet werden, sei es hinsichtlich der Sprache, der Kleidung oder der vorgetragenen Anliegen und Interessen, verhindert bei Nichterfüllung eine verbindliche Kontaktaufnahme (z. B. Bourdieu 1991, S. 32). Anhand seiner zahlreichen Beispiele deutet Bourdieu bereits an, dass die kapitalabhängige Segmentierung des (Stadt-)Raumes mit ihren impliziten Habitus-Vorgaben nicht auf Luxus- oder Armenviertel beschränkt ist, sondern prinzipiell auf allen Maßstabsebenen greift (insbesondere Bourdieu 1997). Ergänzend ließen sich für die kapitalstarken

Milieus neben Bildungseinrichtungen, Museen, Casinos und Theatern auch teure Geschäfte, Hotels, Parkanlagen oder exklusive Freizeitstätten anführen, die trotz ihrer öffentlichen Zugänglichkeit sehr selektiv betreten werden, da Interesse und kulturelles Kapital fehlen, die dort vorhanden Ressourcen auch verstehen und aufgreifen zu können. Ungeachtet aller weiteren Möglichkeiten einer Differenzierung solcher Orte, ließe sich in der Gegenwart immer auch die Frage stellen, ob diese spezifischen Erwartungskontexte zwangsläufig mit dem Zugang zu Kapital zusammenfallen müssen. Bei Bourdieu ist die Hierarchisierung des Raumes und die ungleiche Kapitalverteilung an einer offiziellen Hochkultur ausgerichtet, während spezifische Angebote jenseits dieser Norm möglicherweise ebenfalls einen Kapitalerwerb versprechen (vgl. auch Schroer 2006, S. 105). Diesem Gedanken folgend, ließen sich für die Gegenwart prinzipiell auch gut bezahlte Arbeitsfelder im Kreativsektor anführen, die gerade an subkulturelle Kontexte anschließen und die alternative oder improvisierte Lebensentwürfe belohnen können. Deren Codes und Erwartungen an Außenstehende könnten sich weniger hermetisch ausnehmen oder eine größere Toleranz für Abweichendes zeigen. Alle erweiterten Anschlussmöglichkeiten für eine benachteiligte Stadtbevölkerung bringen jedoch nicht Bourdieus Grundthese zu Fall, dass es in unterschiedlichen sozialen Feldern zu permanenten, den Habitus reproduzierenden Abgrenzungsprozessen kommt. Diese Abgrenzung wird durch räumliche Nähe nicht überwunden. Vielmehr führt der intensivere Kontakt in milieufremden Orten erst vor Augen, dass es dort stabile soziale und räumliche Arrangements gibt, die es Außenstehenden schwer machen, dort Fuß zu fassen (vgl. auch Berger et al. 2002; Ridgeway 2014). Für den Erwerb sozialen Kapitals resümieren Rutten et al. (2010) entsprechend: „In sum, the fact that human beings are spatially sticky and the fact that geographical proximity greatly enhances both the frequency and the depth of social interaction make that the norms and values aspect of social capital are spatially sticky as well. This aspect of social capital, therefore, is very difficult to tap into for outsiders, which makes it a powerful source of local competitive advantage" (Rutten et al. 2010, S. 869).

Mit Bezug auf die räumliche Segregation macht Dangschat deutlich, dass das politisch oft geforderte Nebeneinander von unterschiedlichen Bevölkerungsteilen nicht zwangsläufig zu einem Miteinander dieser Gruppen führt. Demnach wird übersehen, dass bei als zu groß empfundenen soziokulturellen Differenzen die sozialen Abstände nicht überwunden werden, was Konflikte verschärfen kann (Dangschat 2014, S. 122 f.). Erneut ist es also der durch Bildung und Sozialisation vermittelte Habitus, der den Zugang zu jenen Räumen beschneidet, die Ressourcen bergen – was einen kapitalbringenden Wandel des Habitus wiederum bremst.

Zwischen den genannten drei Restriktionen lassen sich einige weitere Rückkopplungen herstellen. So beeinträchtigt ein fehlender physischer Zugang zu bestimmten Orten zweifellos auch die Wahrnehmung dieser. Was sich im alltäglichen Leben dem Stadtbewohner an Umweltangeboten entzieht und als äußere Realität schlichtweg fehlt, kann im Sozialisationsprozess nicht das soziale und kulturelle Kapital mehren. Entwickelt sich aber der Habitus in einer Umwelt, die die eigenen Dispositionen überwiegend spiegelt, bleiben instruktive Angebote außen vor. Im Ergebnis festigt sich ein Habitus, der an die aufstiegsrelevanten Ressourcen immer weniger anschließen kann. Durch räumliche An(Ordnungen) werden diese reproduktiven Muster verstetigt, während die Möglichkeit einer für den Ressourcenerwerb günstigeren Raumkonstitution durch den Habitus und dessen Einfluss auf das Spacing und die Syntheseleistung sowie durch die Macht anderer, teils globaler Akteure, beeinträchtigt ist.

2.3 Zwischenfazit: Der räumliche Entzug von Chancen

Soziale Verwerfungen, wie sie mit dem Auseinanderfallen der Gesellschaft in eine reiche Minderheit einerseits und einer wachsenden Prekarisierung andererseits in Deutschland und weiteren Ländern registriert werden, bergen insbesondere dann ein hohes Konfliktpotenzial, wenn sie sich strukturell zu verstetigen scheinen. Nimmt man die Bildung als „... wichtigste () Grundlage für den materiellen Wohlstand moderner Gesellschaften" (Hradil 2001, S. 149) zum Ausgangspunkt, so dokumentieren unzählige Studien eine verfestigte Chancenungleichheit: Der Bildungserfolg korreliert mit dem sozialen Hintergrund, soziale Benachteiligungen pausen sich generationsübergreifend durch. Selbst wenn die Chancenungleichheit in einer entstrukturierten Gesellschaft mit vielfältigen Optionen für den Einzelnen immer schwieriger im starren Raster von Klassen oder Schichten einzufangen ist, zeigt sie sich doch in unterschiedlichsten Facetten einer sozialen Benachteiligung, die hier milieubezogen gefasst wird. Eine Auseinandersetzung mit der Chancenungleichheit in der Bildung kommt nicht umhin, die Sozialisationseinflüsse insgesamt in den Blick zu nehmen und nach den dort wirkenden reproduktiven Mustern zu fragen. Sie muss sich dem Widerspruch stellen, dass die in den vergangen Jahrzehnten gewachsenen Möglichkeiten zur biographischen Gestaltung des Lebenslaufs in der Breite nur bedingt für einen gesellschaftlichen Aufstieg genutzt werden konnten. Während mit Hurrelmann der Sozialisationsprozess als Persönlichkeitsentwicklung im Spannungsfeld von äußerer und innerer Realität gerahmt wird (Hurrelmann und Bauer 2015), bietet sich insbesondere mit Bourdieu (1983, 1987, 1991), dessen Auffächerung der Kapitalarten und den von ihm zentrierten Dispositionen des Habitus, als Bestandteile und zugleich Produkte der Sozialisation, ein etabliertes Analysemuster an: Vielfach empirisch eingesetzt, zeigt es, wie sich Gruppen und Individuen im sozialen Feld durch Praktiken voneinander abzusetzen suchen und wie die Gültigkeit der jeweils vorherrschenden Regeln und Erwartungen den Habitus formen. Letzterer drückt sich in körperlichen und kognitiven Dispositionsmustern aus, die nur spezifisch anschlussfähig sind. Indem sie milieuintern funktionieren, jedoch milieuübergreifend reglementieren, erhellen sie die gesellschaftliche Reproduktionslogik. „Because advantages tend to be cumulative, with those born into more prosperous families recieving (…) more intellectual stimulation and better education, and more social capital for use in later life, there is an enduring tendency for the rich to get richer and the poor to be left behind" (Inglehart 2016, S. 3 f.).

Auf dieser Grundlage wurde argumentiert, dass gerade der räumliche Kontext die Chancenungleichheit verstetigt. Begreift man Raum lediglich als Schauplatz oder Umgebung sozialer Zusammenhänge, so erscheint dessen Hervorhebung als Gegenstand einer Veranschaulichung allein banal. Verkettungen von sozialen Vor- und Nachteilen, wie sie Inglehart noch allgemein resümiert, werden durch räumliche Assoziationen lediglich plastisch. Begreift man indes die Konstitution von Räumen selbst als Ausdruck sozialer Prozesse und fokussiert deren Herstellung durch Handlungen, dann führt diese ressourcenabhängige Konstitutionsleistung zu einer weiteren Dimension der sozialen Verstetigung: Die vielen Vor- und Nachteile, die im (Stadt-)Raum durch die soziale und physische Umwelt gegeben sind (Erreichbarkeit, Freizeitwert, Kontaktmöglichkeiten etc.), sind dann nicht nur als Ergebnis von Handlungen zu begreifen, sondern zugleich als wesentliche Bedingungen für die Konstitution von Raum. In diesem Verständnis verstärken sich die Handlungsoptionen der privilegierten Bevölkerung zusätzlich: Die individuelle Ressourcenausstattung begünstigt eine Raumgestaltung, die den Ressourcenerwerb wiederum erleichtert. Analog, aber unter umgekehrten Vorzeichen, gilt dies für die benachteiligte Bevölkerung.

Das in Löws Raumsoziologie (2001) ausgearbeitete relationale Raumverständnis als (An)Ordnung von Lebewesen und sozialen Gütern an Orten, die durch Synthese und Spacing konstituiert werden, bildet Raum als Struktur- und Handlungsdimension entsprechend ab. Modifiziert man Bourdieus einseitige Gewichtung, die soziale Prozesse als raumprägend versteht, nicht aber die Umkehrung kennt, dass Räume gesellschaftliche Prozesse vorstrukturieren, dann lässt sich das Habituskonzept an Löw gut anschließen. Wahrnehmung und Möglichkeiten des Spacings werden durch den Habitus beeinflusst, während der

2.3 Zwischenfazit: Der räumliche Entzug von Chancen

Habitus sich im Kontext der physisch-materiellen Bedingungen, spezifischer Sinneseindrücke und der sozialen Zusammenhänge des räumlichen Umfeldes in verschiedenen Lebensphasen ausbildet. Die Reproduktion gesellschaftlicher Ungleichheit wird nachvollziehbar, wenn man die Separierung der aufstiegsrelevanten Ressourcen – und damit sind sämtliche Kapitalformen Bourdieus angesprochen – in einer räumlichen Perspektive verfolgt. Bei den bildungsfernen, benachteiligten Milieus besteht ein Mangel an Erfahrung, Kontakten und Bildungsangeboten in den unterschiedlichsten Lebensbereichen. Demgegenüber konzentrieren sich Ressourcen im Umfeld privilegierter Milieus. Die räumliche Trennung in limitierende oder befördernde Kontexte der Wahrnehmung und des sozialen Handelns zwingt die Betroffenen bei fehlendem Zugang zu einer milieuspezifischen Bezugnahme und reproduziert damit soziale Unterschiede.

Besonders größere Städte weisen auf unterschiedlichen Maßstabsebenen zahlreiche Kontexte einer spezifisch wahrgenommenen, unterschiedlich wirksamen und ungleich erreichbaren Gelegenheitsstruktur auf. Sie zeigt sich im Portier eines Appartementhauses, im Image eines Stadtteils, im Angebot der verfügbaren Verkehrsinfrastruktur, in der Schwellenangst evozierenden Schaufenstergestaltung eines Luxusgeschäfts, in der Verteilung der städtischen Bildungseinrichtungen, in den Kleidungsvorschriften eines Casinos oder in den zahlreichen, der Allgemeinheit oft unbekannten, Adressen, die spezifischen Gruppen einen Ort des Austauschs bieten. Erst über den Blick auf die Allgegenwart von konkreten und abstrakten Abgrenzungen, sichtbaren und unsichtbaren Hürden, kann die sozial reproduzierende Struktur des Raumes adäquat eingefangen werden.

Der fehlende Zugang zu den Orten eines potenziellen Kapitalerwerbs wurde zusammenfassend in drei Dimensionen beschrieben: a) physische Zugänglichkeit, wobei Grenzen, Versperrungen und räumliche Distanzen eine Rolle spielen, b) die Wahrnehmung von Räumen und Ressourcen und c) die soziale Distanz, als mangelnde Anschlussfähigkeit an implizite Erwartungshaltungen. Alle drei Hemmnisse spielen wechselseitig zusammen und setzen für ihre Überwindung unterschiedliche Kapitalformen voraus.

Komplexerweise sind diese Reglementierungen nicht nur den Interessen und der Macht benenn- und lokalisierbarer Akteure geschuldet, sondern auch Verwertungszusammenhängen, die sich im Globalen zu verlieren scheinen. Dies kann die physische Zugänglichkeit (a) beeinträchtigen, wenn beispielsweise Gentrifizierungsprozesse, Privatisierungsmaßnahmen und die Verregelung von Räumen oder Arbeitsplatzverlagerungen verketteten Entscheidungen folgen und einer global gültigen Marktlogik gehorchen. Die Wahrnehmung und soziale Zugänglichkeit (b und c) wären durch die Folgen dieser Einflüsse gleichfalls betroffen, indem sich Sozialisationskontexte wandeln. Insofern kann von einem grenzüberschreitenden Entzug räumlicher Chancen gesprochen werden. Ein solcher Entzug, der wesentlich durch die neuen Informations- und Kommunikationstechnologien getragen wird, ist für den Einzelnen kaum noch rekonstruierbar. Er impliziert eine gewisse Ohnmacht auf dem ohnehin schon schwierigen Weg zum Erwerb aufstiegsrelevanter Ressourcen.

Der Gedanke, dass der Kapitalerwerb im Zeitalter einer globalen Vernetzung auch in Abhängigkeit von grenzüberschreitenden Prozessen steht, lässt sich allerdings auch in die andere Richtung wenden: Könnten die neuen Technologien, allen voran das Internet, nicht auch einen vollkommen neuen Weg zu den Kapitalien bahnen? Akzeptiert man die Relevanz der hier hervorgehobenen Restriktionen im räumlichen Kontext, dann gilt es zu prüfen, inwieweit sie sich mit Hilfe neuer internetgestützter Handlungsoptionen überwinden lassen.

Der digitale und digitalisierte Raum als Aufstiegschance 3

Die wachsende Vernetzung von Computern, die Etablierung von Browsern und des World Wide Webs zu Beginn der 1990er Jahre wurden in den Sozialwissenschaften früh als Triebfedern sozialer Wandlungsprozesse wahrgenommen: Wenn die Beschränkungen der natürlichen Kommunikation einem raumübergreifenden Austausch weichen, so die naheliegende Ableitung, müssen sich die Optionen eines jeden Nutzers geradezu potenzieren. Dem Einzelnen tun sich plötzlich neue Weltbezüge auf und alles, was in sozialer Hinsicht über Jahrtausende vom Prinzip räumlicher Nähe geprägt wurde, die gemeinsame Arbeit, eine gegebene Nachbarschaft, Freundschaften oder erreichbare Bildungsinstitutionen, ruft im Modus einer globalen Vernetzung nach einer Neubewertung (Rheingold 1994; Negroponte 1995; Rammert 1998). Die technische Erreichbarkeit der Welt wird mit neuen Handlungsmöglichkeiten gleichgesetzt, die fortan auch der umfassende Globalisierungsdiskurs des ausklingenden Jahrtausends bejubelte und sich dabei immer auch auf die Digitalisierung bezog.

In den vergangenen zwei Jahrzehnten hat die wissenschaftliche Auseinandersetzung mit diesen neuen Konditionen immer weiter an Fahrt aufgenommen, während sich zeitgleich der Forschungsgegenstand „Internet" selbst rasant verändert hat. Waren die Knoten des digitalen Netzwerkes einst ortsgebundene Rechner, die der Nutzer bediente, sind es heute leistungsfähige Miniaturen, die als Smartphone, Tablet oder Wearable den mobilen Nutzer begleiten. War der Zugang zur Welt einst sperrig über Tastatur- oder Displayeingabe realisierbar, reichen heute Sprachbefehle, Gesten oder zunehmend auch nur das Passieren von Sensoren aus, um automatisierte Prozesse anzustoßen. Entsprachen die Inhalte des Netzes bis zur Jahrtausendwende eher einem Schaukasten, der lediglich von Experten befüllt werden konnte, avancierte es fortan zu einem partizipativen und kollaborativen Raum (Web 2.0), der zahlreichen Plattformen und sozialen Netzwerken erst zum Durchbruch verhalf. Die jüngste Entwicklung zu einem semantischen Netz (oft als Web 3.0 überschrieben), welches Abfragen kontextualisiert und Relevanzzusammenhänge automatisch erkennt, der wachsende Einsatz von künstlicher Intelligenz und nicht zuletzt das beschleunigte Eindringen vernetzter Gegenstände in den Alltag (Internet der Dinge) legen eine weitere Handlungsbefähigung sämtlicher Nutzer nahe. Neue digitale Räume tun sich auf, die Mediatisierung schwingt sich zu einem gesellschaftlichen Metaprozess empor, der durchgehend die kommunikative Praxis der Menschen bestimmt (Krotz 2018).

Wenn damit der weitere Wandel in Richtung einer „Digitalgesellschaft" (Stengel et al. 2017) bereits vorgezeichnet ist und entsprechende IT-Kompetenzen und Bildungsbezüge von Wirtschaft, Wissenschaft und Politik als zentrale Qualifikation gefordert werden, bleibt doch spezifischer zu klären, ob die Muster der aufgezeigten Stratifikationsprozesse über die digitale Nutzung tatsächlich aufgebrochen werden können.

Die Frage nach der Bedeutung einer digitalen Befähigung für den Kapitalerwerb lässt sich in räumlicher Perspektive zunächst in einem erweiterten Realraum denken: Eine veränderte Qualität des Alltags durch IT-Dienste und die wachsende Vernetzung von Dingen sollte sich grundsätzlich auch auf die Wahrnehmungs- und Handlungsoptionen des Einzelnen niederschlagen. Vom günstigen Fahrdienst über die Fernsteuerung von Haushaltsfunktionen bis hin zur Nutzung von Datenbrillen – sämtliche Innovationen können dem Nutzer Kostenersparnisse, Kontaktmöglichkeiten oder neue Anregungen bescheren und den Kapitalerwerb im Realraum insgesamt erleichtern. Ob der wichtige Zusammenhang zwischen den alltäglichen Aktionsräumen und der Bezugsmöglichkeit von aufstiegsrelevanten Ressourcen dadurch überwunden wird, ist damit aber keineswegs ausgemacht. Letztlich unterliegt auch der Nutzer moderner Technologien mit seiner physischen Präsenz im Realraum weiterhin jenen Sozialisationsbedingungen, die ihn in seinem Habitus soweit gefestigt haben.

Anders muss sich die Situation darstellen, wenn sich der Betroffene aus der physischen Welt zeitweise ganz zurückziehen kann, ohne auf den gleichzeitigen Bezug wesentlicher Ressourcen zu verzichten. Damit ist eine neu entstandene Parallelwelt, der Cyberspace oder der virtuelle Raum angesprochen, in dem sich zahlreiche Alltagsbedürfnisse wie Einkaufen, Spiele, Buchungen, Kontaktpflege oder Bildung digital vollziehen lassen. Dessen Modi unterscheiden sich vom Realraum grundlegend. Nicht nur Ort und Zeit verlieren an Bedeutung, auch die Kommunikationsform, die Intensität und Verbindlichkeit sind durch das Fehlen der körperlichen Kopräsenz von anderer Qualität. In dieser virtuellen

Sphäre, so ließe sich argumentieren, verlieren Ortseffekte an Einfluss. Niederschwellig lädt der Cyberspace dazu ein, sich mit den Regeln, Geschmäckern und Konventionen vormals entfernter Milieus vertraut zu machen, um über diesen Umweg die erworbenen Kompetenzen im Realraum wieder einzubringen. Eine solche Strategie lässt sich von einer intensiven Selbstbildung flankieren, die ebenfalls über die zahlreichen Angebote des Internets raumunabhängig, anonym und kostengünstig beziehbar scheint.

Auch die Bedingungen zur Raumkonstitution könnten sich im virtuellen Raum stark vom Reglement des Realraums unterscheiden. Ein größerer Einfluss der benachteiligten Bevölkerungsteile könnte hier dauerhaft einer egalitären Parallelwelt zuarbeiten, die den Einzelnen milieuunabhängig mit konvertierbaren Ressourcen versorgt.

So gilt es, im Folgenden Handlung und Struktur im virtuellen Raum genauer zu beleuchten und dem beschriebenen Reglement des Realraums gegenüberzustellen. Bewusst wird damit vorläufig zwischen Realraum und Cyberspace eine künstliche Trennung vorgenommen, die zunächst zur Veranschaulichung von raumbezogenen Chancen dient. Mit Betonung einer fortschreitenden Durchsetzung intelligenter Steuerungsmechanismen im Realraum oder der Möglichkeit einer realräumlichen Einflussnahme aus dem Cyberspace sind die zahlreichen Verknüpfungen von Realraum und Cyberspace im weiteren Verlauf der Arbeit noch herauszuarbeiten.

Schließlich muss der Blick auf die neuen Potenziale, die mit digitalisierten Realräumen und insbesondere den virtuellen Räumen verbunden sind, mit einbeziehen, dass auch der Bezug der digitalen Inhalte nur ungleich in der Gesellschaft realisiert werden kann. Die Bildungsforschung identifiziert in diesem Zusammenhang erhebliche Einschränkungen, die als Digital Divides in unterschiedlicher Weise problematisiert werden. Unter Einbeziehung dieser Befunde gilt es auszuloten, inwieweit die Digitalisierung den herausgestellten Restriktionen des Kapitalerwerbs dennoch trotzen kann und in welchen Bereichen des Alltags die räumlich-soziale Reglementierung dann auflösbar erscheint.

3.1 Transformationen ins Virtuelle: Struktur und Handlung

Räumliche Strukturen konditionieren Bildungs- und Aufstiegsprozesse in besonderer Weise. Für den Realraum wurde deutlich gemacht, dass diese Aussage eine doppelte Begründung erhält, indem nicht nur zahlreiche Ortseffekte greifen, sondern auch die Chancen einer aufstiegsfördernden Raumkonstitution in diesen Strukturen eingeschrieben sind. Da in einem relationalen Raumverständnis, wie es mit Löw ausgebreitet wurde, räumliche Strukturen nicht vorab gegeben sind, sondern durch Handeln konstituiert, in repetitiven Praktiken reproduziert und in Institutionen verankert werden, sind sie als Abbild ungleicher Ressourcen zu begreifen. Der so hervorgebrachte Realraum verzerrt die Bedingungen zur Kapitalaneignung in beiden Richtungen: Er begünstigt die Privilegierten und behindert die kapitalschwachen Bevölkerungsteile. Das räumlich Erlebte prägt sich ein und nimmt Einfluss auf den Habitus, der wiederum Wahrnehmungs- und Handlungsschemata vorgibt. „Die Klassenspezifik der Räume dringt in den Körper ein" (Löw 2001, S. 176).

Wenn wir uns mit dem Sprung in den virtuellen Raum oder den Cyberspace, einer von Computern und computergestützter Kommunikation erzeugten Virtualität annehmen, so stellt dies die beschriebenen Bedingungen von Struktur und Handlung in ein neues Licht. Als Sinnhorizont virtualisierten Handelns und Erlebens liefert der Cyberspace eine Umgebung, die ökonomisch-pragmatische, experimentelle oder utopische Nutzungen gleichermaßen ermöglicht. Dabei nimmt er gesellschaftliche Konventionen des Realraums auf, verändert sie oder bricht mit ihnen. Die im Cyberspace handelnden Akteure erleben hier eine eigene „vermöglichte Realität", die von der physisch aktuellen Wirklichkeit unterschieden werden kann und diese ergänzt, nicht aber ersetzt (Thiedeke 2004, S. 27). Damit zeigt der Cyberspace Überschneidungen mit dem Internet, das sich als globales Hypermedium aus verknüpften Sites mit Texten, Grafiken, Tönen und Videos ebenfalls auf die Infrastruktur der Computermedien stützt und Handlungen im Virtuellen gewährleistet. Wesentliche Bereiche des Cyberspace lassen sich innerhalb der Netztopographie des World Wide Web realisieren. Doch mit seiner Fähigkeit, die Illusion räumlicher Tiefe und realitätsnaher Bewegungsabläufe innerhalb, aber auch außerhalb des Internets virtuell zu vermitteln, umschließt der Cyberspace die neuen Handlungsräume weiter. Er bezieht netzunabhängige Computerspiele und Simulationen ebenso ein, wie virtuelle Realitäten, die über Brillen, Datenhandschuh oder 3D-Maus die perfekte Immersion ermöglichen. Wie noch weiter auszuführen ist, bedarf der Cyberspace jedoch zumeist der grenzüberschreitenden Bezugskanäle des Internets, um relevante Ressourcen tatsächlich verfügbar zu machen.

Als ein sich stets wandelnder und auf mehreren Ebenen gleichzeitig erfahrbarer Raum lädt der Cyberspace dazu ein, ihn in Analogie zu Löws Raumbegriff, ebenfalls relational zu fassen. Löw (2001) führt die Existenz des Cyberspace gegen den absolutistischen Raumbegriff ins Feld und bindet ihn damit an die relationale Perspektive: „Wenn Räume als Territorien oder konkrete Orte verdinglicht werden, wird die Konstitution von Räumen im Cyberspace systematisch ausgeschlossen" (Löw 2001, S. 100). Dass deren gleichzeitige Konstitution ebenfalls aus dem Handeln von Personen resultiert, ist einsichtig. Überträgt man allerdings daraufhin die eingeführte Terminologie auf den Cyberspace, bleiben Blindstellen, die deutlich machen, dass es Löw auf dessen konzeptionelle Integration weniger angelegt hatte (vgl. dazu auch Herrmann 2010, S. 14). So wäre bereits Löws zentraler Ausgangspunkt, Raum als „relationale (An)Ordnung von Lebewesen und sozialen Gütern an Orten" dahingehend zu präzisieren, dass sich die virtuellen Anordnungen nicht auf die Körperlichkeit von Lebewesen oder physischen Gegebenheiten, sondern allenfalls auf deren digitales Abbild beziehen. Thiedeke spricht von kybernetischen Soziofakten, die in einer virtualisierten Umwelt ausschließlich aufeinandertreffen und eine ganz andere Wirklichkeit produzieren und reproduzieren, als physikalisch gebundene Personen und Artefakte (Thiedeke 2004, S. 16). Es ist Kennzeichen des Cyberspace, dass er innerhalb seiner technischen Infrastruktur allein über Zahlen generiert werden kann und gänzlich ohne die digitale Repräsentation physisch-realer Gegebenheiten auskommen kann. Dass wir im Cyberspace dennoch zahlreiche Übersetzungen des Realraums finden, ist auf die sonst fehlende Anschlussfähigkeit des Nutzers zurückzuführen, der im Realraum sozialisiert wurde. Zweifellos helfen Abbilder dabei, die virtuelle Parallelwelt zu erschließen, sie liefern Orientierung und machen den Cyberspace als Kopie attraktiv. Nicht zuletzt strukturieren zahlreiche Raummetaphern („Surfen", „Firewall", „zur Kasse gehen", „Cloud", „Chatroom" etc.) das virtuelle Kontinuum und erleichtern dort die Syntheseleistung (vgl. dazu auch Bühl 1996, S. 13 ff.; Bickenbach und Maye 1997; Schroer 2006, S. 254 ff.). In diesem Sinne bleiben auch Orte, die nach Löw „Ziel und Resultat der Platzierung" sind, in der virtuellen Sphäre allenfalls abstrakte Analogien.

Da das raumkonstituierende Handeln an die Synthese des Gegebenen gebunden ist, müssen sich auch virtuelle Handlungen in einem anderen Modus vollziehen. Das betrifft auch das Bauen, Errichten oder Platzieren (Spacing) – Prozesse die im Cyberspace lediglich dort eine konzeptionelle Übertragbarkeit erlauben, wo bereits virtuelle Analogien zum Realraum auszumachen sind. Handeln vollzieht sich darüber hinaus nicht durch ein physisches „in Erscheinung treten", es wartet im Cyberspace mit völlig anderen Potenzialen auf. Prozesse des Anordnens werden über Klicks und Mausbewegungen, Sensoren oder Touchscreens in hohen Geschwindigkeiten realisiert, die Option der exakten Kopierbarkeit ist gegeben und die Zugriffsoptionen differieren. Sogar die völlige Abkopplung von menschlichen Handlungen ist bei der Raumgestaltung in

Betracht zu ziehen, da im virtuellen Raum neue Interaktionsformen zwischen technischen Artefakten mit jeweils eigenen Konstitutionsleistungen (Agenten, Avatare oder Bots) existieren (dazu ausführlich Braun-Thürmann 2004).

Abgesehen vom Präzisierungsbedarf bei der Übertragung von Löws Raumsoziologie auf den Cyberspace, ist für die Betrachtung der sozialen Stratifikationsprozesse entscheidend, wie es um die *Chancen zur Raumkonstitution im Cyberspace* grundsätzlich bestellt ist. Auf den ersten Blick sind es die Nutzer, die durch Handlungen neue digitale Räume konstituieren, indem sie Websites produzieren, Foren initiieren und durch eigene Inhalte die räumliche Struktur des Cyberspace prägen. Mit dem Web 2.0 ist ihnen eine Plattform gegeben, deren Inhalte nicht mehr von Individuen bloß eingestellt werden, sondern von allen Nutzern mitgestaltet und modifiziert werden. Die Gestaltung virtueller Räume durch nutzergenerierten Inhalte (UGS) in Form von Text-, Bild-, Video- oder Audioinhalten konstituiert den virtuellen Raum ebenso wie Blogs, Wikis, soziale Netzwerke und gemeinschaftliche Projekte. Der Nutzer wird zum „Produser" (Bruns 2008), der gleichzeitig eingibt und bezieht. Gemeinsam mit Millionen weiterer Nutzer wandelt und erweitert der Produser den digitalen Raum. Die Chance zur Konstitution des virtuellen Raumes scheint demnach wenig reglementiert, sofern grundsätzlich der Zugang zum Netz und eine gewisse Nutzungskompetenz gegeben sind.

Bei genauerer Betrachtung knüpft die Möglichkeit zur Konstitution von Cyberspace jedoch an weitere technische Voraussetzungen. Das individuelle und kollaborative Verfassen von Räumen darf nicht vergessen lassen, dass dies außerhalb einer bestehenden Infrastruktur, spezifischer Softwareangebote und zahlreichen technischen Rahmungen in Form von Internetprotokollen, Algorithmen, Betriebssystemen, Plattformen, Netzwerken und Seitenkonfigurationen nicht möglich ist. Das Internet stellt ein vordergründig offenes Medium zur Bespielung des Cyberspace dar, dem aber ein operational geschlossenes technisches System zugrunde liegt. Anders als der Realraum, der in seiner sozialen Konstruiertheit und Materialisierung apriorisch, wenn auch in höchst unterschiedlicher Weise, Handlungen ermöglicht, kann der virtuelle Raum außerhalb seiner technischen Infrastruktur nicht gedacht werden. Obwohl er grenzenlos erscheint und sich weiterhin rasant ausweitet, ist auch er auf eine menschgemachte Vorleistung angewiesen, in die Bedingungen eingeschrieben sind. Der Raumgestaltung sind rechtliche und technische Grenzen gesetzt und zahlreiche Tätigkeiten einem vorausgehenden „Code" unterworfen. „Out there on the electronic frontier, code is the law" (Mitchell 1996, S. 111). Die Regularien des Codes greifen über den virtuellen Raum hinaus auch in den realräumlichen Alltag ein und ermöglichen oder erschweren raumkonstituierendes Handeln.

Kitchin und Dodge (2011) haben die Wirkmacht des Codes an vielen Beispielen untersucht und dabei verdeutlicht, wie sie sich als verborgene Regularien in zahlreiche Kontexte eingenistet haben. Sie unterscheiden zwischen „Coded Space" und „Code/Space". Während Coded Space einen Raum bezeichnet, in dem die Software keine konstituierende, sondern lediglich eine unterstützende Funktion übernimmt (z. B. eine Präsentationssoftware), bringt Code/Space diesen in seiner Funktion erst hervor. So würde ein Flughafenschalter ohne funktionierende Technik lediglich eine chaotische Ansammlung von Menschen darstellen. Räumlichkeit wird zum Produkt des Codes (Kitchin und Dodge 2011, S. 16). Trotz seiner Bedeutung determiniert Code/Space die Gestaltung des Raumes nicht grundlegend, da abhängig vom Kontext und den teils irrationalen und unvorhersehbaren Interaktionen von Menschen eine Vielfalt von räumlichen Arrangements denkbar ist (Kitchin und Dodge 2011, S. 18). Dennoch ist evident, dass sich die ressourcengebundene Macht zur Konstitution von Raum – online wie offline – wirkungsvoll im Hintergrund konzentriert und insbesondere von jenen Akteuren ausgeht, die über die entsprechenden Zugangs- und Gestaltungsmöglichkeiten zum Code verfügen. Geht man der Verursachung weiter nach und fragt nach der jeweiligen Herkunft des Codes, so scheint die damit zusammenhängende Machtverteilung für den Konstitutionsprozess von Raum noch weniger greifbar zu sein, als jene, die oben bereits im nichtdigitalen Kontext beschrieben wurde. Verkomplizierte im Realraum insbesondere das grenzüberschreitende Ausgreifen von Handlungen die Zurechenbarkeit (etwa durch die globalen Anteilseigner von Immobilienfonds), kommt im Cyberspace darüber hinaus die Vielzahl und Intransparenz der Akteure zum Tragen, die dem Nutzer die Wirkungszusammenhänge verschleiern. Ob das Informationsangebot eines digitalen Netzwerks mit seinen spezifischen Voreinstellungen, die Programmierung einer Supermarktregistrierkasse, der Sprachalgorithmus auf dem Smartphone, der bargeldlose Bezahlvorgang oder die Ausrichtung von Sensoren im Haushalt und Geschäften, meist bleiben die Urheber und oft auch das zugrundliegende Geschäftsmodell intransparent. Ebenfalls intransparent ist die genaue Zusammensetzung und Wirkungsweise des Codes selbst. Was ein Datenträger speichert und wer von ihm in welcher Weise profitiert, ist dem Nutzer in der Regel nicht ersichtlich. Das jeweils unterschiedliche Gewicht von Beteiligungen, von Cloudanbietern, Netzwerkbetreibern, Designern, Entwicklern oder Hackern sowie die Möglichkeit autonomer Entscheidungsprozesse über künstliche Intelligenz herbeizuführen, verwischt die Urheberschaft. So ist zusammenfassend feststellbar, dass eine ungleiche Machtverteilung zweifellos auch dem Cyberspace inhärent ist. Die besondere Schwierigkeit des Nutzers, diese Macht zu lokalisieren, beschneidet aber dessen Möglichkeit zusätzlich sich im System zu orientieren, informiert zu handeln und sich mit auftretenden Widerständen in seinem Sinne auseinanderzusetzen. Damit ist für den Einzelnen nicht ausgeschlossen, dass auch aus hegemonialen Code/Space-Kontexten Profit geschlagen werden kann. Zook und Graham (2018) legen in ihrer originellen Studie zur Erlangung von Bonusmeilen bei Vielfliegerprogrammen beispielsweise dar, wie aus einem verregelten Code/Space trickreich Gewinn gezogen wird (Erwerb von Prämien), der eigentlich einer ressourcenstarken Elite vorbehalten sein sollte. Allerdings legen sie zugrunde, dass das System verstanden wurde und entsprechende Kompetenzen des Nutzers bereits vorhanden sind.

Die Möglichkeit zur Konstitution des Cyberspace erschließt sich letztlich allen Bevölkerungsteilen ungleich und erfordert spezifische Qualifikationen (wie etwa die Fähigkeit zu Programmieren) oder Ressourcen, die es einem ermöglichen, auf die virtuelle Umgebung Einfluss zu nehmen. Konkret kann letzteres beispielsweise durch den Einkauf einer technischen Infrastruktur, den Erwerb eines „Webspace" oder der Teilhabe an einem digitalen Geschäftsmodell angeschoben werden. Damit wird auch deutlich, dass die eigentliche Raumkonstitution nicht im Cyberspace selbst stattfindet. Sie wird durch beauftragte Programmierer vom Realraum aus gesteuert. Von dort aus liefert sie unterschiedliche Rahmungen, was für den Nutzer im Cyberspace zwischen eng vorprogrammierten Spielabläufen einer Virtual Reality bis hin zu neuen Raumschöpfungen bei der Gestaltung einer Website möglich ist. Entsprechend ist von keiner grundsätzlichen Neubewertung der notwendigen Ressourcen auszugehen, um den Konstitutionsprozess im Virtuellen zu den eigenen Gunsten vorantreiben zu können. Je nach Position im System der Web-Economy sind erneut Bourdieus Kapitalsorten hilfreich, die jetzt allerdings unterschiedlich zu gewichten sind. Während der Manager einer Internetfirma seinen Einfluss auf den Cyberspace guten Kontakten, Geld und nicht zuletzt seiner Bildung verdankt, können sich diese Ressourcen mit wachsender Nähe zur eigentlichen Programmierarbeit abschwächen. In der Rolle des angestellten Programmierers, des innovativen IT-Tüftlers oder des autonomen Hackers drängt spezifisches Programmierwissen die Bedeutung von kulturellem und sozialem Kapital zurück. Das Klischee des erfolgreich programmierenden „Nerds", der sich isoliert in einer kalten Garage von gelieferter Pizza ernährt und der sich im seltenen Umgang mit Anderen über die gängigen Konventionen im Auftreten, in der Sprache oder hinsichtlich der Körperpflege hinwegsetzt, führt vor Augen, dass der Erwerb von ökonomischem Kapital soziale Anpassungen nicht unbedingt verlangt. Die Fähigkeit zur Raumkonstitution löst sich dabei vom Ort des Handelns. Die von Löw hervorgehobenen „symbolischen und materiellen Faktoren", die in einer Handlungssituation individuell vorgefunden werden (2001, S. 272), büßen ebenso wie der von Löw gewichtete Habitus des

Handelnden an Bedeutung ein. Dennoch taugen weder dieses noch andere Beispiele aus der neuen Web-Economy dazu, von einer grundlegenden Chancenverschiebung zugunsten der benachteiligten Bevölkerungsteile zu sprechen. Die Konstitution des Cyberspace folgt zwar anderen Regeln als den von Löw für den Realraum beschriebenen, setzt jedoch noch immer sehr spezifische Ressourcen voraus, die sich abseits der IT-Experten größtenteils weiterhin in den Händen kapitalstarker Akteure konzentrieren, welche direkt oder indirekt auf den Code Einfluss nehmen können.

Zu einer günstigeren Bewertung der Aufstiegschancen kann demgegenüber die Betrachtung der *Handlungsoptionen* im Cyberspace führen. Die wissenschaftliche Euphorie um das dort Mögliche, um die zahlreichen Chancen zum Kapitalerwerb, stützt sich auf Charakteristiken, die den Cyberspace vom Realraum entscheidend absetzen: Zum einen ist die Interaktion und Kommunikation im virtuellen Raum nicht länger in einem spezifischen zeiträumlichen Kontext verhaftet. Ohne gegenseitige Anwesenheit kann zwischen Nutzern ein Bezug aufgebaut werden, der weite räumliche Distanzen überspannt und trotzdem ohne zeitlichen Versatz funktioniert. Dies impliziert eine Herauslösung des Nutzers aus dem sozialen Umfeld des Realraums und dessen Emanzipierung von den Einflüssen sozial zugewiesener Orte. Diese körperliche Gebundenheit hatte Löw in ihrer Raumsoziologie noch als wesentliches Regulativ hervorgehoben: „Dem Körper kommt () in mehrfacher Hinsicht eine wesentliche Bedeutung zu. Erstens sind Menschen körperlich in der Welt. Mit dem Körper bewegen und platzieren sie sich. Zweitens steuert der körperliche Ausdruck sowohl die Platzierungen als auch die Synthesen anderer. Dieser Körperausdruck sowie seine Wahrnehmung sind dabei durchzogen von den Strukturprinzipien Klasse und Geschlecht. Der Körper steht somit im Zentrum vieler Raumkonstruktionen" (Löw 2001, S. 179). Nicht alle Handlungen im virtuellen Raum sind anwesenheitsungebunden, doch viele und speziell jene, die mit Hilfe des Internet vollzogen werden, überwinden die körperlichen und angesichtigen Formen des Austauschs vollends.

Der Cyberspace weicht daneben auch die im umgebenden Realraum limitiert vorgegebene Informations- und Bildungsstruktur auf und macht Angebote, die im vordigitalen Zeitalter über Bücher, Zeitungen oder andere Medien nicht in gleicher Weise beziehbar waren. Einschränkend ist immer zu berücksichtigen, dass der tatsächliche Bezug dieser Angebote oft Medienübergänge bedingt, die wieder in den Realraum zurückführen. So fordert die virtuelle Stellenanzeige meist noch immer zum Gespräch mit physischer Anwesenheit auf, und intensivere soziale Beziehungen sind auf eine dem virtuellen Kontakt vorausgehende oder nachfolgende Kopräsenz angewiesen. Der Arbeitgeber wird nach erfolgreicher Internetakquise auch einen physischen Kontakt mit dem neuen

Arbeitnehmer erwarten und die Qualität der digital erworbenen Kompetenzen muss sich im Realraum bewähren (vgl. dazu Stegbauer 2001, S. 43 f.). Dennoch stellt die Chance des digitalen Aufgreifens von Informationen und Kontakten ein historisch einmaliges Nutzungspotenzial, welches den Computernutzer dazu befähigen kann, sich den isolierenden und einseitigen Konditionen des angestammten Ortes zumindest partiell zu entledigen. Auch wenn die reglementierenden Strukturen im Realraum nicht obsolet werden, kommt es doch zu Ergänzungen und Überlagerungen. Für diese Perspektive fasst Kreß (2010) stellvertretend den Optimismus vieler Sozialisations- und Bildungsforscher zusammen, dass neue „... Wechselwirkungen zwischen dem realen und dem virtuellen Sozialraum (entstehen), welche in vielerlei Hinsicht neue Handlungsmöglichkeiten implizieren und einen Zugewinn an Gestaltungsfreiheit bedeuten".

Zum anderen scheint ein wesentlicher Unterschied gegenüber dem Realraum darin zu liegen, dass sich der Cyberspace unabhängig von der Kapitalausstattung weitgehend hierarchiefrei betreten und erkunden lässt. Ungleichheitsmerkmale, wie Einkommen, Erscheinung oder Status sind im Virtuellen keine relevanten Eintrittskriterien mehr. Auch auf diese realräumliche Bürde macht das Zitat von Löw zur Körpergebundenheit aufmerksam. Jeder Nutzer navigiert prinzipiell schrankenlos und mit gleichem Aufwand durch die Weiten des Internets, wird an den Toren der sozialen Treffpunkte bzw. Netzwerke in gleicher Weise eingelassen und konsumiert instruktive Inhalte mit dem gleichen Komfort wie andere Nutzer. Selbst die verfügbare Geschwindigkeit persönlich Relevantes zu erreichen, unterscheidet sich zwischen den Akteuren im virtuellen Raum deutlich weniger stark als zwischen den unterschiedlichen Gesellschaftsteilen im Realraum. Im Cyberspace verfügen die handelnden Akteure prinzipiell über die gleichen „Fortbewegungsmittel", die in Gestalt von Avataren, Sensoren, Dashboards und vor allem dem über Tastatur, Maus oder Touchscreen steuerbaren Navigationspfeil sämtliche Bewegungen im Virtuellen bewerkstelligen. Der Ausgangspunkt dieser Navigation ist, von einigen virtuellen Spielen und Programmen abgesehen, nicht vorbestimmt und entledigt dem Nutzer sämtlicher Nachteile, die ihn im Realraum aufgrund seiner geringeren Mobilität oder einer gegebenen Wohnlage mit entsprechenden Erreichbarkeitsdefiziten eingeengt haben. Das jederzeitige Verlassen des Cyberspace stellt zudem eine Option dar, die sich dem lebenden Menschen im Realraum nicht bietet.

Wie noch genauer auszuführen sein wird, vollziehen sich die virtuellen Sprünge, die sich insbesondere im virtuellen Medium Internet zwischen Millionen Seiten beliebig schnell ausführen lassen, nicht in einem gänzlich strukturfreien Raum. Grundlegend wirkt sich auch hier der im (Programm-)Code festgelegte Modus auf die Handlungen des Nutzers aus, indem darüber vorbestimmt wird, was auf welcher Seite machbar ist. Durch die Linkstruktur bestehen darüber hinaus virtuelle Nachbarschaften, die das Ansteuern bestimmter Seiten leichter oder schwerer machen und die die Wahrscheinlichkeit des Zugriffs an Sichtbarkeit und Wahrnehmung binden. Auch lässt sich eine starke Beziehung zwischen der Art des digitalen Raumprojekts und der Nutzergruppe ausmachen, wobei über Sprache, Altersbezug oder thematische Ausrichtung unterschiedlich adressiert und verstanden wird. Im Gegensatz zum Realraum erscheinen die individuellen Zugangshürden jedoch marginal. Von einzelnen Seiten im Internet oder im Cyberspace insgesamt abgesehen, die eine Erreichbarkeit einzelnen Nutzergruppen über eine entsprechende Programmierung vorenthalten oder über hohe Kosten selektieren, scheinen die Akteure auf der technischen Ebene weitgehend den gleichen Befähigungen und Restriktionen ausgesetzt zu sein. Nicht zuletzt schreibt die in Grundsätzen festgehaltene Netzneutralität für Deutschland und viele weitere Ländern vor, dass Daten im Internetverkehr gleich behandelt werden und der Zugang zu Datennetzen diskriminierungsfrei erfolgen muss. Andere Zugänge zum Cyberspace, wie etwa Spiele, Lernprogramme oder Informationsdienste stehen Interessenten zum käuflichen Erwerb grundsätzlich offen.

Ohne bereits auf das individuelle Vermögen des Nutzers einzugehen, dieses virtuelle Angebot auch *tatsächlich in Anspruch nehmen zu können,* präsentiert sich der Cyberspace in seiner Anlage also weitgehend offen. Die für den Realraum herausgestellten Verteilungen, die Personengruppen ungleich begünstigen sowie die „ungleiche Verfügungsmöglichkeit über Räume als Ressource" (Löw 2001, S. 272), scheinen sich im Cyberspace also eher zu relativieren.

Vorläufig lässt sich soweit bilanzieren: Obwohl die Bedingungen zur Konstitution vom virtuellen Raum erschwert bleiben, vollzieht sich Handeln im virtuellen Raum voraussetzungsfreier als im Realraum. Folglich kann auch von einer „Dualität von Raum" im Cyberspace kaum noch ausgegangen werden. Die Übertragung von Löws Konzept muss sich an dieser Stelle erschöpfen, weil die raumkonstituierenden Akteure weitgehend vom Realraum aus handeln, während die Nutzer des Cyberspace erst in den Vorzug des digitalen Raumes gelangen, wenn sie ihn „betreten". Wie gezeigt wurde, bestehen zwischen den Räumen unterschiedliche Konditionen, die je nach Handlungsschwerpunkt die wechselseitige Verwiesenheit von Handlung und Struktur außer Kraft setzen können.

Im weiteren Verlauf dieses Kapitels soll das Reglement der raumkonstituierenden Akteure zunächst zurück gestellt werden, um die angedeuteten Chancen zur Kapitalaneignung im virtuellen Raum auszuloten. Konkret lassen sich dafür die drei herausgearbeiteten Dimensionen einer sozialräumlichen Beschränkung und realräumlichen Verwehrung auf den Cyberspace übertragen.

3.2 Kapitalerwerb im Cyberspace

Anders als die zahlreichen Benachteiligungen, die den Bewohner eines städtischen Wohngebiets in Form physischer (gesundheitliche Einschränkungen, fehlende Infrastruktur, bauliche Mängel etc.), sozialer oder psychischer Merkmale (soziales Umfeld, gefühlte Enge, Image etc.) beschränken, ging es bislang darum, grundlegender zu erfassen, warum der soziale Aufstieg für die ressourcenschwachen Bevölkerungsteile erschwert ist. Raum als Bedingung und Ergebnis von Handlungen wurde dabei als reproduzierendes Moment in den Mittelpunkt gerückt. Es wurde argumentiert, dass die Konstitution von Raum aus Handlungen resultiert, die den kapitalschwachen Bevölkerungsteilen aufstiegsrelevante Ressourcen entzieht. Räume und – konkreter – Orte als einmalige und spezifisch benannte Raumausschnitte folgen insbesondere den Interessen kapitalstarker Akteure. Sie konstituieren sich im Rahmen einer ökonomischen Verwertungslogik, wobei Ursache-Wirkungsrelationen nicht mehr allein in einem lokalen Zusammenhang verstanden werden können. In dieser Komplexität sind auch die mit ihnen verbundenen Benachteiligungen für die Betroffenen schwer zu erfassen und zu bekämpfen. Das Unvermögen, die soziale Position zu verbessern, wird an jener Stelle als schicksalhaft wahrgenommen, wo letztlich abstrakte Marktkräfte die räumliche Gelegenheitsstruktur für den Einzelnen verschlechtern. Die Hinnahme des räumlich Gegebenen korrespondiert mit der von Bourdieu beschriebenen Akzeptanz der bestehenden Ordnung insgesamt (Doxa) (vgl. 1979, S. 322–330). Habitusgebunden wird sie von den Betroffenen als selbstverständlich wahrgenommen und kann deshalb – wie das räumliche Umfeld auch – politisch nicht in Frage gestellt werden.

In dieser Perspektive wurde auch verdeutlicht, dass die realräumliche Ungleichheit zahlreiche Facetten von physischen Gegebenheiten wie Gated Communities bis hin zu abstrakten Atmosphären mit exkludierender Wirkung aufweisen kann. Entscheidend für die Bewertung dieser Ungleichheiten ist die Verteilung von Ressourcen, die im Sozialisations- und Bildungsprozess eine Rolle spielen. Mit dem Ziel, die soziale Position zu verbessern und an gesellschaftlichen Gütern teilzuhaben, stellen Ressourcen sämtliche materiellen und immateriellen Mittel und Gegebenheiten dar, die den sozialen Aufstieg individuell begünstigen. Vordergründig scheint das zunächst zu bedeuten, dass Ressourcen grundsätzlich ubiquitär sind, da jeder Ort prinzipiell Anregungen, Kontakte oder individuelle Unterstützung bereithalten kann. Die über die berufsbezogene Qualifikation hinaus betonte Bedeutung des Habitus, der u. a. verinnerlichte Umgangsformen, den Kleidungsstil, den Geschmack oder die Sprache

3.2 Kapitalerwerb im Cyberspace

umfasst, scheint die Quellen und Orte eines Bezugs auch im Realraum zu vervielfältigen. Bei genauerer Betrachtung zeigen sich allerdings auch in dieser Vielfalt Hierarchien und Beschränkungen. Wie beschrieben, bringen sie und die tagtägliche Reproduktion von ungleichen Bedingungen eine stark asymmetrische Gelegenheitsstruktur auf unterschiedlichsten Maßstabsebenen hervor, die dazu auffordert, neben der Wohnlage, dem erreichbaren Schulgebäude oder dem Arbeitsplatz sämtliche physisch und geistig wahrgenommenen Bezugspunkte im Alltag zu betrachten. Der erschwerte oder gar fehlende Zugang zu Orten und Personen, die aufstiegsrelevante Ressourcen bergen, wurde in den sich wechselseitig beeinflussenden Dimensionen a) physische Unzugänglichkeit und Entfernung, b) fehlende Wahrnehmung und c) sozialer Distanz zusammengefasst.

Der virtuelle Raum könnte aufgrund seines universal zugänglichen Ressourcenreichtums das realräumliche Reglement brechen. Die Fähigkeit, sich im Virtuellen zielführend bewegen zu können vorausgesetzt, eröffnet dem Nutzer eine neue Mobilität, die für alle drei Dimensionen eine Neubewertung anzeigt. Um die aktuell gepriesenen Möglichkeiten des Cyberspace nicht unkritisch zu überdehnen, ist mit Verweis auf die genannten Medienübergänge und virtuell nicht kompensierbarer Tätigkeiten nüchtern voranzustellen, dass menschliche Handlungen zweifellos weiterhin des Realraums bedürfen. Die Tätigkeiten des Menschen zur Befriedigung grundlegender Bedürfnisse, die sich beispielsweise in den sieben Daseinsgrundfunktionen (Wohnen, Arbeiten, sich versorgen, sich bilden, sich erholen, Verkehrsteilnahme und in Gemeinschaft leben) systematisieren lassen (Partzsch 1970), finden im Cyberspace keinen gleichwertigen Ersatzort. Weiterhin bleibt der realräumliche Wohnort mit seinen Funktionen für den Körper (Schutz, Schlafen, Ernährung) ein Angelpunkt des Alltags. Weiterhin werden Bildung und Arbeit nicht vollständig außerhalb des Realraums ausgeübt werden können und weiterhin wird die Realisierung dieser Handlungen immer auch eine realräumliche Verkehrsteilnahme voraussetzen.

Doch für alle Daseinsgrundfunktionen lassen sich auch zahlreiche Beispiele einer realräumlichen Teilkompensation anführen, deren die Struktur des Realraums schwächende, befähigende Qualität aus dem riesigen Angebotsspektrum der Digitalwirtschaft herrührt. Für die *Wohnfunktion* ließe sich argumentieren, dass die Lage und Ausstattung durch die virtuelle Bezugsoption zahlreicher digitaler Dienste partiell an Bedeutung verliert. Mag weiterhin eine große *realräumliche Entfernung* zu den relevanten Orten (milieufremde Lebensweisen, Kontaktmöglichkeiten, Bildungsinfrastruktur) bestehen und die *Wahrnehmung* dessen beeinflussen, was außerhalb der realräumlichen Alltagswelt an bereichernden Angeboten existiert, verheißt das Angebot im Cyberspace vielversprechende Alternativen. Die Optionen, die internetbasierte Dienste für die

Ausübung alltäglicher Bedürfnisse und Tätigkeiten grundsätzlich bereitstellen, lassen sich in ihrer Vielfalt mittlerweile kaum mehr überblicken. Unzählige Angebote sich mit milieufremden Lebensinhalten auseinanderzusetzen oder sich aufstiegsrelevante Wissensbestände anzueignen, sind in der grenzenlosen Weite des Internets platziert. Jedem Nutzer steht grundsätzlich eine Welt offen, die über soziale Netzwerke Kontakte und Austausch verspricht, über den elektronischen Handel Produkte verfügbar macht oder Informationen in den verschiedensten Zusammenhängen offeriert. Der vereinfachte Bezug globaler Informations- und Wissensbestände relativiert im digitalen Zeitalter den Ort, von dem aus dies geschieht. Kurzum: Bourdieus vielzitierte „Kettung an den Ort" wird in diesem Zusammenhang virtuell abstreifbar (Bourdieu 1991, S. 30, 1997, S. 164).

Die Daseinsgrundfunktion *Bildung*, als Voraussetzung für qualifizierte Arbeit und zentrale Stellschraube zur Verringerung von Ungleichheit (vgl. Piketty 2014, S. 40), lässt sich in veränderter Form in Anspruch nehmen, indem zielgerichtet virtuelle Angebote aufgegriffen und angenommen werden. Zahlreiche Ansätze betonen in diesem Zusammenhang die neue Bedeutung der Medienkompetenz, deren Erwerb in Schule und Alltag neue Ressourcenzugänge freilegen kann. Die herausgestellten Chancen liegen in der Vielfalt des stets greifbaren Angebots via Mobiltelefon oder Tablet, in neuen Formen des Unterrichts, welche reproduktive Mechanismen zugunsten technischer Kompetenzen, spielerischer Zugänge oder Gruppenarbeiten aufweichen, sie liegen in der Individualisierung von Lernangeboten oder in innovativen Programmen zur Selbstaneignung von Wissen (Otto und Kutscher 2004; Scheer und Wachter 2018).

Mit Bezug auf Bourdieu und die genannten Abgrenzungspraktiken verlangt Bildung jenseits der Schul- und Ausbildungscurricula auch nach der Möglichkeit zur Auseinandersetzung mit den relevanten Geschmacks- und Einstellungsdimensionen, die im Alltag Distinktion und Abgrenzung hervorrufen. Ohne Frage wird der Habitus durch die klassischen Sozialisationsinstanzen Familie und das weitere soziale und räumliche Umfeld offline weiterhin beeinflusst und die innere und äußere Realität jedes Einzelnen vornehmlich im Realraum entwickelt. Nichtsdestoweniger lässt sich mit dem Zugriff auf den Cyberspace abermals die Chance unterstreichen, ohne physische Anwesenheit milieufremdes zumindest betrachten und sogar Teil neuer Gemeinschaften werden zu können. Mit großer Leichtigkeit ist der Ausbruch aus den realräumlich Vorgegebenen zu bewerkstelligen, indem virtuelle Einrichtungen und diverse Online-Gemeinschaften immer und überall frequentiert werden können. Der Weg zu den angesagten „Schaufensterscheiben" entspricht im virtuellen Raum nicht länger einer Tagesreise in die nächstgelegene Großstadt. Die Online-Präsenz von Museen lässt den Aufwand ihrer Inanspruchnahme schwinden und innovative Computerspiele

3.2 Kapitalerwerb im Cyberspace

ziehen den Nutzer durch soziale Fremdheitserfahrungen in ihren Bann. Der Austausch über Trends, das Zurschaustellen von Geschmack und die Artikulation gesellschaftlicher Strömungen vollzieht sich auf der offenen Bühne von Streaming-Plattformen, Werbevideos, Foren und Netzwerken. Realräumlichen Barrieren und Distanzen, die einer reproduktiven Stratifikationslogik (Clubeffekte) zugearbeitet haben, werden im Cyberspace durch umfassende Zugänglichkeit entwertet.

Insbesondere soziale Netzwerkdienste können als neue virtuelle Sozialräume aufgefasst werden, die im Rahmen der festgeschriebenen Nutzungsmodalitäten des Anbieters dem Beziehungs- und Informationsmanagement jedes Einzelnen dienen (Schmidt et al. 2009, S. 27). Betonte Bourdieu noch die Konstitutionslogik von Gruppen auf Basis eines internen Austauschs und einer wechselseitigen Anerkennung, die zur Festigung der Gruppengrenzen beiträgt (Bourdieu 1983, S. 192), öffnet sich im Cyberspace die Tür zur Mitgliedschaft bereits nach wenigen Klicks. Jetzt kann sich der Nutzer mit seinen Botschaften allen mitteilen, seine Interessen in spezialisierten Gemeinschaften kundtun, sich austauschen und sich jederzeit weiteren Gruppen anschließen. Sozialräume werden dabei nicht nur pluralisiert, sondern sie können sich gleichsam überlagern. Das Netzwerk Facebook bietet aufgrund seiner Größe und Nutzungsvielfalt eine Leitplattform, um den Beziehungsaufbau und die Aufrechterhaltung intimer Kontakte zu studieren. Es bietet die Möglichkeit, fremde Profile anzuschauen, dort Nachrichten zu hinterlassen, „Freunde" zu sammeln oder sich Gruppen anzuschließen, die gemeinsame Interessen haben. Wie die Facebook-Untersuchung des sozialraumbezogenen Medienhandelns von Jugendlichen von Brüggen und Schemmerling (2014) beispielhaft zeigt, sind virtuelle Sozialräume grundsätzlich durchlässig. Ein unverbindlicher Kontakt lässt sich leicht aufbauen. Einschränkend deutet die Untersuchung aber auch darauf hin, dass die Jugendlichen seltener bewusste Verwebungen von unterschiedlichen Sozialräumen vornehmen und es weiterhin die Freunde und Freundesfreunde sind, mit denen der Nutzer interagiert. Wenn also in der Praxis nicht unbedingt Brücken in milieuferne Gruppierungen gebaut werden, so ist doch zumindest die technische Chance dafür vorhanden. Neben dem Zugang zu kulturellem Kapital eröffnen Netzwerkdienste auch den Zugang zu sozialem Kapital. Zu Facebook wurden viele Studien durchgeführt, die explizit auf dieses Potenzial aufmerksam machen. So können Beziehungen in sozialen Netzwerken die Kontakte im Realraum stärken und dazu führen, vergangene Offline-Beziehungen wieder zu beleben (Ellison et al. 2007; Subrahmanyam et al. 2008). Im Einklang mit entwicklungsbezogenen Aufgaben von heranwachsenden Jugendlichen wurde der funktionierende Beziehungsaufbau über den digitalen Weg hervorgehoben (Manago et al. 2012) und der Erwerb von Sozialkapital mit der Anzahl der Online-Freunde sowie dem erbrachten Zeiteinsatz positiv korreliert (Steinfield et al. 2008; Ellison et al. 2011). Jüngere Untersuchungen zum Erwerb von Sozialkapital stellen stärker auf die Verhaltensweisen im Netzwerk ab. Hier wird erkennbar, dass die intensive Nutzung der digitalen Kanäle keineswegs automatisch zu Kapitalgewinn führen muss. So ließ sich belegen, dass es zielgerichteter und weniger breit gestreuter Botschaften bedarf, um den individuellen Zuspruch signifikant zu erhöhen (Bohn et al. 2014), oder dass introvertiertes Verhalten den Erwerb von Sozialkapital gegenüber extrovertierten Nutzern stark behindern kann (Weiqin et al. 2016). Trotz der unterschiedlichen Voraussetzungen, die Nutzer mitbringen, vermag die Chance zum unverbindlichen und teils anonymen Auftreten im Netz die Bürden der Face-to-Face Interaktion zu mindern. Sozial ängstliche und zurückhaltende Personen scheinen eher in der Lage zu sein, sich zu artikulieren und mit anderen in Kontakt zu treten (Ellison et al. 2007), was wiederum mit positiven Selbsteffekten verbunden sein kann (Valkenburg 2017).

Im Zusammenhang mit dem Ressourcenzugang betreffen diese neuen Konditionen der Kontaktaufnahme bei Facebook und zahlreichen anderen Netzwerken insbesondere die (oben als dritte Dimension herausgestellte) *soziale Distanz im Realraum*, welche selbst bei gegebener Wahrnehmung und Erreichbarkeit der Ressourcen ihren Zugang verstellt. Die mangelnde Anschlussfähigkeit an implizite Erwartungshaltungen, das Problem sich deplaziert zu fühlen und nicht über das entsprechende Kapital zu verfügen, hat Bourdieu in seinen Werken zentriert. Es ist die „…Erfahrung, der man sich immer aussetzt, wenn man einen Raum betritt, ohne alle Bedingungen zu erfüllen, die er stillschweigend von allen, die ihn okkupieren, voraussetzt. Das kann Besitz an einem bestimmten kulturellen Kapital sein, eine echte Eintrittsberechtigung, ohne die eine wirkliche Aneignung der sogenannten öffentlichen Güter oder selbst der Gedanke daran hintertrieben werden kann" (Bourdieu 1991, S. 32). Mit der weitgehenden Nichtbeachtung von askriptiven Merkmalen (Geschlecht, Aussehen, Kleidung) scheint es im Cyberspace zu einer Entwertung von Prästrukturen zu kommen, welche im Realraum bereits beim Erstkontakt einer milieuspezifischen Vorkategorisierung dienten. Die „feinen Unterschiede" im Auftreten, die raffinierten Codes bei der Kleidungswahl oder auch sämtliche Referenzen, die einem der selbstausgestaltete Wohnraum verleiht oder auch verbaut, sie alle spielen im Virtuellen vorrübergehend keine Rolle mehr. Digitale Interaktionen sind von einigen Sinneseindrücken, wie Gerüche oder Tastsinn, teils auch von auditivem und visuellem Ausdruck, vollkommen befreit (vgl. dazu Suler 2015, S. 112 ff.), die realräumlich noch im Dienst der Distinktion standen. Im Spektrum der unterschiedlichsten Kommunikationskanäle ist es dem Nutzer überlassen, über welchen Kanal welche

Kennzeichen seiner Person zunächst zurückgehalten und welche betont werden sollen. So ließe sich argumentieren, dass ein *partielles Verbergen des Habitus* dazu befähigen kann, sich im Cyberspace neue Ressourcen zu erschließen. Dazu eröffnen sich Möglichkeiten einer alternativen Selbstdefinition. Im freien Spiel mit beliebigen Identitäten scheinen sich neue Erfahrungshorizonte aufzutun, um jeden Nutzer dem Wunsch einer freien Rollenwahl ein Stück näher zu bringen. Besonders Sherry Turkle hat sich mit ihren umfangreichen Studien über das „Leben im Netz" verdient gemacht, in denen sie in ihren qualitativen Interviews mit großer Ausführlichkeit die Strategien und Wirkungen des „neugewählten Selbst" einfängt (Turkle 1998, S. 289 ff.). Die Chance wahlweise „alles" zu sein, sich auszuprobieren, Phantasien auszuleben und sich zu verstellen, muss die geschilderten Distinktionsmechanismen Bourdieus massiv unterlaufen. Sozialisationsbedingte Prägungen bleiben zwar bestehen, können aber spielerisch erweitert oder verborgen werden. Als Experte in einer selbstgewählten Community, als spezialisierter Blogger oder anonymer Aktivist streift man die vereinnahmenden Vorkategorisierungen gegenüber seiner Person bewusst ab und reduziert sich strategisch auf Stärken und Interessen. Die Persönlichkeit und Identität beeinflussenden Wirkungen der von Kopräsenz gelösten digitalen Interaktion sind auch von psychologischer Seite intensiv erforscht und nachgewiesen worden (z. B. Renner et al. 2005).

Mittlerweile sind die Angebote im Internet und im gesamten Cyberspace so stark gewachsen, dass sich die Chance, den Habitus teilweise zu verbergen und verfügbare Kapitalien selektiv hervorzuheben, auch auf andere Formen des sozialen Austausches beziehen lässt: Kontakte mit Behörden, Ärzten, Kreditgebern oder Verkäufern nehmen den entsprechenden Dienstleistern im virtuellen Rathaus, in der telemedizinischen Beratung, in der Internet-Bank oder im Online-Shop viele Informationen, die im vordigitalen Zeitalter die Betroffenen möglicherweise noch zu ihrem Nachteil eingeordnet hatten. Dazu kommen alternative Spielräume, die den Nutzer vom anonymen Chat bis hin zu seiner selbstgewählten Rolle in der virtuellen Realität von einschränkenden Konventionen befreit. Durch das Dickicht der Angebote führen nicht zuletzt Suchmaschinen – allen voran der Marktführer *Google* – die Interessenten kostenfrei dorthin, wo ihr spezifisches Interesse liegt.

Im Rahmen der Daseinsgrundfunktion „in Gemeinschaft leben" lassen sich auch Partnervermittlungsbörsen und Dating-Apps anführen, die in der Phase der Anbahnung benachteiligende Vorkategorisierungen unterlaufen. Die Logik der wahrscheinlichen Kontakte im realräumlichen Umfeld von Wohnung, Schule oder Arbeit und im Kreis der milieuverwandten Bekanntschaften wird im Cyberspace ausgehebelt. Letztlich kann es zwischen Menschen zu Kontakten kommen, die sich im Realraum aufgrund unterschiedlicher Aktionsräume, aufgrund einer fehlenden Wahrnehmung dieser Räume und eben auch aufgrund fehlender sozialer Anschlussmöglichkeiten nie begegnet wären.

Argumente für das Überwinden der drei reglementierenden Dimensionen ließen sich schließlich auch aus den virtuell umgesetzten Daseinsgrundfunktionen „am Verkehr teilnehmen" oder „sich erholen" ziehen. Während die Chance zur Raumüberwindung bereits als Kernmerkmal des Cyberspace eingekreist und mit der Implikation einer Entwertung realräumlicher Distanzen verknüpft wurde, ist die Erholungsfunktion – etwa als Urlaub in der Ferne – davon nur teilweise berührt. Sicherlich kann man bereits in den digitalen Möglichkeiten zur Erkundung entfernter Orte (z. B. über Google-Earth, Bing Maps) und Gegebenheiten (z. B. Reiseblogs, Bewertungsportale) wichtige Impulse für die Erweiterung des eigenen Horizonts sehen. Der Blick auf entfernte Lebenswirklichkeiten, Freizeitformen und Milieus sorgt für eine neue Teilzugänglichkeit. Der physische Ortswechsel zur Erholung (und nicht zuletzt zur Anregung und Bildung) ist damit freilich noch nicht vollzogen. Weiterhin steht dieser stark in Abhängigkeit von der materiellen Kapitalausstattung des Reisenden. Allerdings lassen sich mit Hilfe der digitalen Technologien Reiseerleichterungen durch Preisvergleiche erzielen und auch die Qualität des Aufenthalts am erreichten Ort verändern. Als Reisebegleiter vermittelt das internetfähige Smartphone zahlreiche Erleichterungen, die gesellschaftsübergreifend beziehbar sind. Studien von Wang et al. (2012, 2016) verdeutlichen, dass sich Touristen durch die Nutzung von Smartphones sicherer fühlen. Sie fühlten sich ferner ermutigt, mehr Orte zu erkunden und Neues auszuprobieren.

Als Beispiel, wie über die Nutzung standortbezogener Informationen und soziale Netzwerke ein Anreiz für realräumliche Neuentdeckungen gegeben werden kann, sei stellvertretend die App Foursquare genannt. Foursquare ermöglicht es, seinen (Urlaubs-)Standort mit anderen Nutzern zu teilen und sich über spielerische Elemente einen bestimmten Status anzuzeigen. Indem an bestimmten Standorten im Realraum „eingecheckt" wird, dies können Flughäfen, Hotels, Restaurants, touristische Sehenswürdigkeiten oder öffentliche Plätze sein, kann sich der Nutzer Gratifikationen oder andere Belohnungen verdienen. Immer ist er in der Lage, Tipps und Empfehlungen ortsbezogen zu hinterlassen, sodass andere Nutzer sich entsprechend orientieren können. Eine Studie von Frith (2013) belegt, dass bereits das Sammeln von Abzeichen die Nutzer zum Besuch von Orten und Städten animiert. Neben der Entdeckerfreude spornen die Auswirkungen auf den Status den Spieler an. Von der Mobilität bis hin zum Selbstbild kann die App Einfluss auf ihre Spieler nehmen und zu grundlegend neuen Perspektiven führen (Frith 2013, S. 255 f.).

3.2 Kapitalerwerb im Cyberspace

Mit derartigen Anwendungen wird der Cyberspace bereits teilweise verlassen. Wie bei vielen weiteren Anwendungen, die durch Apps oder digitale Gadgets wie Fitnessarmband oder tragbare Head-up Displays ermöglicht werden, gelangen über die digitale Vermittlung Zusatzinformationen in das realräumliche Umfeld und erweitern dort die Handlungsmöglichkeiten. Online und offline verschmelzen in der Gegenwart von abrufbaren Daten im Realraum.

Resümierend zeigt die Ausfächerung in den genannten Daseinsgrundfunktionen an, dass für alle relevanten Lebensbereichen Potentiale digitaler Anwendungen identifizierbar sind, die eine Brücke zu den aufstiegsrelevanten Ressourcen schlagen. Mit dem Beispiel des zentralen Platzes, der aufgrund des machtgebundenen „Anordnens" und aufgrund von Ausgrenzungsmechanismen seine Agorafunktion verloren hat, wurde die reproduzierende Stratifikationslogik im Realraum illustriert. Es hat den Anschein, dass sich im Zeitalter der Digitalisierung zahlreiche neue virtuelle Plätze auftun, deren Erreichbarkeit von der gegebenen Kapitalausstattung entkoppelt ist. Weder die Unzugänglichkeit oder Entfernung noch die Wahrnehmung und auch nicht die soziale Distanz sind im Cyberspace relevante Dimensionen eines Ressourcenentzugs. Vielmehr scheint im Virtuellen die Chance zu liegen, sich über Bildung, Kontakte, Informationen oder spielerische Zugänge Kapitalien alternativ aneignen zu können.

Für deren „Inwertsetzung" im Aufstiegsprozess reicht der virtuelle Raum in der Regel aber noch nicht aus. Dem erworbenen sozialen und kulturellen Kapital haftet noch immer eine gewisse Vorläufigkeit an, da es sich im Realraum erst bewähren muss. Der vielversprechende Internetkontakt zum vermeintlichen Traumpartner kommt um die Prüfung im Alltag ebenso wenig herum, wie der Arbeit- oder Wohnungsuchende um sein Vorstellungsgespräch. Analog sind auch die virtuellen Plätze keineswegs in der Lage, sämtliche Funktionen des realen öffentlichen Raumes zu übernehmen (vgl. dazu auch die Studie des Bundesamtes für Bau-, Stadt- und Raumforschung, BBSR 2015). Es ist aber nicht von der Hand zu weisen, dass für ein erfolgreiches Rendezvous auf eben jenem Stadtplatz oder für ein positives Vorstellungsgespräch im Büro des potenziellen Arbeitgebers virtuell bereits gute Voraussetzungen geschaffen werden können.

Dass der Kapitalerwerb möglich und transformierbar ist, schließt zwingend die Fähigkeit mit ein, die beschriebenen technischen Möglichkeiten auch zielführend in Anspruch nehmen zu können. Damit kommt neben der Frage der Konvertierbarkeit des virtuell Erworbenen noch eine zweite Einschränkung zum Tragen, die letztlich den Habitus durch die Hintertür erneut ins Spiel bringt.

3.3 Digital Divides und digitaler Habitus

Die verbreitete Metapher des „Digital Divide" bringt allgemein zum Ausdruck, dass der Zugang zu Informations- und Kommunikationstechnologien sowie die Fähigkeit diese zu nutzen in mehrfacher Hinsicht ungleich gegeben ist. Mit Blick auf die hohen Entwicklungsunterschiede auf der globalen Maßstabsebene ist erkennbar, dass in vielen Regionen weder die Infrastrukturen noch die Endgeräte verfügbar sind, um an der Digitalisierung überhaupt partizipieren zu können. Die technologische Abgeschnittenheit weiter Bevölkerungsteile korrespondiert mit Nachteilen für die Betroffenen und kann in einer vernetzten Weltwirtschaft den Entwicklungsmöglichkeiten insgesamt so weit zusetzen, dass sich der Abstand zwischen gut- und schlecht ausgestatteten Regionen immer weiter vergrößert (global divide). Während in zahlreichen Ländern und Hochtechnologieregionen die Digitalisierung den wirtschaftlichen und gesellschaftlichen Alltag durchdrungen hat, sind weltweit noch immer fast zwei Milliarden Menschen ohne Kontakt zu digitalen Technologien (World Bank 2016). Das grobe Bild der globalen Zugangsdifferenzen lässt sich auf anderen Maßstabsebenen verfeinern, indem Stadt-Land-Gegensätze, kleinräumige Unterschiede in den Übertragungsgeschwindigkeiten, die gegebene WLAN-Dichte oder auch politisch reglementierte Zugangsmöglichkeiten in den Blick genommen werden. Wie die Qualität des Zugangs zu Informations- und Kommunikationstechnologien einzuordnen ist, muss letztlich auch im Kontext der gesellschaftlichen und ökonomischen Erwartungen gesehen werden, die sich in dem jeweils relevanten System herausgebildet haben. Etablierte Standards (wie der digitale Fahrkartenkauf, die elektronische Bewerbung, das virtuelle Bankgeschäft oder die Online-Partizipation im Rathaus bis hin zu der vernetzten Stadt) nehmen unweigerlich Einfluss auf die Definition dessen, was an technischer Zugänglichkeit jeweils vorauszusetzen ist.

Die gravierende Ungleichheit im Technologiezugang mit ihren folgenreichen Rückkopplungseffekten für die sozial und digital benachteiligten Personen stellt im Digitalisierungszeitalter aber nur eine Seite einer strukturellen Benachteiligung dar. Ein „zweiter" digitaler Graben wird erkennbar, wenn man sich den unterschiedlichen Fähigkeiten zur Inanspruchnahme der verfügbaren Technologien zuwendet. Untersuchungen verweisen zunächst auf grundlegende Nutzungseinschränkungen und Ungleichheiten hinsichtlich des Alters, des Geschlechts, der Ethnie, gesundheitlicher Beeinträchtigungen und Behinderungen oder aufgrund verschiedener Persönlichkeitstypen (vgl. Van Dijk 2014, S. 60; DiMaggio et al. 2001, S. 311 ff.; Robinson et al. 2003, S. 17). Geht es spezifischer um den kapitalfördernden Umgang mit den neuen Kommunikations- und

3.3 Digital Divides und digitaler Habitus

Informationstechnologien, insbesondere der Internetnutzung, dann kehrt die Problematik der sozialen Ungleichheit mit dem Befund zurück, dass auch die entsprechenden Kompetenzen auf den sozialen Hintergrund rückbinden. Statistisch zeigen sich klare Korrelationen: Je höher der Bildungsstandard, desto höher ist die Internetkompetenz und desto vielfältiger, differenzierter und kritischer erfolgt der Umgang mit digital vermittelten Informationen (Kammer 2014, S. 99 ff.; Zillien 2009; van Dijk 2006, 2020).

Die zweite Ebene des Digital Divides drängt umso mehr in den Fokus, je stärker sich die Verfügbarkeitsunterschiede in den wohlhabenden Dienstleistungsgesellschaften verflüchtigt haben. Dies ist auch in Deutschland der Fall, wo mittlerweile unabhängig von sozialen Milieus und Bildungshintergrund die notwendigen Nutzungsendgeräte nahezu ubiquitär verbreitet sind (MPFS 2019, S. 5 ff.; Beisch et al. 2019). Hinsichtlich des sozialräumlichen Sozialisationseinflusses ist also eingehender zu eruieren, inwiefern die technisch gewonnene Freiheit, das eigene Milieu zu verlassen, durch fehlendes Wissen und Interesse wieder verloren geht. Von einer „digitalen Inklusion" kann letztlich nur die Rede sein, wenn die ungleichen Bedingungen des Realraums nicht auf die virtuelle Sphäre durchschlagen. Tatsächlich kommen genau diese realräumlichen Hypotheken in den vielen Untersuchungen zum Medienverhalten Jugendlicher zum Ausdruck. Zeigen bildungsnahe Milieus größeres Interesse am Internet als Wissens- und Informationsquelle sowie größere Fähigkeiten, Informationen gezielt zu suchen, war bei bildungsfernen Milieus ein geringerer Grad der Selbsterschließung und Selbststeuerung der Onlinenutzung signifikant (Iske et al. 2005; Van Dijk und Van Deursen 2014; Otto et al. 2005; Hatlevik und Christophersen 2013). Auch die Nutzungsweise von Video-Plattformen korreliert mit dem Bildungshintergrund, wobei den Jugendlichen mit geringerem Bildungsgrad eher ein konsumorientierter und unkritischer Medienumgang nachzuweisen war (Schorb et al. 2008, S. 54). Ähnliches gilt für die Verwendung von Suchmaschinen zur Informationssuche (Iske et al. 2007, S. 78; Hargittai und Hinnant 2008) oder die gewinnbringende Beteiligung am E-Commerce (Buhtz et al. 2014).

Die große Bedeutung der Nutzungsdifferenzen ist nicht zuletzt im Entwicklungskontext der jugendlichen Probanden zu verorten: Die verstärkte Mediennutzung in der Lebensphase der späten Kindheit und insbesondere in der Lebensphase Jugend fällt in einen wichtigen Sozialisationsabschnitt, in dem es auf dem Weg zur gesellschaftlichen Vollmitgliedschaft darum geht, eine stabile Ich-Identität aufzubauen. Im Spannungsfeld von persönlicher Individuation und sozialer Integration ergibt sich bei den zahlreichen Handlungsanforderungen und Angeboten des Alltags die anspruchsvolle Aufgabe, ein stabiles inneres Ordnungssystem zu entwickeln. Die beschrieben Möglichkeiten des Cyberspace liefern in diesem Zusammenhang zahlreiche Vorlagen, setzen aber auch einen gewissen „Relevanzkompass" voraus, um der Vielfalt und Widersprüchlichkeit eine Struktur zu geben (Hurrelmann und Bauer 2015, S. 132 ff.). Eine stetig wachsende Nutzungsdauer des Internets – bei unter 30-Jährigen in Deutschland beläuft sie sich mittlerweile auf durchschnittlich über sechs Stunden täglich (Beisch et al. 2019) – belegt einerseits die enorme Attraktivität virtueller Angebote. Als Beleg für einen wachsenden Sozialisationseinfluss unterstreicht die intensive Bezugnahme aber andererseits gerade auch die Wichtigkeit einer zielführenden Aneignung der gebotenen Inhalte.

In gesamtgesellschaftlicher Perspektive ist ein Zusammenhang zwischen Bildung, sozialer Schicht und Internetnutzung ebenfalls feststellbar. Die Sinus-Milieus wurden vom Deutschen Institut für Vertrauen und Sicherheit im Internet (DIVSI) in „Internet-Milieus" überführt. Obwohl insgesamt ein steigender Online-Optimismus verzeichnet wurde, der übergreifend für eine verbesserte digitale Partizipation steht, fallen klare Nutzungsunterschiede ins Auge. Die Gruppe der „Internetfernen Verunsicherten", die fast ein Fünftel der Gesamtbevölkerung stellt, kennzeichnet als sozialschwaches Milieu eine Haltung gegenüber dem Internet, die von „überfordert" bis „skeptisch" reicht. Zusammen mit einem Teil der „unbekümmerten Hedonisten", die sich zumindest eine stärkere Partizipation in der digitalen Welt wünschen, ist ihnen aufgrund fehlender Kompetenzen ein insgesamt niedriger Grad an digitaler Teilhabe zuzuschreiben. Diesen Internet-Milieus stehen die „Effizienz-orientierten Performer" und die „Souveränen Realisten" gegenüber, die als Vertreter der Mittel- und Oberschicht das Netz pragmatisch und kapitalorientiert zu nutzen wissen (DIVSI 2016). Die Ähnlichkeit der Internet-Milieus mit den herkömmlichen Sinus-Milieus deutet an, dass sich soziale Schichten und Grundhaltungen von der Offline- in die Online-Welt durchpausen.

Die geschildete Vision einer erweiterten Handlungsfreiheit im Cyberspace stößt auch deshalb an Grenzen, weil die eigenen Prägungen auch die *Art des Handelns* im Virtuellen (Interaktion mit Anderen, Auswahl von Themen, Präferenzsetzungen etc.) und den Blick auf die zu erwerbenden Ressourcen jeweils spezifisch begleiten. Da sich Medienhandeln stets auf der Grundlage bereits gegebener Interessen und Fähigkeiten vollzieht, gilt es die verschiedenen Motive und Inhalte im virtuellen Raum genauer zu differenzieren. Über reglementierende Fähigkeiten (wie z. B. Lesekompetenz, Sprachfertigkeiten, Vorwissen, Fähigkeit zu kritischer Reflexion) hinaus ist feststellbar, dass die zur Verfügung stehenden Inhalte, Foren und Netzwerke im Cyberspace milieuabhängig ungleich angefordert und kommuniziert werden (Ragnedda und Ruiu 2018; Biermann 2009). Die im Realraum erworbenen Dispositionen leiten den Nutzer auch im Digitalen. Der Habitus wird zum „digitalen Habitus".

3.3 Digital Divides und digitaler Habitus

Die Übertragung von ungleichen sozialen Voraussetzungen in den Cyberspace lässt sich erneut anhand der Nutzung sozialer Netzwerke studieren. Die Chance zur neuen Selbstdarstellung durch das Profil, inklusive der Wahl eines Photos, wie sie beispielsweise von Ellison et al. noch als „soziales Schmiermittel" zur Kontaktaufnahme hochgehalten wird (2011, S. 887 f.), kann nur dann über das eigene Milieu hinaus verfangen, wenn sie eben auch milieuexterne Interessen und Geschmäcker bedient. Die gelungene Aufrechterhaltung alter Kontakte, die durchgeführten Interessenbekundungen mit zahlreichen Resonanzen und die erfolgreiche Teilnahme an themenbezogenen Communities, all das sagt noch nichts darüber aus, ob faktisch auch aufstiegsrelevante Ressourcen angeeignet werden konnten. Vielmehr wirft der digitale Habitus den Nutzer eher auf jene Kontakte und Inhalte zurück, die dessen Entwicklung im realräumlichen Sozialisationsprozess bereits begleitet haben. Tatsächlich kann nachgewiesen werden, dass habitualisierte Nutzungspraktiken im Cyberspace die Milieuzugehörigkeiten reflektieren und Muster der virtuellen Aneignung mit Distinktionsprozessen einhergehen (Meyen 2007; Witzel 2012).

Hinsichtlich der Nutzungspraxis von Facebook zur Generierung sozialen Kapitals zeigt beispielsweise Alex Lambert (2016) in seiner qualitativen Studie auf, wie sich soziale Prägungen benachteiligend auswirken. Die Bedeutung der Qualität und Intimität der Interaktion herausstellend, beklagt er die höchst ungleiche Verteilung der Kompetenz einschätzen zu können wo und wann intime Offenbarungen angebracht und zielführend sein können: „It is evident that people with different cultural backgrounds, socioeconomic advantage, levels of education, digital literacy and so forth will negotiate intimacy differently and hence mobilise social capital differently on Facebook. This echoes Bourdieu's conceptualisation of ‚habitus'" (Lambert 2016, S. 2571). Er leitet daraus die Bedeutung von Intimitätskapital ab, über das Menschen in ganz unterschiedlicher Weise verfügen. Danah Boyd hebt in ihren Untersuchungen zu amerikanischen Teenagern in sozialen Netzwerken u. a. die Sprache und das stilistische Empfinden der Weboberfläche hervor, die schichtabhängig den Netzwerken Facebook und MySpace zugeordnet wurde (2014, S. 169 ff.), während Yates und Lockley (2018), erneut mit Bezug auf Bourdieu, unterstreichen, wie das spezifische Interesse an Sozial Media-Plattformen und die unterschiedliche Fähigkeit aus ihnen Kapital zu schlagen, mit dem sozioökonomischen Status zusammenhängt.

Im Kontrast zu den Chancen, die mit der virtuellen Aushebelung der realräumlichen Reglementierungen formuliert wurden, lassen sich nach diesen und weiteren Befunden die Profiteure des digitalen Zeitalters ausgerechnet unter den bereits Privilegierten ausmachen: Ein hohes Kapitalbudget führt im Cyberspace zu einer verstärkten Kapitalakkumulation. In den größeren Profiten der gebildeten und wohlhabenderen Bevölkerungsteile kann eine wachsende Distanzierung gegenüber den sozial und ökonomisch benachteiligten Bevölkerungsteilen gesehen werden, die dann das Internet sogar als Werkzeug einer sozialen Stratifikation enttarnt. In der Reproduktionslogik erkennt Massimo Ragnedda einen dritten Digital Divide, der aus dem ungleichen sozialen Zugewinn der Internetnutzung resultiert (2017, S. 76).

Es wäre jedoch voreilig, die neuen Handlungsmöglichkeiten, die der Cyberspace und das Internet grundsätzlich bieten, mit dem Verweis auf die ungleichen Nutzungsrenditen abzutun. Denn *zum einen* kann es im Sog einer umfassenden Digitalisierung nur darum gehen, die Informations- und Kommunikationsrevolution als gesamtgesellschaftlichen Rahmen zu betrachten, innerhalb dessen auch Lösungen für die soziale Frage gesucht werden müssen. Mit dem Einsickern digitaler Technologien in sämtliche Lebensbereiche zeichnet sich ein Wandel ab, der schleichend faktisch jede und jeden in der Gesellschaft betreffen wird und langfristig zur Auseinandersetzung mit den neuen Konditionen zwingt. Ein Ausblenden der damit verbundenen Optionen kommt einer relativen Begünstigung jener Bevölkerungsteile gleich, die sich der Technologie bedienen.

Bezogen auf die Aufstiegsperspektive der kapitalschwachen Milieus bedeuten die digitalen Gräben *zweitens* nicht, dass die aufgezeigten Chancen eines Kapitalerwerbs im Cyberspace ihre Begründung verlieren. In Relation zu den stratifizierenden Mechanismen im Realraum bleibt der Cyberspace eine Sphäre von hoher Zugänglichkeit, die sich vom festgefügten Sozialisationskontext mit seinen sozialen und physischen Gegebenheiten deutlich unterscheidet. Seine Passierbarkeit im Prozess der Kapitalaneignung wird durch die Option erleichtert, den Habitus strategisch verbergen zu können, um negativen Distinktionspraktiken vorzubeugen und eigene Distinktion betreiben zu können. Dass vor diesen Möglichkeiten stets der Filter der verfügbaren Ressourcen liegt (zweiter Digital Divide), die reproduktiv wirksam werden können (dritter Digital Divide) stellt die Optionen selbst nicht zur Disposition. Es geht eher um die Frage, wie der selbstverständliche Übergang vom realräumlich geprägten Habitus in den digitalen Habitus vermindert werden kann, wenn erstgenannter Benachteiligungen impliziert.

Damit ist *drittens* keineswegs davon auszugehen, dass die aufgezeigten Gräben nicht auch überwunden werden können. Idealerweise setzt der Ressourcenerwerb im Cyberspace den motivierten und informierten Nutzer voraus, der weiß, wo und wie er sich digital bewegen muss. Auch im Cyberspace bedarf es Reflexionspotenzial, um ausgrenzende Distinktionsprozesse erkennen zu können und ein entsprechendes Bewusstsein, damit eine milieuinduzierte Selbstexklusion dem

Aufstieg nicht von vorneherein im Wege steht. Vor diesem Hintergrund fragen Medienpädagogik und Bildungsforschung nach den geeigneten Maßnahmen, um auch den benachteiligten Heranwachsenden Entwicklungsmöglichkeiten jenseits des Herkunftsmilieus (an)bieten zu können. Den Cyberspace als inhärenten, selbstverständlichen Bestandteil des Alltags antizipierend, geht es ihnen weniger darum, die reproduktiven Aspekte der im Realraum greifenden Mechanismen zu isolieren als vielmehr direkt nach einem geeigneten Medienhandeln der Heranwachsenden zu fragen, das die strukturellen Ungleichheiten von Realraum und Cyberspace zusammendenkt. Immer wieder sich auf Bourdieu beziehend, gilt es für sie anzuerkennen, dass sich Medienhandeln als soziale Praxis auf der Basis des Habitus vollzieht und die Kompetenzentwicklung diesen sorgsam reflektieren und berücksichtigen muss (Hacke und Welling 2009, S. 12 ff.; Witzel 2012, S. 89 ff.; Van Dijk 2014, S. 113 ff.; Ragnetta 2017, S. 91 ff.). Im Besonderen bedeutet das auch, dass die bildungsbürgerlich geprägte Idee der Medienkompetenz zu hinterfragen ist, um auch dem Verständnis für abweichende, milieuspezifische Orientierungsmuster die Tür zu öffnen (Kutscher 2009, S. 14; Niesyto 2009, S. 15 f.).

Im Vergleich zu den Anfängen des Cyberspace zeichnet sich damit eine immer differenziertere Sicht auf die Chancen dieser noch immer neuen Welt ab, die mit einer wachsenden Verknüpfung des offline-Verhaltens einhergeht. Während sich einerseits die Euphorie der 1990er Jahre um die befähigenden Potenziale des Internets abgeschwächt hat und offenkundig geworden ist, dass dieses als vermeintlich „neue elektronische Agora" (Rheingold 1994, S. 27) an den reglementierenden Bedingungen des Realraums nicht gänzlich vorbei kommt, scheint es andererseits zunehmend Konsens zu werden, dass die Ungleichheitsforschung ohne den Cyberspace immer weniger auskommt. Letzteres lässt sich ganz allgemein mit dem wachsenden Stellenwert der Digitalisierung im Alltag begründen oder spezifisch mit der besonderen Chance verfechten, die mit den veränderten Handlungsmodi im Virtuellen insgesamt zusammenhängen.

3.4 Zwischenfazit: Der digitale Bezug von Chancen?

Im Rahmen ihrer Sozialisation sind Akteure habituell mit den grundlegenden Mustern sozial stabilisierender Handlungs- und Wahrnehmungsschemata ausgestattet, derer sie bedürfen, um die spezifische räumlich manifestierte soziale Ordnung, in der sie aufwachsen, als „normal" zu akzeptieren. Eine Inwertsetzung des Cyberspace mit neuen Informations- und Kontaktquellen, veränderten

Zugangs- und Wahrnehmungsangeboten verheißt den Ausbruch aus jenem realräumlichen Korsett, das mit reflexiver Wirksamkeit die sozial benachteiligten Bevölkerungsteile eingeengt hat. Jenseits des üblichen Wohnumfeldes werden Bezüge zu geographisch fernen Orten möglich, anonyme Kommunikationsformen entwerten das kulturelle Kapital und Quellen des Wissenserwerbs vervielfältigen sich. So erhalten das Internet, alle damit verbundenen mobilen Nutzungsgeräte (Handy, Tablets) und weitere Portale des Cyberspace größte Sozialisations- und Bildungsrelevanz. Der physische Nahraum kann über virtuelle Kontakte angereichert und übersprungen werden. Reproduzierende Institutionen des Quartiers verlieren tendenziell an sozialer Bedeutung.

Die gewonnene Freiheit zu steuern und Informationen über das „Pull-Medium Internet" beliebig abrufen zu können bedeutet umgekehrt freilich auch, dass der Bezug dieser Optionen von den Interessen und Fähigkeiten des Nutzers abhängig ist. Für die kapitalschwachen Bevölkerungsteile liegt dann die Gefahr nahe, dass sich der Habitus als Hypothek des individuellen Ressourcenerwerbs zurückmeldet, indem realräumlich Erworbenes auf den digitalen Habitus abfärbt. Im Kontext dieses Digital Divides ist der digitale Raum dann keineswegs als egalitärer Ersatzraum zu sehen, da Ungleichheit in ihn hineingetragen wird. Entsprechend wendet sich die wissenschaftliche Aufmerksamkeit den individuellen Handlungsrestriktionen zu, die online und offline vornehmlich in den fehlenden Kompetenzen des Nutzers gesucht werden. Medienkompetenz bedeutet in dieser Hinsicht dann die Befähigung zur Inanspruchnahme der bereits vorliegenden Ressourcenvielfalt. So könnte der beschriebene Entzug von Chancen im Realraum mit einem „digitalen Bezug von Chancen" quittiert werden.

Erstaunlicherweise lässt diese in der Wissenschaft verbreitete Adressierung an die Fähigkeiten der Nutzer die Möglichkeit außer Acht, dass der Ressourcenerwerb auch systemisch durch den Anbieter beschränkt sein kann.

Im Vergleich mit dem Realraum, der durch Handlungen konstituiert wird, unterscheidet sich der Cyberspace durch eine weitreichende Vordefinition dessen, was an Handlungen grundsätzlich möglich ist. Mit dem Verweis auf die Bedeutung der programmierten Codes wurde verdeutlicht, dass raumkonstituierende Praktiken das System Cyberspace betreffen können, *ohne* dass die dafür verantwortlichen Akteure (Programmierer, Kapitalgeber etc.) in diesem System selbst handeln. Sie schaffen im Virtuellen Rahmenbedingungen für das Handeln anderer unter davon unabhängigen Konditionen. Demgegenüber sind die handelnden Akteure im Realraum auch in diesem verortbar und unterliegen den gesellschaftlichen und räumlichen Strukturen dieses Systems (dazu Löw 2001, S. 171 f.). Jedes „Anordnen", jedes „Spacing" im Realraum ist nur unter den dort

3.4 Zwischenfazit: Der digitale Bezug von Chancen?

gegebenen Regeln sowie den dort verfügbaren Ressourcen realisierbar und primär auch dort – sehen wir von Mischformen infolge der partiellen digitalen Durchdringung des Realraums vorerst ab – rekursiv wirksam (vgl. Löw 2001, S. 167).

Mit der Trennung in zwei separate Sphären werden die Rekursivität sowie die „Dualität von Raum" aufgehoben. Den raumkonstitutiven Akteuren von digitalen Plattformen, Spielen oder sozialen Netzwerken kommt ein hoher Freiheitsgrad und große Macht zu, da sie sich gewissermaßen außerhalb des Systems nicht zuletzt dem Nutzer selbst entziehen.

Unter dem Eindruck der Zugänglichkeit, der Kostenfreiheit und des individuellen Nutzens wird diese Macht im Sozialisations- und Bildungskontext kaum hinterfragt. Der Cyberspace wird im Sozialisations- und Bildungskontext als facettenreiches Angebot wahrgenommen, aus dem es lediglich die geeigneten Inhalte oder Kontakte mithilfe bestimmter und noch zu fördernder Qualifikationen herauszusieben gilt. Obwohl der weitaus größte und am stärksten genutzte Teil des Cyberspace von kommerziellen Betreibern bereitgestellt wird, bleibt selbst die Frage nach der Gegenleistung zur Inanspruchnahme des verfügbaren Angebots oft unbeantwortet. Faktisch liegt in der datengestützten Registrierung sämtlicher Tätigkeiten das alternative Zahlungsmittel. Wie im Folgenden zu zeigen ist, führt die Sammlung dieser Nutzerdaten zu einer höchst ungleichen und rekursiven Nutzung der digital vermittelten Angebote. Damit bedeutet die Chance zum sozialen Aufstieg letztlich weitaus mehr, als die Überwindung der angesprochenen Gräben.

Datenbasierte Verwertungszusammenhänge

4

Kaum eines der zahlreichen Werke zu den neuen Möglichkeiten der rechnergestützten Auswertung wachsender Datenmengen kommt umhin, von einer neuen Revolution zu sprechen. Einer Revolution, die nach der Verbreitung des PCs und des Internets für die Digitalisierung unseres Alltags neuartige, weitreichende Konsequenzen hat. Was mit dem Begriff „Big Data" überschrieben wird, also dem exponentiellen Wachstum an Datensätzen unterschiedlichster Strukturierung, die sich mit herkömmlichen Methoden nicht mehr auswerten lassen, zielt in erster Linie auf den enormen, exponentiell zunehmenden Datenzuwachs (Hilbert und López 2011). Weniger als zwei Jahre nimmt die Verdoppelung des weltweiten Datenvolumens mittlerweile in Anspruch. Die junge Entwicklung zum Internet der Dinge, Daten aus sozialen Netzwerken, die wachsende Sensorenzahl in Smartphones, allgegenwärtige Kameras, GPS-gestützte Bewegungsprofile oder Radiowellen, die zur berührungslosen Identifizierung beitragen (RFID), intelligente Kleidung und viele weitere Datenlieferanten legen auch für die Zukunft einen ungebremsten Datenzuwachs nahe.

Die Revolution, die im Zusammenhang mit Big Data beschrieben wird, leitet sich allerdings nicht aus einer vermeintlich unkontrollierbaren Datenflut ab. Sie gründet vielmehr auf der informationstechnologischen Möglichkeit, diese Daten als neue Ressource in Wert zu setzen. Dafür gilt es, ihre Erhebung sogar noch gezielt auszuweiten. Dank zunehmenden Rechnerleistungen, innovativen Techniken der Datenerfassung und immer intelligenteren Algorithmen in der Auswertungssoftware versprechen sie Unternehmen, Organisationen, Politik und privaten Nutzern enorme Erkenntnisgewinne in verschiedensten Tätigkeitsfeldern. Es wird zunehmend möglich Zusammenhänge zu erkennen, die für die menschlichen Kapazitäten bislang zu komplex waren, Modelle zu entwickeln, die valide Prognosen für zukünftiges Verhalten abliefern. Beschwören Wissenschaftler bereits das Ende der Theorie herauf (Anderson 2008), da die Datenfülle nahezu beliebige Korrelationen annahmefrei durchzurechnen erlaubt, wird der datenbasierte Wettbewerb der Unternehmen um Kunden bereits als „digitaler Darwinismus" (Kreutzer und Land 2015) antizipiert. In einem anderen Zusammenhang manifestiert sich die Datenrevolution in der Möglichkeit zur Totalüberwachung des eigenen Körpers, die kranke Personen zu Medizinern und Krankenhäuser zu global ausgerichteten Datenbanken macht (Herland et al. 2014). Stadtplaner sehen in „Smart Cities" die Zukunft einer effektiven Vernetzung von Energie- und Verkehrsflüssen, Versorgung und sozialer Kommunikation zu einem ganzheitlichen Steuerungssystem heraufziehen (Dameri und Rosenthal-Sabroux 2014), während die Folgen einer zunehmend autonomen, datengestützten Entscheidungsfindung in der Wirtschaft ebenso diskutiert werden (Power 2015), wie die Perspektiven eines mit dem Menschen dauerhaft vernetzten Gesundheitssystems (Khoury und Ioannidis 2014).

Diese Revolution erweitert den Cyberspace fundamental. Sie lässt ihn dort ausgreifen, wo vernetzte Miniaturcomputer in die realräumliche Alltagsumgebung eindringen. Dies tun sie gerade in Städten mit einer solchen Selbstverständlichkeit, dass dem Nutzer eines Smart-Homes oder dem Kunden gegenüber der autonom reagierenden Displaywerbung immer weniger gewahr ist, in welchem Raum er gerade handelt. Cyberspace und Realraum gehen Fusionen ein, die den Realraum schleichend zu einem digitalisierten Raum transformieren.

Die computervermittelte Allgegenwart von Daten könnte im Diskurs um soziale Ungleichheit – bei allen vorgebrachten Einschränkungen – die Aufstiegschancen weiter verbessern. Sie implizieren zunächst nichts anderes, als eine weitere Verbreitung der digitalen Modi. Aufstiegsrelevante Ressourcen, wie Informationen und Kontakte, werden noch leichter beziehbar. Entsprechende Nutzungs- und Qualifizierungsmöglichkeiten rücken näher an den Interessenten heran.

Doch die digitalisierte Ökonomie setzt nicht nur Daten frei. Sie nimmt diese auch auf, und sie verwertet nicht zuletzt Daten über Personen mit höchster Effizienz. Unter personenbezogenen Daten werden im Allgemeinen Angaben über eine bestimmte oder eine bestimmbare natürliche Person verstanden. Die Bezugsmöglichkeit von personenbezogenen Daten ist in technische Umgebungsintelligenz online wie offline fest eingelagert und muss damit als Rahmenbedingung der digital erweiterten Handlungsmodi zwingend mit in Betracht gezogen werden.

Spätestens seit den NSA-Enthüllungen durch Edward Snowden 2013 fokussiert die öffentliche Auseinandersetzung mit Big Data stark die Frage des

Datenschutzes und stellt kritisch auf die Gefährdung der Privatsphäre ab. Die Nutzung von personenbezogenen Daten durch Politik und Unternehmen wird dabei bislang als gesamtgesellschaftliches Problem verfolgt. Demnach ist jeder in ähnlicher Weise durch Spionage an der Person, als gläserner Kunde oder Staatsbürger von einer systematischen Datenauswertung potenziell betroffen (Clarke und Wigan 2011, S. 150 ff.). Hingegen sind Differenzierungsansätze gesellschaftlicher Gruppen nach Maßgabe spezifischer Befähigungen und Beeinträchtigungen durch Big Data in der wissenschaftlichen Literatur kaum vertreten (vgl. dazu Minch 2015, S. 1521). Wie noch zu zeigen sein wird, können insbesondere mit der privatwirtschaftlichen Datenverwertung jedoch höchst spezifische Einflüsse einhergehen, die ihre stratifizierende Wirkung sowohl realräumlich wie auch virtuell entfalten können. Auch in diesem Zusammenhang haben wir es mit einer Revolution zu tun, die sich indes schleichend und unbemerkt vollzieht, langfristig jedoch die Aufstiegschancen benachteiligter Bevölkerungsschichten massiv einschränken wird.

Ausgehend von den Quellen, die zur Generierung von personalisierten Daten herangezogen werden, sind die Verwertungszusammenhänge im datenbezogenen Wertschöpfungsprozess in den Blick zu nehmen. Von Datenhändlern hin zu Unternehmen, die im zukünftigen Wettbewerb ohne Kundendaten kaum bestehen können, gilt es in die Techniken der personenspezifischen Einflussnahme im Cyberspace und digitalisierten Realraum einzuführen. Auf dieser Grundlage kann die sozial stratifizierende Wirkung von Big Data dann systematisch betrachtet werden.

4.1 Personalisierte Daten und ihre neuen Quellen

Es sind breite Datenspuren, die den Alltag eines jeden begleiten. Bereits beginnend mit dem Eintrag des Namens in der Geburtsurkunde setzt sich die personenbezogene Anreicherung von Daten über die Beantragung offizieller Dokumente und der Registrierung eines Wohnortes mit konkreter Adresse fort. Zu bestimmten Zeiten wird die Person mit ihrem spezifischen Budget an bestimmten Orten einkaufen, möglicherweise mit einer EC-Karte zahlen oder vielleicht sogar eine personalisierte Kundenkarte benutzen. Sie wird Kredit- und Versicherungsverträge abschließen, an Umfragen und Preisausschreiben teilnehmen oder einen Urlaub buchen. In der virtuellen Welt kommuniziert sie über soziale Netzwerke, interessiert sich für bestimmte Nachrichten, nutzt Suchmaschinen und kauft nach ihren individuellen Präferenzen online ein. In jeder dieser Situationen fallen personenbezogene Daten an.

Wurde das Speichern von Grunddaten von Behörden über einem gewissen Umfang hinaus immer wieder kritisch diskutiert (Volkszählung, Vorratsdatenspeicherung), entwickelt sich für das privatwirtschaftliche Interesse an personenbezogenen Daten erst in jüngerer Zeit ein öffentliches Bewusstsein. Für zahlreiche Geschäftsfelder der Privatwirtschaft ist indes die Erfassung der alltäglichen Routinen, die realräumlichen und die digitalen Spuren des Einzelnen seit Langem selbstverständliche Praxis: Aus Offline- und Online-Quellen werden Informationen zusammengeführt, kategorisiert und analysiert. Big Data versetzt Unternehmen in die Lage, jeden Verbraucher nach dessen Vorzügen und Gewohnheiten über alle Daseinsgrundfunktionen hinweg individuell zu verfolgen, indem Konsum, Suchverhalten, Umsätze, Seitenaufrufe, geographische Position, demographische und soziale Situation oder Kontakte zu anderen analysiert werden. Die Methoden und Technologien, die hierfür eingesetzt werden, lassen sich unter dem Begriff des *Data Mining* zusammenfassen. Ganz grundlegend kann Data Mining als Prozess begriffen werden, bei dem Rohdaten zu Informationen umgewandelt werden, die sich verschiedentlich in Wert setzen lassen.

Letztere dienen der Prognose und Optimierung innerhalb eines bestimmten Geschäfts- oder Tätigkeitsfeldes. Zugleich versetzt Data Mining Unternehmer in die Lage, immer spezifischer den Kunden ansprechen zu können, was die Wahrscheinlichkeit eines Geschäfts signifikant erhöht. Nicht zuletzt verbindet sich mit dem Wissen über Kunden oder Geschäftspartner eine erhebliche Risikoaversion. Sie werden transparent und ökonomisch kalkulierbar. Vorhersagen über das Verhalten von Menschen in unterschiedlichsten Zusammenhängen kommen zunehmend zur Anwendung.

4.1.1 Web-Tracking als Datenquelle

Data Mining kommt insbesondere im Kontext des Internetgebrauchs große Bedeutung zu. Zwar wurden die Möglichkeiten des Zugriffs auf die realräumlichen Spuren des Verbrauchers in den vergangenen Jahren erheblich gesteigert und Postadressen, Gutscheine oder Kundenkarten erfahren schnell über moderne Datenbankmanagementsysteme ihre professionelle Auswertung. Doch insbesondere der beständige Online-Zustrom an Daten birgt für alle kommerziellen Interessenten eine ungleich größere Tiefe. Um den Datenabgriff der Internetnutzung nachvollziehen zu können, sind grundlegende Informationen über die technischen Methoden des Web-Trackings hilfreich. Gemeint sind damit Methoden, die dritte Parteien – sogenannte Tracker – in die Lage versetzen, dem Nutzer durch das Internet zu folgen, ihn bei seinen virtuellen Aktivitäten zu begleiten. Die Unwissenheit des Betroffenen sowie letztlich auch die begrenzten Möglichkeiten der Anonymitätswahrung erleichtern dem Tracker die Arbeit.

Die älteste Technik, Informationen über den Nutzer zu generieren, ist die Logfile-Auswertung. Ursprünglich dem Webmaster vorbehalten, um Auslastung und Leistung seiner Server zu überwachen, lässt sich heute jede Statusmeldung auf dem Webserver für eine wirtschaftliche Auswertung heranziehen. Logfiles (Protokoll-Dateien) können beispielsweise enthalten, wie lange ein Nutzer eine Seite besucht hat, wie seine IP-Adresse lautet, von welcher Seite er auf eine Seite geführt wurde oder welche Elemente auf der Seite angefordert wurden. Das *pixelbasierte Tracking* erzeugt demgegenüber die Nutzerdaten nicht auf dem Server, sondern unmittelbar im Browser des Website-Besuchers. Ein solches „Client Based Tracking" funktioniert über eine spezielle, unsichtbare Grafik („Zählpixel"), die in den HTML-Code eingebunden ist. Nach dem Abruf einer Seite mit dem integrierten Zählpixel, kann dieses von einem anderen Server separat abgerufen werden. Mit der Auslieferung des Zählpixels sind Nutzerinformationen verbunden, die dann von Dritten gesammelt werden. Gegenwärtig werden neben 1-Pixel-Bildern Javaskript-Tags in den Quellcode der Seite integriert, die weitere Informationen über den abrufenden Nutzer auslesen können. So wird das Bewegungsprofil einer gesamten Sitzung gespeichert, Auskunft über den ungefähren Standort gegeben oder auch Mausbewegungen und Tastatureingaben des Website-Besuchers erfasst. Die Daten stehen dabei nahezu in Echtzeit zur Verfügung. Besondere Relevanz beim Auslesen von Daten hat die Identifizierung des Besuchers. Hier spielen *Cookies* eine wichtige Rolle. Ein Cookie ist eine kleine Textdatei, die von einem Webserver auf der Festplatte des Nutzers beim ersten Seitenaufruf übertragen wird oder von einem Skript in der Webseite erzeugt wird. Bei einer erneuten Verbindung mit dem Cookie-setzenden Webserver werden die Daten an diesen zurückgesendet, um den Nutzer und seine Einstellungen wiederzuerkennen. Im Zusammenspiel mit JavaScript lässt sich die Identität des Nutzers bei jedem Aufruf einer Tracking-Grafik nachverfolgen und gezielt auswerten. Untersuchungen zeigen, dass Maßnahmen gegen das Tracking sehr unterschiedlich verfolgt werden. IT-affine Besucher deaktivieren JavaScript im Browser aus Sicherheitsgründen häufiger, blockieren Cookies oder löschen diese regelmäßig von der Festplatte. Die meisten Heimanwender übernehmen in der Regel die Standardeinstellungen des Systems und akzeptieren JavaScript und Cookies damit automatisch (Schneider et al. 2014, S. 36 ff.). Auch die in allen EU-Ländern gesetzlich vorgeschriebene Zustimmung zur Cookie-Nutzung führt bei den meisten Internetnutzern nicht zu einem geschützteren Umgang mit dem Computer. Zum einen werden von den Anbietern intensiv die Vorteile von

Cookies beworben (etwa das Vermeiden einer wiederholten Adresseingabe oder die Vorteile einer spezifischen Ansprache mit Produkten, die persönlich tatsächlich relevant sind), zum anderen funktionieren viele Anwendungen ohne Cookies nicht oder nicht vollständig. Selbst die Löschbarkeit von Cookies ist nicht selbstverständlich: Der 2014 vorgestellte Evercookie besteht auch nach dessen Tilgung aus Datenkrümeln, die sich gegenseitig wieder herstellen. Um dauerhaft die Option einer nutzerbezogenen Auswertung aufrecht zu erhalten, werden von Anbieterseite zudem bereits weitere Techniken des Trackings – wie etwa das *Fingerprinting* – eingesetzt (Muñoz-García et al. 2012; Cao et al. 2017). Beim Webseitenaufruf lässt jeder Browser einen „digitalen Fingerabdruck" zurück, der sich aus Informationen über das verwendete Betriebssystem, den Browsertyp, bestimmte Bildschirmeinstellungen, Plugins oder Schrifttypen zusammensetzen kann. Aufgrund der spezifischen Zusammensetzung der Informationen lässt sich ein individuelles Bild erzeugen und so der Kunde Klick um Klick erforschen. Eine weitere, bislang wenig bekannte Methode zur Identifizierung von Smartphone-Nutzern besteht in der Abfrage des Ladestatus des Geräte-Akkus (Olejnik et al. 2015). Jüngere Untersuchungen zeigen, dass mittlerweile acht von zehn Websites durch dritte Unternehmen ausgespäht werden (Karaj et al. 2018).

Der kommerzielle Erfolg *sozialer Netzwerkplattformen* lässt sich auf den ökonomischen Wert all jener Daten zurückführen, die hier von den Nutzern selbst erstellt werden: Persönliche Beziehungen, Erlebnisse und Stimmungen sind ebenso Gegenstand des virtuellen Austausches wie Geschmäcker oder Einstellungen zu bestimmten Themen. Während etwa Twitter mit telegrammartigen Kurznachrichten eine einfache Methode zum Austausch von Gefühlen anbietet, liefert Pinterest eine digitale Pinnwand, um eigene Interessen herausstellen. Demgegenüber speichern berufsbezogene Netzwerke wie LinkedIn, Viadeo oder Xing vergangene Berufserfahrungen und machen Kontakte sichtbar. Das soziale Netzwerk Facebook hat mit der bekannten Funktion des „Like Buttons" eine besonders eingängige Methode geschaffen, Inhalte persönlich zu bewerten und zu teilen. Photos, Tagesabläufe, Freundschaften, Urlaubsträume oder Hobbies – über zwei Milliarden Nutzer versorgen die Server des Unternehmens mittlerweile mit umfassenden Daten. Allein eine Auswertung von durchschnittlich 170 „Likes" erlaubt mit sehr hohen Wahrscheinlichkeitswerten Rückschlüsse u. a. auf die ethnische Zugehörigkeit, politische Einstellung, Religion, den Beziehungsstatus, Trennung der Eltern oder den Konsum von Nikotin und Alkohol, wie die vielbeachtete Studie von Kosinski et al. (2013) belegt. Von Facebook werden zusätzlich die Informationen von Dritten über den Nutzer, Geräteinformationen, Zahlungsinformationen oder Ortsdaten ausgewertet. Da es auch anderen Webseitenanbietern erlaubt ist, den „Gefällt mir" Button und andere Elemente als

Plugin auf ihrer Seite einzubauen, ist es möglich Vorlieben seiner Nutzer im ganzen Netz zu sammeln. Technisch wird auch hier nach dem Einloggen bei Facebook ein Cookie auf den eigenen Rechner gesetzt. Beim anschließenden Besuch einer anderen Webseite wird durch einen eingebundenen Code eine Verbindung zwischen dem Browser des Nutzers und Facebook hergestellt. Über den dabei übermittelten Cookie kann Facebook erkennen, ob der Besucher bei ihm eingeloggt ist, ihn identifizieren und jegliche Interaktionen als Teil des sozialen Graphen abspeichern. In seiner Datenrichtlinie bekennt sich Facebook zur Datengenerierung im Austausch mit Dritten wie folgt:

> „Wir sammeln Informationen, wenn du Webseiten und Apps Dritter besuchst, die unsere Dienste nutzen (z. B. wenn sie unsere „Gefällt mir"-Schaltfläche oder die Facebook-Anmeldung anbieten oder unsere Bewertungs- und Werbedienste nutzen). Dazu zählen auch Informationen über die von dir besuchten Webseiten und Apps und über deine Nutzung unserer Dienste auf solchen Webseiten und Apps sowie Informationen, die der Entwickler oder Herausgeber der App oder Webseite dir bzw. uns zur Verfügung stellt. (…) Wir erhalten von Drittpartnern Informationen über dich und deine Aktivitäten auf und außerhalb von Facebook; beispielsweise von einem Partner, wenn wir gemeinsam Dienste anbieten, oder von einem Werbetreibenden über deine Erfahrungen oder Interaktionen mit ihm" (https://www.facebook.com/about/privacy/).

Die gewonnenen Daten lassen sich zur weiteren Personalisierung des virtuellen Umfeldes heranziehen. Mit dem jüngsten Trend hin zu Messenger-Diensten, die Aufgaben erledigen können, für die es vorher spezifischer Apps bedurfte, wird das Potenzial zur Datenerfassung weiter gesteigert. Wer über den Messenger seinen Alltag organisiert, hält sich entsprechend länger im Universum des Anbieters auf und liefert zusätzliche Daten. Hier werden zunehmend Chatbots, d. h. Dialogsysteme, die mit künstlicher Intelligenz arbeiten, dafür sorgen, dass die neuen Dienste die menschliche Kommunikation perfekt nachahmen. Nutzereingaben werden automatisch gelesen, interpretiert und beantwortet, sodass sich bei Beratungs- und Kaufvorgängen reale Ansprechpartner durch datenspeichernde Algorithmen ersetzen lassen.

Des Weiteren zählen zunehmend auch Online-Textverarbeitungsdienste und andere Cloud-basierte Angebote, insbesondere Speicherdienste zu den nutzbaren Datenquellen der unterschiedlichen Dienstleister. Indem der Nutzer dem Anbieter Zugriff auf alle abgelegten Dateien bietet, erhält dieser unmittelbar Einsicht und die Option zur personalisierten Analyse und Profilbildung. Auch die Betriebssysteme selbst werden immer stärker auf die Datensammlung ausgerichtet. Die Aufzeichnung der Eingaben, die Auswertung von gesprochenen Befehlen über persönliche Assistenten oder der Aufruf zur Bewertung des wechselnden Desktop-Hintergrundbildes lassen weitreichende Rückschlüsse auf den Nutzer zu.

Das von Google seit 2015 verfolgte Project *Abacus* zielt auf eine Identifizierung des Nutzers ab, ohne dass sich dieser per Passwort oder Fingerabdruck anmelden muss. Verschiedene biometrische Daten, wie die Art und Geschwindigkeit des Tippens, eine Stimmerkennung oder individuelle Bewegungsmuster bei Mobilgeräten, kreieren in Kombination untereinander ein unverwechselbares Profil. Die Trennung von online und offline und das Bewusstsein über eine mögliche Datenabgabe werden mit dieser Entwicklung verwischen, indem der bewusste Akt der Anmeldung durch Automatismen ersetzt wird.

Im Internet sind *Suchmaschinen* für die Erschließung des unübersichtlichen Informations- und Angebotsspektrums unerlässlich. Entsprechend stellen sie, und dabei vor allem der Marktführer Google, die am häufigsten nachgefragte Internetanwendung nach dem E-Mail-Verkehr dar. Auch hier wird jede Anfrage des Nutzers in Logdateien protokolliert. Abhängig vom jeweiligen Dienst und dem Datensatz lassen sich weitreichende Rückschlüsse auf das Profil des Nutzers herstellen, der grundsätzlich über die IP-Adresse seines Rechners sowie verschiedenen Trackingmethoden, wie den genannten Cookies, identifiziert wird. Die Anreicherung mit weiteren Daten hin zu einer Personalisierung ist zunächst dem Ziel geschuldet, die Relevanz der Suchmaschine zu erhöhen: Von allen indexierten Webseiten zeigt sie jeweils eine Auswahl an, die sich an der vermeintlichen Relevanz für das Suchbedürfnis des Nutzers orientiert. Bei nur wenigen Worten mit meist mehreren Bedeutungen als Eingabe, muss das Suchergebnis angesichts der enormen Seitenauswahl unbefriedigend bleiben, solange die eigentliche Intention des Nutzers nicht über ergänzende Variablen erfasst werden kann. In den Worten von Google: „Selbst wenn Sie nicht genau wissen, wonach Sie suchen: Unsere Aufgabe ist es, im Internet eine Antwort zu finden. Wir versuchen, Bedürfnisse unserer Nutzer weltweit zu erkennen, bevor diese explizit ausgesprochen sind, und diesen Bedürfnissen dann mit Produkten und Diensten gerecht zu werden, die immer wieder neue Maßstäbe setzen". (https://www.google.com/about/philosophy.html?hl=de). Tatsächlich lassen sich aus der Auswertung der Sucheingaben sowohl allgemeine wie auch personalisierte Nachfragetrends für die Gegenwart und Zukunft immer genauer ableiten (z. B. Goel et al. 2010; Brynjolfsson und McAfee 2012).

Die Identifikation von einzelnen Personen selbst über anonymisierte Daten ist mittlerweile weit fortgeschritten. Bereits 1990 hat eine US-Untersuchung offen gelegt, dass allein über die Kombination von Postleitzahl, Geschlecht und Geburtsdatum 87 % der US-Bürger einwandfrei identifiziert werden konnten

(Sweeney 2002). Mittlerweile belegen viele weitere Studien, dass auch Suchanfragen, Bewertungen, Web-Browser-Informationen oder biometrische Daten die Identifizierung von Personen zulassen (vgl. Christl 2014, S. 30 f.; Schneider et al. 2014, S. 88 ff.). In räumlicher Hinsicht zeigt sich, dass bereits vier Datenpunkte über Aufenthaltsort und Zeitpunkt genügen, um rund 95 % der über 1,5 Mio. über ihr Mobiltelefon ausgewerteten Nutzer eindeutig zuordnen zu können (Montjoye et al. 2013).

4.1.2 Mobile Kommunikation und Datenerfassung

Das Vorherrschen von Smartphones auf dem Markt der Mobilfunkgeräte liefert der personalisierten Datenauswertung besonders günstige Voraussetzungen. Da das Smartphone in der Regel nur von seinem Besitzer verwendet wird und diesen zudem permanent begleitet, pausen sich über das Gerät eine Vielzahl von Nutzerspezifiken ab. Die gespeicherten Adressen, Fotos, aktive Kontakte, Kalendereinträge, besuchten Seiten sowie umfangreiche Standortdaten lassen bereits weitreichende Charakterisierungen seines Besitzers zu. Mit der zusätzlichen Installation von Anwendungen (oder Applikation, kurz: App), die von Drittanbietern entwickelt wurden, vervielfachen sich diese. Apps tragen den Nutzerinteressen in vielen Lebensbereichen Rechnung, indem sie ein weit gefächertes Spektrum an Unterhaltungs- und Informationsangeboten bereitstellen. Dieses Angebot reicht von einfachen Spielen, Adressverwaltungsprogrammen oder dem Anzeigen bevorzugter E-Medien bis hin zu komplexeren Anwendungen einer erweiterten Realitätswahrnehmung (Augmented Reality). Über GPS, Funkzellen-Triangulation, über WLAN-Access Points oder Radiowellenerfassung lässt sich der Standort des Nutzers ermitteln und die Umgebung mit den für ihn nützlichen Informationen aufwerten. Unterstützt durch eine Vielzahl von Sensoren (z. B. Kamera, Mikrofon, Bewegungs-, Lage- oder Lichtsensor) können entsprechende Apps ihrem Nutzer standortspezifische Hinweise geben, ihm die Geschichte der gerade betretenen Straße erläutern, ihn durch ein Geschäft navigieren, naheliegende Sonderangebote in einer Fußgängerzone zeigen oder das im Blickfeld vorhandene Bergpanorama beschriften. Dass allerdings der Nutzer nicht nur Informationen bezieht, sondern mit diesen auch selbst bezahlt, machen zahlreiche Studien deutlich, die die Risiken für die Privatsphäre des Nutzers herausstellen (Institut für Technikfolgen-Abschätzung 2012; Hogben und Dekker 2010). Schon mit der Installation einer App wird die Zustimmung zu einer Vielzahl an Berechtigungen vorausgesetzt, ohne die eine App nicht funktionsfähig ist. Die erteilten Berechtigungen machen es indes möglich, Standortdaten zu erfassen und Bewegungsprofile zu erstellen. Adressbücher können ausgelesen und aufgerufene Seiten sowie Suchanfragen verfolgt werden. Auch die eindeutige Gerätekennung IMEI (International Mobile Equipment), die quasi als Fingerabdruck von mobilfunkfähigen Geräten fungiert und beispielsweise beim Sperren eines Mobiltelefons eingesetzt wird, findet in vielen Fällen unverschlüsselt den Weg in Werbe- und Analytics-Netzwerke. Damit wird der systematischen Erstellung von Nutzerprofilen durch unbefugte Dritte der Boden bereitet. Dass dies Praxis ist und viele Apps nicht zuletzt durch Nutzerdaten finanziert werden, ist vielfach belegt: Schon 2010 hat eine großangelegte Untersuchung des Wall Street Journals gezeigt, dass fast die Hälfte der damals 100 populärsten Apps Standort-Daten an App-Anbieter und weitere Unternehmen übertragen haben (Thurm und Kane 2010). Eine weitere US-Studie legte im gleichen Jahr offen, dass ebenfalls die Hälfte von 30 untersuchten Android-Apps Standort-Daten ohne Wissen der Nutzer zu Werbenetzwerken übermittelt wurden (Enck et al. 2010). Diese Situation hat sich in jüngerer Zeit trotz wachsendem Problembewusstsein der Nutzer keineswegs geändert. Der Sicherheitsreport der Firma Appthority hat 2014 die 400 populärsten Apps für die zwei vorherrschenden Plattformen Android und iOS auf riskante Verhaltensmuster hin überprüft. Der Zugriff auf Standort-Daten erfolgte demnach in 50 % der Fälle bei den kostenlosen iOS-Apps und sogar bei 82 % der untersuchten Android-Apps. Selbst die kostenpflichtigen Apps übermitteln in großem Umfang Daten. Hohe Prozentanteile von weit über 50 % weisen zudem die Zugriffsraten auf die IMEI und die Nutzeridentifizierung auf. Des Weiteren wird in vielen Fällen auf das Adressbuch zugegriffen oder eine unmittelbare Übertragung von Daten an soziale Netzwerke und Werbenetzwerke herbeigeführt (Appthority 2014). Selbst der Zugriff auf die Kamera und das Mikrofon des Smartphones ist nach der Installation vieler Apps möglich, womit der Anbieter einen weiteren Zugang in den realen Alltag des Nutzers erlangt. Die Autoren heben insgesamt noch einmal hervor, dass kostenlose Angebote lediglich für jene Nutzer existieren, die privaten Daten keinen Wert beimessen: „Are free apps really "free"? Appthority found that the popularity of free apps continues to come at the price of privacy and security. App developers are increasingly funding their free apps by sharing user data with third parties, such as advertising networks and analytics companies, with some developers being paid more for collecting and sharing more data" (Appthority 2014, S. 4).

Das große Interesse insbesondere an den ortsbezogenen Daten, bzw. ihrer Aggregation zu Bewegungsprofilen, ist auf verschiede Auswertungsoptionen zurückzuführen. Mit Clarke und Wigan (2011) lässt sich ein Spektrum unterschiedlicher Trackingmaßnahmen auflisten, das von der Identifizierung aufgesuchter Orte über Bewegungsmuster in Echtzeit hin zu den Möglichkeiten

4.1 Personalisierte Daten und ihre neuen Quellen

der Vorhersage künftiger Bewegungsmuster reicht. Entsprechend umfangreich sind auch die Daten, die sich über das Leben des Einzelnen gewinnen lassen: Informationen zum Wohn- und Arbeitsort, zum sozialen Status, zu Familienleben und Alltagsroutinen sind nur einige davon. Besondere Relevanz kommt spezifischen Orten, den „Points of Interest" zu, die der Einzelne bevorzugt aufsucht. Sie bergen potentiell besonders sensible Informationen wie Religionspraxis, Sexualleben, Gesundheitszustand oder Strafvergehen (Michael und Michael 2011, S. 122). Dass auch nur wenige Bewegungsprofile ausreichen, um wiederum die Identität von Menschen eindeutig zu bestimmen, hat in jüngerer Zeit eine Studie von Montjoye et al. (2015) unter Beweis gestellt: Aus der Datenbasis von 1,1 Mio. anonymisierten Kreditkarten ließen sich über die Orte und Zeitpunkte der getätigten Transaktionen Profile erstellen, die ausreichend waren, um 90 % aller Personen der Stichprobe identifizierbar zu machen.

Eine andere Möglichkeit im vernetzten Realraum Informationen zu sammeln und spezifisch an den Nutzer heranzutreten, ist durch *Beacons* gegeben. Ein nicht wahrnehmbares „Ultraschall-Leuchtfeuer" kann über Computerlautsprecher, moderne Fernseher oder entsprechende Geräte ausgesandt und von den Mikrofonen in Smartphones, dem vorab eine entsprechende Funktion per App installiert wurde, eingefangen werden. Der Soundschnipsel wird über mehrere Meter Entfernung ausgesandt, sobald der Nutzer den in das jeweilige Medium eingebauten Audiocode aktiviert. Der Betroffene nimmt das Beacon über das Handy auf und sendet es zurück an den Provider. Dabei werden mehrere Informationen über den Nutzer mitgesendet, die dazu genutzt werden können, das Profil des Nutzers zu verfeinern, ihn zu identifizieren, seinen Standort zu ermitteln oder direkt Werbung auszuliefern (Arp et al. 2017).

Abgesehen von der unwissenden und unbeabsichtigten Bereitstellung personenbezogener Daten setzen viele Verbraucher auch gezielt – wenngleich in häufiger Unkenntnis über die weitreichenden Auswertungsmöglichkeiten – auf eine Vermessung der eigenen Person. Dabei kommt der mobilen Datenerfassung und ihrer ortsunabhängigen Dauerpräsenz ebenfalls eine Schlüsselfunktion zu: Unter dem Begriff Selbstoptimierung oder Quantified Self entwickelt sich in großem Tempo ein Markt für spezialisierte Produkte, die Körper- und Gesundheitsdaten analysieren. Mit Hilfe der Smartphone-Sensoren und spezieller Apps oder auch intelligente Armbänder, Uhren oder Chips am und neuerdings im Körper zielt die permanente Selbstüberwachung von Funktionen des Körpers auf dessen Kontrolle ab (vgl. Andelfinger und Hänisch 2015, S. 38 ff.). Gesundheit und Wohlbefinden werden als Ergebnis einer weitreichenden Vermessung der Tätigkeiten des Alltags begriffen. Dabei helfen UV-Sensoren, Gyroskop,

Barometer oder Funktionen zur Kalorienverbrauchsmessung und Schlafüberwachung. Unabhängig vom individuellen Nutzen liegt es auf der Hand, dass die gewonnenen Daten für Arbeitgeber, Versicherungsunternehmen und die Gesundheitsbranche hohe Relevanz haben können. Entsprechend beginnen Krankenkassen damit, Tarifsenkungen für regelmäßige Selbstkontrollen anzubieten, während Unternehmen Anreize für extern auswertbare Vorsorgeprogramme schaffen (vgl. Christl 2014, S. 58). Selbst Geräte, deren Mitführung für viele Menschen unumgänglich ist, wie Prothesen und Implantate, können bereits per Bluetooth oder WLAN kommunizieren. Auch hier bietet sich dem Tracking und einer gezielten Datenauswertung ein weiteres Tor (Camara et al. 2015).

4.2 Strukturelle Veränderungen im digitalisierten Realraum: Vom Internet der Dinge zu Sentient Cities

Die Vermessung individueller Handlungen und Aktivitäten wird zunehmend auch durch Daten realisierbar, die sich aus der digitalen Vernetzung zahlreicher Alltagsgegenstände speisen. Microcontroller, also kleine leistungsfähige Computer auf Chips versetzen Elemente der physischen Umwelt in die Lage untereinander zu kommunizieren und Informationen adressatenbezogen aufzubereiten. Eine solche Verbindung geht über die bereits genannten mitführbaren Datenspeicher (wearables) weit hinaus und durchsetzt zunehmend unseren Alltag. So lassen sich Haushalte mit fernbedienbaren Heizungs-, Kühlungs- oder Wasserversorgungssystemen ausstatten, stellen sich intelligente Haushaltsgeräte auf die Präferenzen ihrer Besitzer ein (z. B. zeitgenaue Zubereitung von Kaffee, automatisierte Neubestellung von ausgehenden Lebensmitteln im Kühlschrank, geschmacksspezifische Röstungsdauer im Toaster), sorgen Sensoren bei Störungen autonom für die Alarmierung von Polizei und Feuerwehr oder richtet sich die ärztliche Versorgung an der regelmäßigen Nutzung von Messgeräten aus. Im Sinne der Kosten- und Umwelteffizienz setzt sich *Smart Metering* in vielen Haushalten zunehmend durch. Um den Energieverbrauch zu optimieren, werden Daten zum Stromverbrauch eines jeden Haushalts in Echtzeit aufgezeichnet. Dabei offenbaren die Daten allerdings nicht nur die Verbrauchskurve im Tagesverlauf, sondern lassen mitunter auch Rückschlüsse zu, welche einzelnen Geräte wann genutzt werden. Vorlieben und Gewohnheiten werden auf diese Weise haushaltsbezogen transparent (vgl. Mayer-Schönberger und Cukier 2013, S. 192). Über den Stromverbrauch lässt sich auch ablesen, wann Personen aufstehen, über die Bildschirmhelligkeit welche Filme gesehen werden (Cuijpers und Koops 2013).

4.2 Strukturelle Veränderungen im digitalisierten Realraum: Vom ...

Die Verschmelzung von Objekten der physischen Welt mit ihrer Repräsentation in der Welt der Daten zu Hybridsystemen wird vielfach als neue Revolution des Internets angesehen. Dieses „Internet der Dinge" impliziert eine Merk- und Erinnerungsfähigkeit von Gegenständen, um Informationen aufnehmen, speichern und abrufen zu können. Darüber hinaus können diese Informationen auch kontextabhängig verarbeitet werden. Bedeutsam ist, dass die Verfügbarkeit von Daten für das betreffende Objekt nicht ausschließlich von äußeren Quellen, wie etwa Informationen aus Smartphones oder von externen Anbietern abhängt. Viele Objekte sind zugleich über eigene sensorische Fähigkeiten in der Lage, Informationen selbst zu sammeln und mit der Umwelt zu interagieren. Durch die Verbindung mit zusätzlichen Objekten und Datenquellen erhöht sich das Nutzenpotenzial. Im Produktionsbereich zeichnen sich vor diesem Hintergrund Möglichkeiten eines verbesserten Prozess- und Entwicklungsmanagements ab, die zunächst nicht unmittelbar mit dem Lebensalltag des Einzelnen im Zusammenhang stehen. Allerdings beschränkt sich die intelligente Vernetzung von Produktion, Entwicklung und aller entsprechenden Komponenten nicht auf den Betrieb selbst, sondern nimmt frühzeitig Maß am Kunden. Die Vielzahl der Daten, die sich digital über verschiedene Kanäle für die Erfassung der Kundenwünsche (Produktgestaltung) oder für die vertriebs- und logistisch relevante Anzahl insgesamt als wertvoll erweisen, werden durch Hinweise über den Umgang mit Produkten angereichert: Wie und wie lange etwas funktioniert, ist im Internet der Dinge protokollierbar. Wie etwas genutzt wird und wie sich die Nutzung durch Kunden unterscheidet, ebenfalls. Die Automobilindustrie, die im Kontext von Big Data oft als Vorreiter einer Reengineering-Welle begriffen wird, führt bereits vor Augen, wie Fahrzeuge zu physischen Sammelstellen personenbezogener Daten werden. Neben Verschleiß- oder Verbrauchswerten, werden auch persönliches Fahrverhalten, zurückgelegte Wegstrecken und weitere Nutzungsdaten erfasst. Eine im Jahr 2015 durchgeführte Studie des ADAC belegt, dass selbst die Anzahl der eingelegten CDs, die Abstellpositionen des Autos oder die Anzahl der Gurtstraffungen in jüngeren Fahrzeugtypen registriert werden. Der zunehmend transparente Kunde kann in seinen Funktionen als Fahrer, Versicherungspartner oder Kreditnehmer leichter kategorisiert, angesprochen und mit gefilterten Informationen versorgt werden. (vgl. auch Elmaghraby und Losavio 2014, S. 494; Clarke und Wigan 2011, S. 145 ff.).

Weitet man das Internet der Dinge auf die Wohn- und Lebensbereiche einer Stadtbevölkerung aus, dann ergibt sich ein fließender Übergang zum Konzept einer Smart City, einer datengestützten Stadtentwicklung, die auf gesellschaftliche, wirtschaftliche und technische Innovationen abzielt. Ungeachtet der zahlreichen Varianten in der Ausgestaltung dieses Konzeptes (im Überblick Cocchia

2014), verbindet sich mit einer Smart City die Perspektive, über eine intelligente Vernetzung des Stadtraumes Lösungen für aktuelle Problemstellungen zu finden. Bereiche wie Infrastrukturverbesserung, Ökologie, Partizipation der Bevölkerung, wirtschaftliche Produktivität und öffentliche Versorgung stehen dabei weltweit im Mittelpunkt. In allen Bereichen verheißt die datengestützte Intelligenz eine gesteigerte Effizienz, Leistungs- und Wettbewerbsfähigkeit. Ebenso wird die digitale Vermessung von gesellschaftlichen Routinen im Stadtraum als wesentlicher Teil des Konzeptes begriffen. Dank der Erfassung der Wegstrecken, die für die Ausübung der Daseinsgrundfunktionen zurückgelegt werden, erscheint eine Optimierung der Verkehrsinfrastruktur möglich. Öffentliche Verkehrsangebote lassen sich mit der tatsächlichen Nachfrage synchronisieren, Passantenströme lenken und Überlastungen vermeiden (Roth et al. 2011). Auch hier kommt der Ortung der Akteure und kontaktlosen Identifizierungstechniken große Bedeutung zu: RFID-Tags ermöglichen elektronische U-Bahntickets, die gleichzeitig den Ein- und Ausstieg an bestimmten Orten protokollieren. Sensoren künden zusammen mit der GPS-Technik vom komplett überwachten und langfristig autonomen Fahren in der Zukunft. Netzwerkkameras (IP-Kameras), die mit spezieller Videoüberwachungssoftware Funktionen wie Bewegungs- oder Gesichtserkennung übernehmen, durchdringen zunehmend öffentliche Räume. Strom- und Energienetze lassen sich, ebenso wie Produktions- und Versorgungsabläufe, dank zahlreicher Sensoren zunehmend selbst regeln. Auch die Gesundheitsvor- und -fürsorge können Smart Cities durch Telemonoring und TeleCare, d. h. einer digital vermittelten Begutachtung des Gesundheitszustandes weitgehend managen. Für die Bürger bringen die Informations- und Kommunikationstechnologien neue Mitteilungsformen und geringere Beteiligungshürden, wodurch sie zu einer verstärkten Partizipation befähigt werden sollen. Weitergehend lassen sie sich selbst als Sensoren vernetzter Systeme begreifen, die jeweils individuelle Bedürfnisse an Politik und Verwaltung in Echtzeit übermitteln können (Goodchild 2007; Mostashari et al. 2011). Gleichsam ruft diese Entwicklung von unterschiedlichen Seiten Kritiker auf den Plan, die eine fehlende Transparenz darüber bemängeln, wie und vom wem die Teilnahme am städtischen Leben zukünftig definiert wird (Greenfield 2013; Townsend 2013). Nicht zuletzt sind es die im städtischen Diskurs marginalisierten und die technologisch limitierten Stadtbewohner, die in Gestaltungs- und Planungsprozessen gegenüber den technologieaffinen Stadtbewohnern, machtvollen Gestaltern und ausführenden Unternehmen an Boden verlieren (Vanolo 2014, S. 893).

In der Auseinandersetzung mit den sozialen Konsequenzen dieser neuen Entwicklung stellt sich auch die Frage nach der Verfügungsgewalt der anfallenden Daten. Während von Verfechtern des Konzeptes auf die selbstbestimmte, freiwillige und kontrollierte Abgabe persönlicher Daten hingewiesen wird, führen Kritiker die Gefahr einer marktwirtschaftlichen Datenverwertung an (Hollands 2008) und betonen die disziplinierenden Mechanismen eines neuen Kontrollregimes im Stadtraum (Sadowski und Pasquale 2015; Kitchin 2014). Die vielfach hervorgehobene Notwendigkeit eines privatwirtschaftlichen Engagements, which „…helps defray costs, solve pressing problems, and increase benefits for government, citizens, and industries" wie auch Chambers und Elfrink (2014, S. 2) in ihrem oft zitierten Aufsatz stellvertretend hervorheben, spricht zweifellos für eine wachsende Einbeziehung kommerzieller Interessen. Vergleichbar mit der privilegierten Sicht auf potenzielle Kunden und Geschäftspartner, die durch Handy- und Internetnutzung ihrer eigenen ökonomischen Berechenbarkeit zuarbeiten, verheißt eine in den Realraum eingelassene Datenerfassung ähnlichen Gewinn. Die gewaltigen Investitionssummen, die privatwirtschaftlich aufgebracht werden, speisen sich letztlich auch aus der kommerziellen Verheißung eines umfangreichen Datenabgriffs (Hollands 2015, S. 70; Vanolo 2014, S. 886).

Für das Verständnis von Raum als relationales Anordnungsgefüge bringt diese digitale Durchdringung weitere Komplexität. Um unterschiedliche Strukturmerkmale hinsichtlich des Kapitalerwerbs herauszuarbeiten, wurden Realraum und Cyberspace zunächst miteinander verglichen, ohne freilich Wechselbezüge und die Option einer gleichzeitigen Inanspruchnahme in Abrede zu stellen. Bereits ein Tweet in einer Fußgängerzone bedingt eine doppelte Handlung im Raum: Zum einen führt er – abhängig von seiner Bedeutung – zu Veränderungen im Cyberspace, auf die andere Twitter-User Bezug nehmen. Eine Übertragung in den Realraum ist leicht gegeben, sobald der Tweet dort Handlungen beeinflusst. (Ein extremeres Beispiel dafür könnte der Tweet-bedingte Absturz eines Börsenkurses darstellen, der wiederum an zahlreichen Orten der Welt zu Kapitalentzug und veränderten Handlungsbedingungen führt). Zum anderen nimmt der twitternde Nutzer im Realraum direkt auf die dortige Konstitution durch seine Anwesenheit Einfluss.

Mit der digitalen Vernetzung sozialer Güter und Menschen kommt nun noch eine weitere strukturprägende Form des Digitalen zum Tragen, die zu einer *externen Vorbestimmung* der Handlungsbedingungen führt. Mit Verweis auf Handlungsverkettungen in globaler Dimension (wieder ließe sich hier der grenzüberschreitend wirksame Tweet anführen), ist die Dualität von Raum bereits insofern abstrahiert worden, als dass Handlungsresultate und Handlungsbedingungen räumlich auseinanderfallen- und sich Handelnde in einem globalen Konstitutionsprozess verflüchtigen können. Mit der Digitalisierung wird aber die Struktur darüber hinaus nicht nur extern (mit)geprägt, sondern das Externe wird *Teil* der Struktur. Soziale Güter und auch Menschen selbst können mit Technik, Daten,

Botschaften und Anweisungen verknüpft werden. Sie können sogar zu einer Einheit verschmelzen, wie der o. g. Verweis auf Implantate verdeutlicht. Die Macht zur Konstitution des Raumes liegt hierbei nicht mehr allein bei jenen Akteuren, die im Realraum unter den dort geltenden Regeln handeln. Sie kommt zu einem wesentlichen Teil jenen Akteuren zu, die den Code der jeweils eingesetzten Technologien kontrollieren (Kitchin und Dodge 2011). Die beschriebenen Einschränkungen, eine Strukturveränderung im Cyberspace herbeizuführen, kennzeichnen damit auch den digitalisierten Realraum in wachsendem Maße. Wie für den Cyberspace schon herausgestellt wurde, geht die externe Vorbestimmung des digital erweiterten Handlungsrahmens scheinbar zunächst nicht mit einer Minderung der individuellen Möglichkeiten einher. Bieten doch im Gegenteil die unzähligen Angebote des Cyberspace und der digitalisierten Realräume viele Zusatzoptionen, deren Attraktivität ja nicht zuletzt den digitalen Lifestyle tagtäglich aufs Neue bekräftigt. Der Preis der Bezugnahme liegt lediglich in der Überantwortung spezifischer Rechte, zu denen auch die Abgabe von personenbezogenen Daten gehört.

Gegenüber dem virtuellen Raum zeichnet den digitalisierten Realraum aus Sicht der Datenverwertung eine direkte Protokollierung persönlicher Präferenzen und Eigenschaften aus, die keiner Ableitung aus getätigten Klicks mehr bedarf. Die Registrierung individueller Handlungsmuster überträgt Routinen und Präferenzen unmittelbar und unverstellt. Sie legt ein darauf abgestelltes, realräumliches Reagieren von öffentlicher, aber auch kommerzieller Seite nahe. Als entscheidende Voraussetzung einer entsprechenden Datennutzung muss das Vordringen von digitalen Erfassungs- und Verarbeitungskapazitäten in das private Umfeld angesehen werden, wie es durch den Erwerb vernetzter Konsumartikel (wie Autos, Fernseher, Wearables oder Küchengeräte) in jüngster Zeit möglich und gängig wird. Nach Schätzungen von IBM wird die Anzahl der Sensoren, die innerhalb und außerhalb von Gebäuden mit dem Internet verbunden sind, von rund 75 Mrd. im Jahr 2020 auf rund 100 Trillionen im Jahr 2030 anwachsen (vgl. Seemann 2015, S. 113). Neben Sensoren und Kommunikationsmodulen zum Empfang von Daten, kommen Aktoren, die zielgerichtete Umweltveränderungen auslösen können, wie z. B. die Aktivierung einer Beleuchtung, die Veränderung einer Werbetafel oder das Öffnen eines Eingangs. Eine Konsumentenansprache mit Produkten und Dienstleistungen, die maßgeschneidert passen, muss dann auch in einem vernetzten Realraum in Betracht gezogen werden. Gestattete bislang vornehmlich das Internet eine unmittelbare Response in Echtzeit bis hin zur völligen Anpassung der virtuellen Umgebung an den Nutzer, könnte auf lange Sicht auch der Realraum des Stadtbewohners eine Durchsetzung mit Informationstechnologien aufweisen, die nicht nur erfassen und auswerten kann, sondern darüber hinaus auch Menschen und weitere Geräte nachhaltig steuert: „What has changed the () initial conceptions of the wired city is the development of ubiquitous devices of comparatively low cost that can be deployed to sense what is happening over very small time scales – seconds and faster – as well as over very fine levels of spatial resolution. Such devices that range from purpose-built sensors to individual hand-held devices that are as mobile as those using them provide massive capability to store and transmit data that pertains to movement and activity levels across space and time" (Batty 2012, S. 191).

Unter dem Begriff der *Sentient City* wird die mit Sensoren, Kameras, Aktoren und letztendlich mit Datenwolken durchsetzte und mit autonomen Reaktions- und Steuerungsmöglichkeiten versehene Stadt bereits als soziale und politische Sphäre für die Zukunft beleuchtet (Shepard 2011; Thrift 2014). Die neuen Bedingungen die in diesem städtischen Kontext diskutiert werden, manifestieren sich in mehrfacher Hinsicht (vgl. dazu Crang und Graham 2007): Zum einen impliziert die Sentient City eine Erweiterung des Realraumes, indem physische Objekte mit virtuellen Objekten überlagert werden. Die herkömmliche Topographie der Stadt wird aufgeweicht, es kommt zu einer Umwelt, die personalisiert und in Echtzeit auf das Individuum einwirken kann. Beschilderungen, Werbung und physische Zugangsmöglichkeiten im Stadtraum wechseln in Abhängigkeit von dem identifizierten Gegenüber. Zum anderen überträgt der Mensch über diverse technische Hilfsmittel, die ihn unmittelbar umgeben, Funktionen aktiv an die Umgebung. Infolgedessen kann von einer verordneten Umwelt gesprochen werden, die Ausdruck delegierter Funktionen und Interessen ist (Amoore und Piotukh 2016). In weiterer Perspektive ist es dann denkbar, dass Algorithmen automatisiert Menschen, Orte und Objekte zusammenführen. Mit der wachsenden Fähigkeit der Computer, selber zu lernen, also der Entwicklung von *Künstlicher Intelligenz,* verlieren Korrelationen zwischen Ursache und Wirkung, Handlung und Reaktion gleichzeitig an Nachvollziehbarkeit. Konnte die Maschine im Stadtraum bislang etwa nur das wiedererkennen, was ihr von ihrem Nutzer vorgelegt wurde (z. B. biometrische Daten oder Fotos), wird sie mittelfristig selbst in der Lage sein, zu sehen und das Gesehene einzuordnen und wiederzuerkennen. Googles Visualisierungswerkzeug „Deep Dream" kann hier stellvertretend für das frühe Stadium einer Entwicklung angeführt werden, an dessen Ende jeder Mensch auf der Straße aus jeder Perspektive eindeutig identifiziert werden kann. Bei flächendeckendem Einsatz kommt dies einem Abschied von der räumlichen Anonymität, ja letztendlich vom kontrollfreien Verhalten in weiten Lebensbereichen gleich. Der mögliche Nutzen des Informationsgewinns fällt freilich nicht allein dem Betroffenen zu. Die Kapazität der Sentient City zu empfinden, bezieht sich letztendlich auf eine ebenso subjektive wie selektive Datenaufnahme und -abgabe, die den Interessen unterschiedlichster Akteure im Stadtraum entsprechen. In einer unübersichtlichen Gemengelage machen etwa staatliche Behörden, Unternehmen, Geschäfte, Privatpersonen oder Organisationen entsprechende Technologien mit unterschiedlicher Macht und Zielsetzung wirksam: „It is a highly normative process, where subjective values, legal codes and power relations are turned into software code on the base of which sentient technology decides, acts and discriminates" (de Waal 2011, S. 191). Folglich kommt der sozialen Qualität der durch „Software sortierten Räume" (vgl. Graham 2005) ein schwer fassbares Reglement zu. Kann auf der einen Seite die Hoffnung begründet werden, dass öffentliche Räume als soziale Kontaktflächen durchaus auch mit Repräsentationen marginalisierter Bevölkerungsteile bereichert werden, sehen Kritiker in der Sentient City Mechanismen einer zunehmenden Effizienz walten. Das könnte bedeuten, dass jeder Bewohner nach Maßgabe seiner Mittel und vordergründigen Interessen individuell unterschiedlich versorgt wird, also eine personalisierte Version der Stadt bezieht (vgl. de Waal 2011, S. 193; Eubanks 2018). Die Zusammenführung von Personen dürfte in dieser Sicht nach Maßgabe von Ähnlichkeitskriterien erfolgen, da auch hier die Effizienz mit einer gleichgerichteten Ausstattung und Versorgung des virtuellen oder physischen Umfeldes am größten ist. Zugleich kann unterstellt werden, dass einer solchen Sortierung mächtige Bevölkerungsteile zuarbeiten, die an der Aufrechterhaltung der Exklusivität ihrer Räume weiterhin interessiert sind (Safransky 2020).

Ein solches Spacing, dann weniger als „Errichten" denn als „Positionieren" verstanden, findet weitgehend unbemerkt statt, da die Markierungen und Besetzungen des Raumes weitgehend ohne physische Veränderung geschehen. Ihre technischen Bedingungen sind optisch unauffällig, die Daten und arbeitenden Algorithmen ebenso unsichtbar wie ihre Schöpfer. Merklich vollzieht sich die Raumkonstitution hingegen durch die veränderte Positionierung von Menschen. Ihre Zusammensetzung und die mit ihnen veränderte Atmosphäre prägen dann Wahrnehmung und Syntheseleistung in einer Weise, die den kapitalschwachen Bevölkerungsteilen dann zweifellos weniger Anschlussmöglichkeiten bietet.

Wie auch immer sich die Sentient City in den kommenden Jahrzehnten in technischer und sozialer Hinsicht ausnehmen wird, für die Gegenwart ist die Vielfalt der Datenquellen im vernetzten Alltag bereits genauso evident wie deren Potenzial für eine selektive Verwertung. Dies wird auch durch einen florierenden Datenmarkt unterstrichen, der von professionellen Datenhändlern genährt und von Unternehmen absorbiert wird.

4.3 Die effiziente Ansprache: Zur Verwertung von personenbezogenen Daten

Die privatwirtschaftliche Erschließung des „Rohstoffs Daten" teilen sich Unternehmen, die über eigene Erfassungskapazitäten online wie offline verfügen oder Daten selbst über das Angebot von Internetdiensten generieren, mit spezialisierten Dienstleistern die Daten aus dem Netz ziehen und für Dritte aufbereiten sowie mit Datenhändlern, die sich auf den Verkauf von Daten ausgerichtet haben. Alle drei Gruppen treten auf Datenmärkten auch als Käufer auf. Eine klare Trennung zwischen ihnen ist nicht praktizierbar, da die Leistungspakete vieler Anbieter sowohl die Sammlung als auch die Aufbereitung und den Handel mit Daten umfassen und diverse Analysetools selbst fachfremde Kleinunternehmen zu Akteuren im internationalen Datengeschäft machen können. Neben dem kommerziellen Datenmarktplätzen, auf denen kommerzielle Datenanbieter kommerzielle Datennutzer versorgen und weiteren Datenmarktplätzen für gestohlene Daten (Schwarzmarkt), existieren auch zahlreiche öffentliche Datenmarktplätze (im Überblick Stahl et al. 2014). Eine strikte Trennung zwischen dem Datenmanagement öffentlicher Institutionen und privatwirtschaftlichen Unternehmen ist aber ebenfalls schwer realisierbar, da sie zahlreiche Wechselbeziehungen, etwa die ökonomische Inwertsetzung von öffentlichen Statistiken und Verzeichnissen, gemeinsame Kooperationen bei digitalen Infrastrukturmaßnahmen (z. B. in der Smart City) oder staatliche Auftragsvergaben an die Privatwirtschaft unterschlagen würde.

Jede Form der neuen, digital-gestützten Informationsgewinnung baut auf einer technischen Infrastruktur auf, die die systematische Akkumulation von Daten in der oben beschriebenen Weise erst ermöglicht. Auch wenn die an der Datenverarbeitung und am Datenhandel beteiligten Akteure nicht selbst diese technische Infrastruktur geschaffen haben, sind sie doch Glied in der komplexen Kette eines datenbasierten Wertschöpfungsprozesses, der die Programmierung von Codes sowie die Festlegung des Reglements im Cyberspace und im digitalisierten Realraum letztlich mitdefiniert. Die Chance zur Monetarisierung des digital Erfassbaren wirkt auf die technische Ausrichtung zahlreicher Angebote zurück. In der Wirtschaft bereiten personenbezogene Daten insbesondere in den Produktbereichen Marketing, Personensuche und Risikoabsicherung diversen Anwendungen den Weg, die im Folgenden kurz umrissen werden sollen.

4.3.1 Marketing mit personenbezogenen Daten

Marketing, also alle absatzfördernden Maßnahmen von Produkten und Dienstleistungen, richtet sich in seiner klassischen Form auf bestimmte Zielgruppen, die im Rahmen der Marktsegmentierung selektiert werden können. Dank der undifferenzierten Zielgruppenansprache über Massenmedien müssen dabei zum Teil große Streuverluste in Kauf genommen werden. Jüngere Entwicklungen, wie die zunehmende Etablierung von Nischenmärkten gegenüber anonymen Massenmärkten, Marktsättigungen und zunehmende Verdrängungskämpfe aber auch die extreme Ausdifferenzierung der Kundenwünsche und deren hybrides Nachfrageverhalten lassen eine übergreifende, pauschale Ansprache potenzieller Abnehmer immer weniger effizient erscheinen. Erste erfolgreiche Schritte im Postversandgeschäft, mit Warenkatalogen und Prospekten zur individuellen Auswahl sowie dem Versand von Werbebriefen (Direct-Mail) wiesen bereits vor Jahrzehnten auf die Potenziale einer individualisierten Kundenansprache hin. Die heutige Digitalisierung des Alltags mit den ihm vielfach eingelagerten Optionen zur Datensammlung bietet der personenbezogenen Ansprache vollkommen neue Perspektiven. „Companies are more concerned than ever about their relationship with the customer. They see their products commoditizing and customer loyalty wilting away. Database Marketing is a systematic way to improve customer relationships" (Blattberg et al. 2008, S. 7). Unter Database Marketing versteht man allgemein die Entwicklung und Nutzung von Kundendatenbanken, um die Produktivität des Marketings durch effektivere Gewinnung, Bindung und Entwicklung von Kunden zu steigern (Blattberg et al. 2008, S. 4). Eng mit dem Database Marketing verknüpft ist das Konzept des Direktmarketings und des Dialogmarketings. Der etablierte Begriff Direktmarketing umschreibt alle Marketing-Aktivitäten, die auf eine gezielte Ansprache einer Zielperson und eine messbare Reaktion (Response) abzielen. Dabei gilt es, den direkten Kontakt langfristig anzulegen und möglichst dauerhaft zu erhalten. Persönliche Werbebriefe, E-Mails, SMS, Anrufe durch Callcenter oder auch der direkte Kontakt mit einem Vertreter sorgen dafür, dass ein direkter Kontakt zum Kunden oder Interessenten hergestellt werden kann und sich dessen Reaktionen erfassen und systematisch in Datenbanken auswerten lassen. Der in den letzten Jahren gegenüber dem Direktmarketing stärker genutzte Begriff des *Dialogmarketings* betont die längerfristige Interaktion mit der Zielperson (Holland 2009, S. 6). Die Option, sich mit dem Anbieter in Verbindung zu setzen, muss von diesem dabei aktiv verstärkt werden.

Ausgehend von einer Adresse wird im Dialogmarketing eine schrittweise Einbindung der Zielperson in die Produktwelt des Anbieters angebahnt und

4.3 Die effiziente Ansprache: Zur Verwertung von ...

eine möglichst maßgeschneiderte Versorgung mit Informationen und Produkten angestrebt. Es liegt auf der Hand, dass der Erfolg der Ansprache – und dabei geht es nicht nur um den ersten Verkaufserfolg selbst, sondern auch um die Akzeptanz der Interaktion insgesamt, das Involvement und die dauerhafte Loyalität des Kunden – ganz wesentlich von dem Wissen über den (potenziellen) Kunden abhängt. In einer an Informationen gesättigten Umwelt wird jeder zusätzliche Input nur dann von der Zielperson wahrgenommen, wenn er persönliche Relevanz verspricht. Dank intensiver Informationen über die Zielperson lässt sich die Ansprache spezifizieren. „Die nackte postalische Adresse ist heute nicht mehr so wertvoll wie früher. (...) Wert (für den Anbieter) gewinnt sie durch die Tiefe und die Breite zusätzlicher Angaben. Erst ein individuelles Profil unterscheidet den eigenen Datensatz von dem, der in anderen Datenbanken gespeichert ist" (Geiger 2014, S. 304). Dieses individuelle Profil generiert sich aus externen Informationen des Datenmarktes wie auch der Interaktion selbst. Es kann neben den genannten Angaben über Persönlichkeitsmerkmale, die finanzielle Situation oder Konsumpräferenzen auch die Erreichbarkeit enthalten, spezifische Verhaltensweisen etwa im Telefongespräch dokumentieren, und sie wird selbstverständlich auch eine umfangreiche Sammlung aller abgewickelten Transaktionen enthalten. Dem Wissen über den Verlauf aller Kontakte mit dem Kunden kommt auch deshalb ein so großer Stellenwert zu, da es für den Marketer um ein Mehrfaches günstiger ist, einen einmal gewonnenen Kunden zu halten, als einen neuen zu gewinnen. Ferner können jegliche Kundeninformationen in die Ausrichtung und Verbesserung der Produkte unmittelbar einfließen und insgesamt dazu beitragen, eine permanente Kundennähe zu gewährleisten. Gezielte Kundenansprache auf der Grundlage einer Datenauswertung steigert nach Einschätzung von Experten die Response – also die Kundenreaktion im positiven Sinne – mindestens um den Faktor fünf (vgl. Bloching et al. 2012, S. 61 f.). Die sich immer deutlicher abzeichnende Transformation von einem undifferenzierten Massenmarketing hin zu einem passgenauen Dialogmarketing und einem ebenso individualisierten Kundenbeziehungsmanagement (Customer-Relation-Management/CRM) mit umfassenden Kundendaten, lässt sich mittlerweile aus den Marketingbudgets der Firmen klar herauslesen (vgl. dazu Holland 2014, S. 13 f.).

Wird im Direkt- und Dialogmarketing die Interaktion mit einzelnen Kunden und potenziellen Interessenten betont, welche sich sowohl über virtuelle als auch realräumliche Kanäle realisieren lässt, ist das *Online-Marketing* (auch *Web-Marketing* oder Internet-Marketing) ausschließlich auf die Kommunikationswege im Netz ausgerichtet. Als Überbegriff umfasst es ganz allgemein „... die Planung, Organisation, Durchführung und Kontrolle aller marktorientierten

Aktivitäten, die sich mobiler und/oder stationärer Endgeräte mit Internet-Zugang zur Erreichung von Marketing-Zielen bedienen" (Kreutzer 2014, S. 4). Dazu gehören neben der Webseite des Anbieters unterschiedliche Formen der Online-Werbung (wie z. B. die klassische Banner-Werbung).

Hinzu kommen Werbebotschaften, die in Media-Sharing-Plattformen (z. B. YouTube oder Flickr) enthalten sein können, Online-Shops und nachgelagerte E-Mail-Werbung sowie alle Maßnahmen, die den Besuch einer bestimmten Webpräsenz über Suchmaschinen (Suchmaschinenmarketing) oder über soziale Netzwerke (Social Media Marketing) in die Wege leiten. Strategisch versuchen Anbieter in diesem Zusammenhang Einfluss auf Blogs zu nehmen, um Waren und Dienstleistungen ins Gespräch zu bringen. Sie verfolgen aufmerksam Onlinegespräche (Text Mining), versuchen in Foren und Communities Fuß zu fassen, Mund zu Mundpropaganda zu beeinflussen oder Botschaften zielgerichtet auf den Social-Media-Plattformen zu platzieren (Droste 2014; Dwyer 2009; Yadav et al. 2015).

So breit wie die Anwendungsbereiche von Online-Marketings gestreut sind, so vielfältig sind auch hier die Einsatzmöglichkeiten von nutzergenerierten und personenbezogenen Daten: Sind Internetnutzer auf einer Webseite registriert, so helfen Zusatzinformationen dabei, diese Seite in Anlehnung an die Interessen des Nutzers auszugestalten. Umgekehrt sind Listen von eingeloggten Nutzern wiederum für Dritte interessant, da ein übergreifendes Interesse identifiziert werden kann, das sich für das Marketing auch in anderen Kontexten nutzbar machen lässt.

Marketer treten an Datenhändler mit dem Auftrag einer Segmentierung heran, wobei potenzielle Kunden nach bestimmten Kriterien ausgefiltert werden. Über ein *Matching* lässt sich dann feststellen, welche Internetseiten diese Zielgruppe besucht hat und welche Segmente diese sonst teilt, um schließlich mit den vorhandenen Daten über die Zielgruppe und dem Wissen der favorisierten Internetseiten ein maßgeschneidertes Angebot zu platzieren. Mittlerweile geschieht das automatisiert in Echtzeit. Vielfach läuft die Verbindung von Internetaktivitäten des Nutzers mit der personalisierten Ausgestaltung seiner virtuellen Umgebung synonym ab. Technisch läuft diese Ansprache über Adserver, also datenbankbasierte Managementsysteme zur Pflege, Auslieferung und Verwaltung von Werbeflächen und personalisierter Botschaften. Sie gewährleisten den Werbeerfolg dadurch, dass sie die Angebote inhaltlich, zeitlich und zielgruppenspezifisch optimieren. Auf den Internetseiten wird anstelle eines feststehenden Werbebanners ein JavaScript-Code implementiert. Zeitgleich mit dem Öffnen einer Seite durch den Nutzer geht eine Anfrage an den Adserver, der aus einem Pool an Daten den geeigneten Werbebanner auswählt und ihn an den Browser des

Nutzers zur unmittelbaren Einblendung zurücksendet. Ob, wie und wie schnell auf die Einblendung reagiert wird, ist Teil der standardisierten Protokollierung.

Die auf den Nutzer zugeschnittene Auslieferung von Inhalten oder Werbung im Internet wird als *Targeting* bezeichnet. Die Zielgruppenansprache kann auf soziodemographischen Merkmalen beruhen *(soziodemographisches Targeting),* durch ortsbezogene Informationen gesteuert werden *(Geotargeting)* oder an den Interessen des Users anknüpfen *(Themen-Targeting).* Das Platzieren von Werbung auf Fremdseiten wird i. d. R. über Vermittlerprovisionen abgerechnet. Der Anbieter zahlt dem Vertriebspartner (affiliate) eine Provision für die reinen Klicks auf das Werbemittel, die Übermittlung qualifizierter Kundenkontakte oder den Verkauf *(Affiliate Marketing).* Zusammengefasst kann das Marketing mit Hilfe des Internets als ein Prozess beschrieben werden, der den Konsumenten dem Anbieter auf radikale Weise näherbringt, sowohl durch neue Methoden der Datenerfassung als auch der darauf beruhenden, passgenauen Ansprache. Die Entwicklung von der Bannerwerbung zur kontextrelevanten Werbung hin zum *Behavioural Targeting,* bei dem das Suchverhalten unmittelbar in die Zielgruppenwerbung gespeist wird, ist längst Alltag. Die Gesamtheit der erfassten Merkmale und technischen Daten des Nutzers ergibt zusammen mit der geographischen Lokalisierung mittels IP-Adresse ein dynamisches und kontinuierlich wachsendes Verhaltensprofil (vgl. Fain und Pedersen 2005; Hass und Willbrandt 2011). In jüngster Zeit wird großes Potenzial im *Social Targeting* gesehen, welches sämtliche Formen des Targeting zusammenführt und faktisch jedem User nur noch die für ihn oder sie relevante Werbung automatisiert einblendet. Für Unternehmen zeichnet sich vor dem Hintergrund derartiger Möglichkeiten eine Umkehrung der Wertschöpfungskette ab. Nahm bei der traditionellen Organisation diese in der Entwicklung vielversprechender Produkte und Dienstleistungen ihren Anfang und trat über Produktion, Marketing und Vertrieb an die mögliche Kundschaft heran, so ist diese heute Ausgangspunkt. Sämtliche Wünsche, Bedürfnisse und Anforderungen stellen dem Unternehmen einen sehr konkreten Auftrag, der stets in enger Rückkopplung mit dem Kunden zu erfüllen ist. Dafür nutzen Unternehmen und Datenhändler sämtliche Informationen für Analysen über das wahrscheinliche Kundenverhalten, die zielführendsten Marketingkanäle oder zur Optimierung des Markenbildes oder der Internetpräsenz.

Auch das stark wachsende Mobile-Marketing zählt zu einem Segment des Online-Marketings. Location-based Services schaffen die Möglichkeit, Botschaften und Angebote auf den jeweiligen Aufenthaltsort des Nutzers auszurichten. Werbeanzeigen mit gezieltem Ortsbezug sollen nach Schätzungen zwei- bis fünfmal mehr Profit generieren als ungezielte Anzeigen (vgl. Institut für Technikfolgen-Abschätzung 2012, S. 7). Eine solche Informationsstrukturierung rund um den Nutzer im Realraum impliziert für die Zukunft ein stark personalisiertes Eingehen. Werbung lässt sich über Smartphones in räumlicher Nähe zum Produkt einblenden und eine Augmented Reality liefert kommerziellen Angeboten eine unübersehbare Präsenz nach Maßgabe der bisherigen Konsumgewohnheiten (O'Mahony 2015). So existieren beispielsweise Apps die präferenzspezifisch durch einen Supermarkt navigieren (vgl. dazu Bloching et al. 2012, S. 91 ff.). Denkt man diese Entwicklung aus einer ökonomischen Perspektive weiter, dann ist eine personenbezogene Umweltgestaltung mit einer Reduzierung auf Vermarktbares denk- und absehbar.

4.3.2 Risikoabsicherung, Bonitätsprüfung und Personensuche

Viele Unternehmen machen es sich zur Aufgabe, die Identität von Personen zu überprüfen oder die Zuordnung von Personen, Konten oder Produkten zu validieren, um Ausfallrisiken minimieren und die Grundlage der geschäftlichen Interaktion taxieren zu können. Die Versicherungs- und Gesundheitsbranche greift im Kampf gegen manipulierte Abrechnungen und gefälschte Anträge ebenso auf das Portfolio der Datenhändler zurück, wie der Finanzdienstleistungssektor oder der Internetversandhandel aufgrund diverser Betrugsdelikte. Eine wesentliche Maßnahme bei der Betrugsbekämpfung liegt darin, Personen und bestehende Verbindungen zwischen Personen schnell zu identifizieren. So prüfen Datenhändler Adressen und weitere Daten auf ihre Validität oder bringen Produkte auf den Markt, mit deren Hilfe selbst die Gültigkeit einer spezifischen E-Mail-Adresse sowie alle ihr zurechenbaren Interaktionen ausgewertet werden kann (Thiruvadi und Patel 2011). Dank personalisierter Daten lässt sich vielen Kunden ein spezifischer Risikowert zuteilen, der über deren Liquidität und deren Zuverlässigkeit Auskunft gibt. Im Bereich Kreditwürdigkeit haben ausgefeilte Scoring-Modelle, die eine Vielzahl unterschiedlicher Lebensdaten in den Wahrscheinlichkeitswert andauernder Liquidität umrechnet, die alten Negativlisten von Wirtschaftsauskunftsdateien und Inkassoinstituten längst ersetzt. Bekannte Anbieter, wie etwa die Schufa im deutschsprachigen Raum, verfügen über permanent aktualisierte Daten (neben den Basisdaten auch Kontendaten, Daten von Kreditkarten, Kreditverträgen oder Zahlungsstörungen), die als Indikatoren zur Bonitätsbewertung von Privatpersonen fungieren. Das Angebot vieler Dienstleister umfasst neben der individuellen Bonitätsprüfung auch Werkzeuge, welche die zukünftige Wahrscheinlichkeit eines Zahlungsausfalls vorhersagen.

Die Berechenbarkeit und Zuverlässigkeit eines Geschäftspartners kann in Echtzeit abgerufen werden. Darüber hinaus kann ein Verkäufer sogar in Erfahrung bringen, wie es um die natürliche Loyalität und damit die Stornowahrscheinlichkeit eines Kunden bestellt ist. Weitere Anbieter nutzen auch Standortprofile und Social Media-Daten zur Bonitätsprüfung oder leiten aus der Information, welches Smartphone der Kreditnehmer benutzt und welche Apps installiert wurden, die Kreditwürdigkeit ab (Christl 2014, S. 25). Tendenziell läuft die Perfektion dieser Analyse auf eine Situation hinaus, die den ökonomischen Wert eines Kunden für jeden und jederzeit offenlegt (Roderick 2014).

Die Möglichkeit einer gezielten Suche nach Personen mit bestimmten Eigenschaften wurde bereits als wegweisende Option im Marketing beschrieben. Dabei ging es um das Zusammenbringen von Konsumpräferenzen und bestimmten Produkten oder Dienstleistungen. Die zunehmende Transparenz von Wünschen, Neigungen, Fähigkeiten, Einkommen und weiteren Merkmalen zieht aber auch das Interesse von Unternehmen und Organisationen nach sich, die einzelne Konsumenten gezielt für ihre Dienstleistungen selektieren. Zunehmend interessieren sich Arbeitgeber bei Neueinstellungen für die Internetspuren der Bewerber. Der Druck, einen makellosen Lebenslauf hinter der Papierform des Bewerbungsschreibens auch tatsächlich vorweisen zu können, steigt. Darüber hinaus gilt es, das virtuelle Abbild entsprechend zu dekorieren. Können Facebook-Profile oder Mitgliedschaften in Geschäftsnetzwerken oft firmenintern ausgelesen werden, verlangt eine darüber hinausgehende umfassendere Charakterisierung der Kandidaten oft professionelle Anbieter. Sie widmen sich dem Auffinden von Fachkräften durch datengestützte Webanalysen. In einem anderen Zusammenhang gilt es, Wettbewerber oder Entscheidungsträger ausfindig zu machen oder Akteure zu identifizieren, die andere Internetnutzer im Sinne des Auftraggebers beeinflussen können. Auch der Einzelne kann seinem Interesse an Nachbarn, Vorgesetzten oder der eigenen Familie über Anbieter nachgehen, die gegen Gebühr entsprechende Daten freischalten.

Die umfassende Vermessung von Personen und ergänzende Selbstausfünfte schaffen ferner die Möglichkeit, neue Freunde und Partner zu finden, deren Charakteristiken exakt zueinander passen. Das Geschäftsfeld der Partnervermittlung hat sich in den vergangenen Jahren stark ausgefächert und reicht von Apps, die relevante Personen im virtuellen Raum oder im Realraum sichtbar und kontaktierbar machen, bis hin zu persönlich beratenden Agenturen.

Für die Verfolgung von Personen aus strafrechtlichen Gründen und die Eingrenzung von Orten mit hoher Kriminalitätswahrscheinlichkeit machen sich Behörden digitale Daten zunutze. Greift die Polizei für die räumliche Erfassung Einzelner auf Standortdaten zurück und wird der Schutz von Gebäuden und

Personen durch Überwachungssysteme begleitet, bedarf es für die Verbrechensvorhersage (predictive policing) komplexer Analyse- und Modellierungsmethoden, die häufige Tatorte, Stadtstrukturmerkmale und sozio-ökonomische Daten der ansässigen Bevölkerung zusammenbringt (McCue 2015). Auf Sicht ist die Identifizierung von Personen nicht auf die üblichen Ausweisdokumente reduziert, sondern überführt – dank Datenbrille, Krypto-Smartphone, Mimik- oder Stress-Analysetools – Verdächtige in einen neuen Zustand individueller Transparenz. Mittlerweile versprechen Big Data-Analysten sogar eine personenbezogene Vorhersage künftiger Straftaten. Derartige Angaben legen eine stärke Kontrolle des Betroffenen nahe und implizieren eine prophylaktische Einschränkung dessen Freiheit. Unabhängig von der Polizeiarbeit werden die Instrumente einer vorausschauenden Analyse auch von privaten Wach- und Sicherheitsunternehmen genutzt, die privatisierte Räume (z. B. Shopping-Malls) wie öffentliche Räume (z. B. Großveranstaltungen) kontrollieren (González 2015a, b).

4.3.3 Weitere Geschäfts- und Tätigkeitsfelder

Die Geschäftsbereiche mit personenbezogenen Daten sind weit gestreut, ständig im Entstehen und nur in Auswahl skizzierbar. Sie kreisen stets um die Vorhersehbarkeit des Kunden, dessen Bedürfnisse und Geschäftsrisiken nicht nur erkannt, sondern zunehmend auch vorausgesagt werden können. Im Rahmen eines analytischen Customer Relation Managements bieten viele Dienstleister an, das (Kauf-)Verhalten eines Kunden zu analysieren, um daraus neue Informationen zu schöpfen und zukünftige Muster (predictive analytics) zu erkennen. Damit lassen sich dann weitere Erkenntnisse über den Kundenlebenszyklus gewinnen, neue Formen der Ansprache ableiten oder auch die Anfälligkeit für Konkurrenzprodukte ausmachen. Selbst die Ableitung der zukünftigen Liquidität von Kunden ist mittlerweile praktikabel. Personenbezogene Analysen können ferner den Kundenwert taxieren, eine Kündigungsprognose liefern oder über das typische Anlageverhalten informieren.

Jede personenbezogene Studie verheißt letztendlich weitere Erkenntnisse für eine Optimierung des eigenen Geschäftsmodells. Nicht zuletzt bedarf es eines gewissen Aufwands entsprechende Analysekapazitäten zu entwickeln, Datenbanken zu pflegen und diese grenzüberschreitend zu synchronisieren, was wiederum auf professionelle Anbieter ausgelagert werden kann.

Die Verwertung von Daten im medizinischen Bereich führt Daten der Selbstvermessung, Laborwerte und Big-Data-Analysen, Epidemiebefunde und Sozialdaten zusammen, um neue Erkenntnisse in sämtlichen Feldern der Medizin zu generieren. Nicht weniger als „... Data from all accessible levels of human existence to answer questions throughout all levels" können von Belang sein (Herland et al. 2014, S. 31). Was im medizinischen Bereich vornehmlich wissenschaftlichen Zwecken dient, spielt im Versicherungswesen den ökonomischen Interessen der Anbieter zu. Die Krankenkassen sind in der Lage, Risiken zu quantifizieren und diese frühzeitig über entsprechende Prämien abzuwälzen. Analog dazu lassen sich Wahrscheinlichkeit und Höhe einer Inanspruchnahme auch für andere Versicherungszweige berechnen. Aus den Verhaltensweisen und der individuellen Lebensführung lässt sich eine personalisierte Risikoabsicherung ableiten.

Auch die auf Komfort, Ressourcen- und Kosteneffizienz ausgelegten Bemühungen, intelligente Umgebungen zu schaffen, erfüllen zahlreiche Dienstleister, die sich auf die Inwertsetzung von personenbezogenen Daten spezialisiert haben. Während im öffentlichen Raum die Anbieter von individualisierten Dienstleistungen noch weitgehend am Anfang stehen, z. B. dem standortbezogenen Einblenden von personalisierten Informationen, gelingt es innerhalb von Kaufhäusern und Geschäften zunehmend besser, das Individuum zu verstehen und mit Produkten zu konfrontieren. Im privaten Wohnumfeld helfen die gesammelten Daten bei der Bereitstellung von Diensten, der Justierung von Raumfunktionen oder der individualisierten Ansprache. Die Kombination von künstlicher Intelligenz und einer permanenten Speisung mit individuellen Daten machen digitale Assistenten, wie Amazon Alexa, Microsoft Cortana, Apple Siri, Google Home oder Samsung Bixby, zunehmend zu verständigen Partnern, die mit höchst individuellen Ratschlägen und Informationen aufwarten werden. Stellvertretend für andere Dienste bilden sie eine Extremform einer netzgestützten Umgebung ab, deren Beschaffenheit einer Mischung aus eigenen Anliegen und deren kommerziellen Übersetzung durch den Dienstleister entspricht.

Das Internet der Dinge bringt vielfältige neue Angebote auf den Markt, die beispielsweise auf der Wandelbarkeit des physischen Produktes beruhen *(Digital Add-on)*. Das Geschäftsmodell beruht darauf, dass ein physisches Gut zunächst günstig angeboten wird und im Laufe der Zeit Dank seiner Vernetzung mit weiteren Funktionen und Zusatzleistungen gebührenpflichtig erweitert werden kann. Solche Add-on Services arbeiten einer langfristigen Bindung des Nachfragers an den Anbieter zu. Sämtliche Serviceleistungen, die etwa Haushaltsgeräte oder das Auto betreffen können, sind individuell konfigurierbar. Die Art und Dauer der Freischaltung von zahlreichen Haushaltsgegenständen wird ähnlich wie der Bezug von Filmen über Streaming-Dienstleister personalisiert abgerechnet und Versicherungsprämien für einzelne Fahrten werden sich in Abhängigkeit von der gebuchten Motorleistung spezifizieren lassen.

Der jeweilige Dienstleister wird dabei umso erfolgreicher sein, je besser es ihm gelingt, seinen Kunden zu verstehen und dessen Bedürfnisse vorherzusagen. Da der Anbieter die Nachfrage, inklusive der automatisierten Wartung und Nachbestellung *(Object Self Service)* vernetzter Produkte protokolliert, nimmt er selbst im Prozess der Datensammlung einen zentralen Platz ein. Stellt man die zielgerichtete Sammlung von Umgebungsdaten in den Mittelpunkt, die der Kunde dem Anbieter bewusst gegen eine Gebühr überlässt, ist man bei einem weiteren zukünftigen Geschäftsmodell. *Sensor as a Service* versetzt den Kunden in die Rolle des aktiven Datenlieferanten, der seine und darüber hinaus weitere Informationen seiner Umgebung sammelt und an den Anbieter weiterleitet. Mit der Verbreitung vernetzter Gegenstände als Sensoren wird der Alltag langfristig flächenhaft von Messgeräten überzogen. Grundlegend weitet sich damit auch die Möglichkeit der individuellen Ansprache aus und physische Produkte können zum Träger digitaler Verkaufs- und Marketingservices werden. Gegenstände sammeln eigenständig Treuepunkte, geben personalisierte Informationen und Werbeanzeigen über ihr Display ab oder fungieren als Verkaufsstelle, indem der von der Smartphone-Kamera erfasste Barcode in einen Online-Shop führt oder der Knopfdruck auf einen Dash-Button (z. B. der *Amazon Dash*) eine Bestellung auslöst (Fleisch et al. 2015, S. 455 ff.).

Nicht zuletzt lassen sich personalisierte Daten auch für gerichtete Nachrichten fruchtbar machen. Die personalisierte Zeitung findet sich bei Facebook, Google News oder in den zahlreichen digitalen Abonnements. Ihr auf der exakten Spiegelung von Präferenzen beruhender Erfolg kann u. a. in Werbeerlöse überführt werden oder auch einer gezielten Information dienen (Garrett 2009). Die Möglichkeit einer strategischen Informationslenkung trat im Zusammenhang mit den US-Präsidentschaftswahlen 2016 stärker in das öffentliche Bewusstsein und brachte die Praxis des Datenhändlers Facebook sowie des auswertenden Unternehmens Cambridge Analytica stark in die Kritik. Einmal mehr wurde dabei deutlich, wie die strategische Umsetzung von Wissen über die Nutzer – hier wurde die seelische Verfasstheit der Amerikaner über die fünf Hauptdimensionen der Persönlichkeit vermessen – in Botschaften umgemünzt werden kann, welche tatsächlich verfangen. Wenn, wie in diesem Fall, über zielgerichtete Informationen und Anreize eine aktive Lenkung des Verhaltens möglich ist, so ist auch bei zukünftigen Geschäftsmodellen davon auszugehen, dass der externe Einfluss auf die individuellen Handlungen wächst. Seit Jahren setzen sich Wissenschaftler mit den verschiedenen Strategien eines digitalen „Anstupsens" (Nudging) auseinander, wobei der Nutzer auf vorhersagbare Weise beeinflusst wird, ohne mit Verboten oder zusätzlichen ökonomischen Anreizen konfrontiert zu werden (Shin und Kim 2018; Hirsh et al. 2012). Voreinstellungen, eine entsprechende Präsentation des Entscheidungskontextes oder die soziale Beeinflussung durch andere Nutzer tragen in einem personalisierten Umfeld zu einer unmerklichen Lenkung des Kunden bei. Da jeder Kunde möglicherweise unterschiedliche Anreize bedarf, sind es auch hier personenbezogene Daten, die der gewünschten Reaktion zuarbeiten. Mit dem Fortschreiten der Vermessung und der Vervielfältigung der Kontexte einer zielgerichteten Ansprache greift eine extern definierte Vorgabe wirkungsmächtig in den Alltag ein. „Because of the ubiquitous digitalization of our private and professional lives, digital nudging will soon extend to other application areas as people will use digital devices to make decisions in more situations and sectors, and the devices themselves will diversify in form and function" (Weinmann et al. 2016, S. 435).

Wie auch bei anderen Formen einer individuellen Selbstkontrolle, (sei es durch Vorgaben des Fitnesstrackers zum Erreichen von Kassentarifen, durch eine definierte Risikoaversion im Fahrverhalten zur Erlangung einer attraktiven Versicherungsprämie oder dem Erwerb von Gratifikationen über den Download von Beacons), leiten sich Individuen selbstständig zu einem geschäftskonformen Verhalten an, ohne dass es weiterer persönlicher Interaktion noch bedarf. Vielmehr tritt das Subjekt mit seiner Vielschichtigkeit hinter eine Datenkompilation zurück, deren kommodifizierbare Merkmale von der Wirtschaft nun selektiv angesprochen werden können. Die Reduzierung des Nachfragers allein auf dessen geschäftsrelevante Komponenten und die exakte Metrisierung dieser ist in den unterschiedlichsten Verwertungszusammenhängen mit einer erheblichen Effizienzsteigerung, einer Offenlegung der bestehenden Geschäftspotenziale und einer weitgehenden Planbarkeit verbunden. Interessen lassen sich im Spielraum ihrer graduellen Veränderbarkeit unmittelbar bedienen, das „Passende" direkt zusammenführen. Diese Verwertungslogik gilt es im Folgenden genauer zu betrachten.

4.4 Realraum und Cyberspace im personalisierten Zusammenspiel

Mit dem zunehmenden Wissen über den Kunden wird es den informierten Dienstleistern leicht gemacht, diesen als Datensubjekt gezielt anzusprechen. Wie beschrieben, weist diese Ansprache in Anbetracht der Vielfalt datenbasierter Verwertungszusammenhänge zwangsläufig unterschiedliche Formen auf. Sie kann realräumlich oder im Virtuellen erfolgen aber auch als Mischform im digitalisierten Realraum stattfinden. Sie kann eine unmittelbare Übersetzung der Datenerfassung darstellen, wie es beispielsweise die Sentient City in einer Extremform zeigt, oder auf Daten Bezug nehmen, die über einen größeren Zeitraum vorab zusammengestellt wurden. Auch hier sind Mischformen gängig, wenn auf der Basis gesammelter Daten (beispielsweise über die Kundenkarte) eine unmittelbare Kundenansprache (z. B. personalisierte Displaywerbung in einem Geschäft) erfolgt. Die verschiedenen Wege mit digital gespeichertem Wissen an den Kunden heranzutreten, laufen in der Gemeinsamkeit zusammen, dass die Person vorab in potenziell kommodifizierbare Einzelmerkmale übersetzt wird. Nicht die komplexe Persönlichkeit einer Zielperson gilt es zu erfassen, sondern vornehmlich jene Eigenschaften, die für ein potenzielles Geschäft relevant sind. So taxiert der Kreditgeber die Bonität des Kreditnehmers weniger am persönlichen Auftreten seines Gegenübers, als dass er seine Angebote an den exakten Items vorliegender Datenbestände ausrichtet. Der Online-Verkäufer adressiert vornehmlich Produkte, die den identifizierten Konsumpräferenzen des Kunden ähneln, als dass er sich für andere personenbezogene Eigenschaften interessiert, und der Werbetreibende richtet seine Angebote stärker an den spezifischen Vorlieben des Nutzers als an allgemeinen Trends aus.

Betrachten wir zur Konkretisierung zunächst die virtuelle Übersetzung von Daten in Cyberspace-Angebote, wo eine Ansprache auf der Grundlage von Nutzereigenschaften unmittelbar und in Echtzeit vorgenommen werden kann. Die erwähnte Ansprache über Adserver ordnet Internetseiten mit unterschiedlichen Seiteninhalten verschiedenen Zielgruppen zu, um das passende Banner einzublenden. Was passend ist, leitet sich aus einer oder mehrerer Eigenschaften ab, die aus dem Pool aller Personen, bzw. deren IP-Adresse gesiebt werden. Entsprechend erscheint die Werbung „Golf-Urlaub" für die Zielgruppe „Männer über 50" auf einer anspruchsvolleren Nachrichtenseite, während das Erfrischungsgetränk für Kinder in ein Online-Spiel implementiert wird. Die Uhrzeit der Einblendung oder der regionale Bezug lassen sich ebenso auf den Besucher abstellen. Mit Hilfe eines semantischen Targetings, das den Nutzer ausschließlich in relevanten redaktionellen Kontexten anspricht, wird die Ansprache in jüngerer Zeit weiter spezifiziert. Auch die Entwicklungen innerhalb der Seiten, wie Kommentare von Lesern, sind mittlerweile auswertbar (Aaltonen und Tempini 2014, S. 103 ff.).

Stehen hier die erfassten Einzelmerkmale oder Merkmalsbündel und Typen im Zentrum, die zu einer spezifizierten Adressierung führen, spielt in anderen virtuellen Räumen die Ableitung aus dem beobachteten Verhalten vieler anderer Nutzer im Mittelpunkt und gewährleistet die individuelle Zuschreibung: Wenn sich für viele Konsumenten nachweisen lässt, dass auf die Nachfrage von X,

4.4 Realraum und Cyberspace im personalisierten Zusammenspiel

die Nachfrage von Y folgt, lassen sich auch für den aktiven Nutzer mit entsprechenden Verhaltensmustern Vorhersagen treffen. Dieses kollaborative Filtern erlaubt für Verkaufsartikel Rückschlüsse über die Wahrscheinlichkeit eines Zuspruchs. Der Hinweis „Das könnte Sie auch interessieren" ist nicht nur zentraler Bestandteil im Geschäftsmodell von Amazon, Netflix oder Google News, sondern im Netz allgegenwärtig.

Soziale Netzwerke wie Facebook sortieren die Fülle der Nutzerinformationen aus ihrem Universum in Datenbanken ein, zu denen Werbetreibende global Zugang erhalten. Nach diversen Kriterien (z. B. Standort, Alter, Geschlecht, Sprache, Interessen und Verhalten) lässt sich die Zielgruppe definieren und auf der Facebook-Seite passgenau ansprechen. Für Unternehmen lassen sich maßgeschneiderte Zielgruppen mit Hilfe von Kundenlisten, Website-Traffic oder App-Aktivitäten aussieben, die das Unternehmen bereits kennen. Die Werbung kann je nach Wunsch dann in unterschiedlicher Weise eingebettet (Desktop News Feed, Mobiler News Feed, rechte Spalte und Audience Network) und zeitlich gesteuert werden. So wird der Nutzer zu einem definierten Zeitpunkt am Desktop-Rechner oder mobil mit einer Botschaft konfrontiert, die sich mit dem für ihn relevanten Themenspektrum und spezifischen Vorlieben deckt.

Der Cyberspace verfügt in allen drei Fällen über die Eigenschaft, sich dem jeweiligen Nutzer individuell anzupassen, wobei die für die Bezugnahme relevanten Merkmale jeweils vom werbetreibenden Unternehmen festgelegt werden. Die unterstellte Angebotsbreite, die den Cyberspace gegenüber dem sozial segmentierten und vergleichsweise schlecht passierbaren Realraum qualifizierte, büßt durch die Auskleidung mit persönlich gerichteten, kommerzialisierbaren Inhalten an Vielfalt ein. Obgleich diese Auskleidung keineswegs sämtliche Inhalte vereinnahmt, ist sie doch auf den meisten Seiten in unterschiedlichen Formen präsent und als solche auch nicht immer erkennbar. Mit der Hinwendung zum Native Advertising ist die aktuelle Entwicklung beschrieben, Werbebotschaften unauffällig in Texte, Videos, Blogs und Feeds zu integrieren. Je nach Kanal lässt sich das Layout der Botschaft exakt an das Umfeld angleichen. Die Suggestion des vertraut Glaubwürdigen lässt Kommerzielles und Öffentliches, individuell Gerichtetes und allgemein Relevantes miteinander verschmelzen (Schauster et al. 2016).

Wenden wir den Blick vom Cyberspace auf den Realraum, dann wird deutlich, dass letzterer im Wechselspiel mit virtuellen Datenspeichern ebenfalls in personalisierter Form auf sich aufmerksam machen kann. Schon aus der Zusammenstellung der verschiedenen Erfassungsmethoden und der Skizzierung der vernetzten Stadt ging hervor, dass eine strikte Trennung der beiden Räume unter dem Aspekt der Datengenerierung nicht sinnvoll ist. Ein solcher Dualismus unterschlägt die zahlreichen Verknüpfungen von digitalen und analogen Quellen, die gerade im Wechselspiel eine gegenseitige Anreicherung ermöglichen. Gleichsam erfahren die erhobenen Daten vielfach in der Verknüpfung beider Räume ihre eigentliche Inwertsetzung. So gelangen beispielsweise mit den Standortbezogenen Diensten (Location-based Services) physische Orte und Wegstrecken des Nutzers als wertvoller Datenzusatz in die Datenbank des Anbieters. Die zusätzlichen Möglichkeiten, Kundenwissen selbst in sensiblen Bereichen, ja sogar zur Vorhersage individueller Verhaltensmuster anzureichern, lassen sich auf diesen Datensatz beziehen (vgl. auch die Beispiele von Michael und Michael 2011; Cheung 2014; Michael und Clarke 2013). Auf der anderen Seite verlassen diese Daten umgekehrt den virtuellen Raum und dessen Verarbeitungskapazitäten, um im physischen Realraum in Wert gesetzt zu werden. Viele Bereiche der Vermarktung und der personenbezogenen Dienste, die oben angesprochen wurden, gewinnen durch den Zustrom standortbezogener Daten erheblich an Effizienz. Was durch Klicks und Einträge in der virtuellen Welt noch als unscharfes Nutzerprofil gilt, wandelt sich durch ein realräumliches Tracking auf der Basis von Handydaten oder wearables zu umfänglicher Prägnanz. Jemand, der häufig die Baumärkte seiner Stadt frequentiert, bietet sich in der Datenbank als potentieller Kreditnehmer oder Leser von Online-Artikeln mit Heimwerker-Bezug an. Wer in teuren Stadtvierteln wohnt oder dort häufig geschäftlich unterwegs ist, könnte für hochpreisige Produkte affin sein. Nachrichten und tweeds reflektieren noch stärker das Wohnumfeld des Einzelnen, dessen Besuche von Single-Treffs wiederum die Annonce in einer digitalen Partnerbörse aussichtsreich machen.

Wenn die virtuell gewonnenen und/oder realräumlich abgeleiteten Items über jeden Einzelnen einen Korridor persönlicher Lebensinhalte und Vorlieben abstecken, dann ist die Ansprache innerhalb dieses Korridors für den Erfolg einer Transaktion zielführend. Aus Sicht des Anbieters ist die direkte Übersetzung von Präferenzen und Möglichkeiten in Produkte und Dienstleistungen am wahrscheinlichsten, wenn beide miteinander korrespondieren. Bei bekannten Konsummustern haben jene Anbieter bei jeder einzelnen Person das größte Interesse, bei dem das Produkt, die Botschaft oder Dienstleistung potenziell am stärksten verfängt. Folglich dringt eine stark gefilterte Auswahl mit einem spezifischen Inhalt zur jeweiligen Zielperson vor – eine Auswahl die dem Betroffenen „Fremdes" tendenziell vorenthält.

In diesem Zusammenhang dienen die Location-based Services über ihre Datengenerierung hinaus auch der Optimierung des Geschäftsumfeldes. Da Orte und ortsbezogene Tätigkeiten bekannt sind und Datensammlern in Echtzeit übertragen werden, ist eine gerichtete vor-Ort-Ansprache realisierbar, die an den Dispositionen der Zielperson ausgerichtet ist. Geofencing beschreibt das automatisierte Auslösen einer Aktion in einem vordefinierten Raumausschnitt. Passende Produkte und Dienstleistungen erscheinen dort, wo man sich gerade aufhält, und sie werden auf eine Weise angeboten, die einem zusagt.

Gelingt anlog zur fortgeschritten Ausgestaltung des Internets die realräumliche Restrukturierung nach kommerziellen Kriterien, dann paust auch diese jene Persönlichkeitsmerkmale ab, die bereits über den Einzelnen bekannt sind. Einen solchen Schritt haben bereits *Augmented Reality-Anwendungen* vollzogen. Indem sie individuell Relevantes einblenden, schaffen sie hybride, personalisierte Welten (Gong et al. 2017). Die gängigen Anwendungen, die über Tablets, Mobiltelefone oder Datenbrillen derzeit genutzt werden, lassen freilich den einzelnen Nutzer entscheiden, mit welchen Repräsentationen des Raumes er oder sie konfrontiert werden will. Liao und Humphreys beschreiben in ihrer Studie zu der verbreiteten Applikation „Layar", dass ihre Nutzung ein Gefühl von Souveränität und Gestaltungsfreiheit vermittelt. Der Raum kann mit vielen Geschichten an einem physischen Ort gleichzeitig bespielt werden, ohne dass Macht und Exklusion eine Rolle spielen (Liao und Humphreys 2015). Schließlich bedient sich jeder Nutzer seiner eigenen virtuellen Layer, die er über den physischen Stadtraum legen kann, ohne die Layer anderer zu beeinflussen. Diesem neuen demokratischen Reservoir zur „Enthierarchisierung von Räumen" (vgl. dazu auch See et al. 2016) wird von kritischer Seite entgegen gehalten, dass sich auf lange Sicht auch im erweiterten Realraum machtvolle Akteure einnisten werden. Ihre ökonomischen oder ideologischen Interessen könnten auf eine weitere Form zur Akquise personalisierter Daten und eine neue Vorherrschaft in der narrativen Ausgestaltung abstellen (Crang und Graham 2007). Ein entsprechendes Engagement von Unternehmen lässt sich in jüngster Zeit zumindest im Bereich der Werbung und im Marketing immer stärker erkennen (Liao 2015).

Unabhängig von den künftigen Möglichkeiten der Einflussnahme ist erkennbar, dass die Chance zur individuellen Raumaneignung, zum gleichzeitigen Nebeneinander von Raumbildern und Geschichten dem Einzelnen möglicherweise neue Freiräume bietet. Wie diese Freiräume aber konkret ausgestaltet werden, muss sich noch zeigen. Sind sie nicht von bildenden, instruktiven Inhalten weiterer Nutzer durchdrungen, generieren sie zu Kapseln einer individuellen Raumgestaltung, die von der Hermetik der eigenen Dispositionen gekennzeichnet ist. Ähnlich führen Anwendungen wie Google Earth oder Bing Maps die Möglichkeiten der Raumerweiterung vor Augen, zeigen aber auch dass der prinzipiellen Grenzenlosigkeit des „Konsumierens von Orten" (Urry 1995) sowohl das (individuell unterschiedlich) begrenzte Interesse als auch die Ablenkung durch spezifische Hervorhebungen (z. B. Hotels, Geschäfte, der eigene Wohnort) gegenüberstehen. Sind letztere auf mittlere Sicht mit einer Personalisierung versehen, steigt die Gefahr einer Selbstzensur, welche Bekanntes gewichtet und Fernes aus den Augen geraten lässt. Location-based Services und eine erweiterte Realität können zu einer solchen Regulierung noch zusätzlich beitragen, weil sie über die Repräsentationsthematik im Virtuellen weit hinausgehen. Sie integrieren den physischen Ort und die sozialen Kontakte. Sie erlauben den Nutzern „… to make inscriptions that have the power in the world and that operate as both personal and social gazetteers, providing a layer of information to maps that is personally relevant as it records experience of those places from personal perspective, and as an inscription which others can follow and base their navigational decisions upon when moving through public places" (Evans 2011, S. 249). So wächst das Potenzial zur Kommunikation mit dem Bekannten.

Für die Auseinandersetzung mit der Sozialisationsrelevanz von Internet und Big Data ist insgesamt festzuhalten, dass das mehrfache Ineinandergreifen von Realraum und virtuellem Raum, sei es durch Location-based Services oder durch Kameras, Sensoren und Aktoren im Stadtraum, welche wiederum die Datenbanken im digitalen Raum speisen, die Möglichkeiten einer personalisierten Datenerfassung und Ansprache exponentiell wachsen. Je weiter moderne Netzwerktechnologien in den Alltag des Einzelnen vordringen, desto wahrscheinlicher wird die Konfrontation mit Versatzstücken und Lebensinformationen von sich selbst. Entscheidend ist, dass diese Konfrontation zum einen unmerklich geschieht und ihr Zeitpunkt nicht taxierbar ist. Zum anderen findet sie tendenziell überall statt, da personalisierte Daten den virtuellen Raum längst verlassen haben und online wie offline gleichermaßen durchsetzen können. Warum welche Prospekte im Briefkasten aufgrund welcher Internetaktivitäten landen, warum die Anzeige auf dem Smartphone an einem bestimmten Punkt im Stadtraum erscheint und inwiefern eine online getätigte Versicherung in Abhängigkeit von der angegebenen Wohnadresse teurer oder billiger ist, lässt sich für den Einzelnen so wenig rekonstruieren wie die Arbeit der Algorithmen der großen Internetkonzerne.

4.5 Verspiegelte Räume

„Eine Welt, die nur aus Bekanntem besteht, ist eine Welt, in der man nichts lernen kann. Wenn die Personalisierung zu streng und genau ist, enthält sie uns überwältigende, bewegende Erfahrungen und Ideen vor, die uns die Welt und uns

4.5 Verspiegelte Räume

selbst mit anderen Augen sehen lassen." Eli Pariser (2012, S. 23) hat mit dieser Kernaussage früh die einengende Wirkung einer personalisierten Datenverwertung umrissen, die dem Internetnutzer dauerhaft eine eingeschränkte und vorselektierte Auswahl an Informationen zur Verfügung stellt. Der von ihm populär gemachte Begriff der „Filterblase" beschreibt einen personalisierten Cyberspace, der die algorithmisch gesammelten Daten über jeden Einzelnen in Informationen und Angebote übersetzt, die dem Nutzer möglichst nah und eingängig sind. Auf der Grundlage ermittelter Präferenzen lassen sich Menschen mit Informationen verbinden, die sie wahrscheinlich interessieren, mit Anreizen ködern, die bereits funktioniert haben und mit Produkten konfrontieren, die individuell verfangen. Indem diese virtuellen Offerten leichter zugänglich werden als andere, kommt es zu einem personalisierten Strom von Inhalten, die den Nutzern in der Filterblase immer weniger Alternativen und Auswahl bieten. Die Filterblase oder Echokammer gleicht einem *verspiegelten Raum*, der das Eigene betont und Fremdes aussperrt. Die gewählte Analogie zum Spiegel bringt die Selbstbezüglichkeit des Betrachters zum Ausdruck, wie sie im Cyberspace über die außengesteuerte *Übersetzung des persönlich Relevanten* erzwungen wird. Die Umgebung wird zum Abbild des Eigenen. Da lediglich die eine vorliegende Version des Internets bezogen wird, fällt dem Nutzer nicht auf, was ihm entgeht. Tatsächlich unterscheiden sich jedoch in algorithmisch kuratierten Informationsumgebungen die Trefferlisten bei Suchanfragen ebenso, wie die inhaltliche Zusammenstellung auf der Eingangsseite des sozialen Netzwerkes oder die gebotene Werbung am Rande eines Artikels.

Pariser und viele nach ihm, haben vor diesem Hintergrund immer wieder die Frage aufgeworfen, was die eingeengte Weltsicht für den gesellschaftlichen Zusammenhalt und das politische System bedeutet, wenn übergreifende Themen verloren gehen und das Ringen um Lösungen im demokratischen Diskurs ohne geteilte Grundinformationen auskommen muss (Bozdag und van den Hoven 2015; Spohr 2017). An die Stelle der Öffentlichkeit treten abgeschlossene Communities, deren Mitglieder sich innerhalb ihrer Filterblase in wechselseitiger Selbstversicherung von abweichenden Realitäten systematisch abkapseln. In der „Balkanisierung des Cyberspace" liegt dann die Gefahr einer vielfachen Spaltung der Gesellschaft begründet, die langfristig nicht mehr in der Lage ist, sich auf grundsätzlich Relevantes zu einigen oder überhaupt über die gleichen Dinge kommunizieren zu können. Allein auf diese Herausforderung abstellend nehmen sich die empirischen Befunde zur Filterblase bislang noch unterschiedlich aus: Die Untersuchung von Zuiderveen Borgesius et al. (2016) hebt zwar die wachsende Relevanz der Debatte um Filterblasen hervor, kommt aber zu dem Ergebnis, dass es bislang keine empirischen Hinweise gibt, die eine starke Sorge um Filterblasen rechtfertigen (Zuiderveen Borgesius et al. 2016, S. 10). Auch die großangelegte Untersuchung von rund zehn Millionen US-Facebook-Nutzern, die Bakshy et al. (2015) vornahmen, zeigt auf, dass weniger das algorithmische Ranking als die persönlichen Entscheidungen zur ideologischen Abgrenzung führten. Konträr dazu konnten von anderen Wissenschaftlern ideologische und parteibezogene Blasen in Twitter-Diskussionen (Colleoni et al. 2014; Barberá et al. 2015; Boutyline und Willer 2017) und in Facebook-Gruppen (Jacobson et al. 2016) ausgemacht werden. Dylko et al. (2017) wiesen nach, dass die algorithmische Kuratierung bei sozialen Netzwerkdiensten wie Facebook durchaus die Auseinandersetzung mit meinungsverstärkenden Inhalten begünstigt und kognitive Dissonanzen durch den unaufdringlichen Betrieb der Algorithmen besonders effektiv reduziert werden können. Ebenso deutlich stützen Schmidt et al. (2017) die These eines selektiven Nachrichtenkonsums. Sie analysierten, wie oft, wie lange und mit wem 376 Mio. Facebook-Nutzer zwischen 2010 und 2015 die Meldungen von 920 Medien aus aller Welt teilten. Sehr deutlich kommt in ihrer Analyse zum Vorschein, dass die meisten Facebook-Nutzer nur mit wenigen Nachrichtenquellen interagieren und bevorzugt die Meldungen dieser Portale mit Freunden teilen. Die Inhalte und Ausrichtung dieser Portale decken sich häufig mit den Einstellungen der beteiligten Community. Der extremen Vielfalt der Angebote im Cyberspace trotzend bewegen sich die Nutzer in selbstgewählten Clustern: „Despite the wide availability of content and heterogeneous narratives, there is major segregation and growing polarization in online news consumption" (Schmidt et al. 2017, S. 3038).

Von Seiten der Psychologie lässt sich die Vermeidung kognitiver Dissonanzen, d. h. der Wunsch des Menschen seine unterschiedlichen Kognitionen, wie Wahrnehmungen, Gedanken oder Einstellungen, miteinander widerspruchsfrei in Einklang zu bringen als eine allgemeine Erklärung für die Genese von Blasen heranziehen. Doch erst der Cyberspace und dessen algorithmisch kuratierten Angebote erlauben es dem Menschen andere Wirklichkeiten in konsequenter Systematik zu verbannen. Der Selbstdefinition über die getätigten Klicks folgt eine virtuelle Umgebung, die wiederum zur *rekursiven Nutzung* auffordert. Die Tendenz, jene Nachrichten gezielt auszuwählen, die die eigene Meinung und Einstellung reflektieren („selektive exposure"), bekommt im Internetzeitalter eine doppelte Wirkrichtung, indem nun nicht mehr allein der Nutzer auf die Information zugeht, sondern die Information auch passgenau zu dem Nutzer kommt. Dass letzteres auf der Grundlage eines umfassenden Trackings und Targetings möglich und alltäglich geworden ist, haben die voranstehenden Abschnitte deutlich gemacht.

4.5 Verspiegelte Räume

Während sich die Befunde mehren, dass Informationsblasen im Cyberspace Wirkung zeigen und mit ihr verbundene Themen (wie Fake-News, Wahlmanipulationen und gesellschaftliche Entsolidarisierung) Eli Pariser in zahlreichen Feuilletons Aktualität bezeugen, bleiben die sozio-ökonomischen Implikationen der Filterblase noch weitgehend unbeschrieben. Für eine Bewertung der neuen Handlungsoptionen im Cyberspace ist die in ihm angelegte Selbstbezüglichkeit für den sozialen Aufstieg jedoch überaus relevant: Die von privatwirtschaftlicher Seite zur Verfügung gestellten Räume übersetzen den Nutzer in personalisierte Angebote und Informationen. Die vordergründig kostenlos zugänglichen Strukturen im Cyberspace werden Klick um Klick mit der eigenen Transparenz beglichen, wodurch Kommerzialisierbares immer enger an das Wesen des Einzelnen herangetragen wird. Der Nutzer sieht sich in den verspiegelten Räumen des Cyberspace vornehmlich selbst. In wachsendem Maße wird er mit Angeboten, Informationen und Kontakten konfrontiert, die seinen bekannten Präferenzen gleichen.

Dass das „Bekannte" den Nutzer leichter erreicht und als feste Zuordnungsregel in die algorithmisch kuratierte Raumgestaltung eingelagert ist, kann auf unterschiedliche Gründen zurückgeführt werden: Im Zusammenhang mit dem digitalen Habitus (Abschn. 3.3) wurde bereits die Schwierigkeit zur milieufremden Aneignung digitaler Inhalte unterstrichen. Das Betreten unvertrauter, schwer antizipierbarer Umgebungen im Internet setzt einen größeren Aufwand voraus als das Beharren in der persönlichen Komfortzone. Wie beschrieben, würde man den Chancen auf Kapitalerwerb aber nicht gerecht werden, wenn man die Tendenz zum Beharren übergewichtet. Mit einem entsprechenden Willen, mit Motivation und nicht zuletzt einer Anleitung, beispielsweise durch Bildungsinstitutionen, liegt der Ressourcenzugang im Cyberspace prinzipiell offen. Bei wachsender Transparenz des Kunden wird dieser Zugang jedoch vernebelt, indem der Cyberspace als Abfolge von virtuellen Räumen nicht in seiner starren Struktur verharrt, sondern sich dem Nutzer stets in gewandelter Form neu anbietet. Aufgrund seiner Fähigkeit, sich das sozial Vertraute des Nutzers zum Inhalt zu machen, wird die Wahrscheinlichkeit des Beharrens im Vertrauten erhöht. Im verspiegelten Raum wird das Eingängige nach außen gekehrt.

Zahlreiche Untersuchungen belegen die erhöhte Effizienz jener Botschaften, die an den Persönlichkeitsmerkmalen der Zielperson ausgerichtet sind (im Überblick Hirsh et al. 2012). Da die Botschaften im Cyberspace wiederum im Kontext der Aktivitäten des Nutzers stehen, lassen sich die angefragten Seiten mit spezifischen Reizen versehen, die den nächsten Schritt im virtuellen Raum wiederum wahrscheinlicher machen. Durch ein *Priming* via Bild, Ton oder Sprache kommt es zur Aktivierung impliziter Gedächtnisinhalte, womit Gefühle und das nachfolgende Verhalten gezielt beeinflusst werden. Analog dazu lassen sich die Offerten des Cyberspace von *Framing-Effekten* begleiten, wobei bei gleichem Inhalt unterschiedliche Formulierungen einer Botschaft das Verhalten des Nutzers unterschiedlich beeinflussen können. Der aufgesuchte virtuelle Kontext, der die spezifischen Interessen des Nutzers reflektiert, lässt sich dann gezielt mit bestärkenden Inhalten auskleiden (Wu und Cheng 2011).

Die Affinität des Nutzers Vertrautes abzurufen, lässt sich psychologisch auch mit dem *Mere-Exposure-Effekt* erklären. Demnach führt die wiederholte Darbietung einer Gegebenheit zu Sympathie und einer positiveren Bewertung. Der Effekt lässt sich dazu heranziehen, um bestehende Konditionierungen des Nutzers als Erklärung für die Nachfrage bestimmter Inhalte einzusetzen. Prägungen aus der Vergangenheit schlagen sich auf den Zuspruch des heute Gebotenen nieder. Auf dieser Grundlage lässt sich das Wissen auch strategisch für die Aufbereitung der Botschaft nutzen. Die Wiederholungen einer Werbung können dazu dienen, dass die beworbenen Inhalte vom Konsumenten positiv wahrgenommen werden. Dies funktioniert umso besser, je stärker der betreffende Reiz gemocht und mit angenehmen Gefühlen verbunden wird (Felser 2015, S. 81 ff.).

Bezogen auf die sozialen Ausstiegschancen impliziert die personalisierte Struktur des Cyberspace erhebliche Einschränkungen. Der Erwerb von kulturellem und sozialem Kapital wurde mit der Überwindung von Ortseffekten, mit der Chance auf Partizipation verbunden. Ihr stehen in einem hierarchisch konstituierten Realraum die physische Unzugänglichkeit und Entfernung, die fehlende Wahrnehmung und die soziale Distanz zur Zielgruppe im Wege – Hürden die der Cyberspace in Teilen zu beseitigen scheint. Bei genauerer Betrachtung wandeln sich die verfügbaren Offerten der digital vermittelten Angebotsstruktur nun in personalisierte Offerten, die sich reflexiv am Bestehenden bedienen: Wer ein Lied auf Spotify oder ein Video auf Youtube abruft, erhält Vorschläge, die sich an das bereits Verwendete eng anlehnen. Wer Kleidung bei Amazon bestellt hat, wird mit neuen Angeboten auf den gleichen Stil verwiesen. Das einmal gezeigte Interesse an einem Produkt gestaltet fortan in Varianten die virtuelle Umgebung und die automatische Worterkennung des Displays reformuliert selbstlernend das, was der Nutzer in der Vergangenheit ausgegeben hat. In dieser Wirkungslogik wird die Gelegenheit zum Bezug aufstiegsrelevanter Ressourcen strukturell erschwert. Es ist nun nicht mehr allein der im Habitus angelegte Relevanzfilter, den es in einer scheinbar hierarchiefreien Umgebung zu überwinden gilt. Es ist vielmehr die Fähigkeit weiter Bereiche des Cyberspace, sich diesem Habitus exakt anpassen, ihn spiegeln zu können, was alternative sowie instruktive Erfahrungs- und Bildungskontexte in den

4.5 Verspiegelte Räume

Hintergrund geraten lässt. Die Serendipität, die zufällige Entdeckung von etwas nicht Gesuchtem, persönlich Weiterführendem, wird im Prozess der digitalen Sozialisation unwahrscheinlicher. Ob Kultur- und Freizeitangebote, politische Diskurse, relevante Nachrichten oder neueste Konsumtrends, sie alle sortieren sich im Cyberspace nach der in Datensätzen abgespeicherten Affinität spezifisch. Sie nehmen Bezug auf die kontextuellen und kompositorischen Faktoren im Sozialisationsprozess und greifen sie erneut auf.

Dieses rekursive Moment muss auch den Erwerb von Sozialkapital kennzeichnen: Ein erster Login bei Facebook ordnet dem Nutzer in kürzester Zeit zahlreiche Personen zu, die dieser in der Vergangenheit in der Schule, am Wohn- oder Ausbildungsort kennengelernt hat. Die in Abschn. 3.2 betonte Chance zur Pflege des Sozialkapitals (u. a. Steinfield et al. 2008; Ellison et al. 2011) trägt im verspiegelten Raum des Cyberspace nun den Makel, dass die algorithmisch gesteuerte Auswahl sich weitgehend auf jenen sozialen Kontext bezieht, der den Nutzer bereits in der Vergangenheit prägte. Auch die diesen Personen zuzuordnenden Kontaktfelder und die im Netz algorithmisch kommunizierten Orte, die zur Anbahnung von weiteren Kontakten dienen könnten, erscheinen häufig im Spiegel der Nutzereigenschaften. Ohne sich einzuloggen verrät bereits die IP-Adresse den aktuellen Standtort des Nutzers und spielt daraufhin spezifische Informationen aus. Die Einstellungen des Kartendienstes erfolgen ortsbezogen, ausgewählte Einkaufsvorschläge und Ereignisse verweisen insbesondere auf den bekannten Realraum, und Reiseempfehlungen sind entlang der einst bekundeten Interessen ausgerichtet. In der Wahrnehmung kapitalschwacher Bevölkerungsteile taucht das Bildungsangebot Theater im personalisierten Cyberspace dann ebenso ab, wie der erwähnte Platz im Stadtzentrum oder der exklusive Urlaubsort einer kapitalstarken Elite, obwohl eine erkundende Annäherung im Virtuellen nun nicht mehr durch physische Distanzen oder soziale Distinktionsprozesse beeinträchtigt wird. Stattdessen verlieren die virtuellen Gelegenheitsräume individuell an Wahrnehmbarkeit. Fatalerweise sorgt die isolierte Inanspruchnahme des Cyberspace stets dafür, dass die Handlungen im Virtuellen nicht im Abgleich mit der Außenwelt wahrgenommen werden können. Der personalisierte Cyberspace droht damit nicht als *eine* sondern als *die* Wirklichkeit wahrgenommen zu werden.

Die abnehmende Wahrscheinlichkeit, milieu- oder habitusfremde Ressourcen in verspiegelten Räumen wahrnehmen zu können, ist aber nur eine – wenngleich ganz zentrale – Folge der ökonomischen Inwertsetzung personenbezogener Daten. Übertragen wir einige der oben skizzierten Geschäftsfelder auf die Handlungsoptionen des Individuums, werden weitere Einschränkungen offenkundig:

Je nach Verwertungskontext und der darauf abgestimmten Codierung des Handlungsrahmens muss sich die außengesteuerte Reglementierung auf der Grundlage erfasster Daten unterschiedlich darstellen. Geht von Formen der Online-Werbung oder vorgeschlagenen Nachrichteninhalten lediglich ein wirkungsvoller Anreiz aus, der sich vom ambitionierten Nutzer noch bewusst überspringen lässt, bedeutet die datengestützte Zuweisung eines spezifischen Risikowertes oder Scores, dass „unpassende" Angebote – etwa bei Online-Versicherungen, Krediten oder Kassentarifen – dem Kunden systematisch vorenthalten werden und stattdessen „passende" Angebote nahegelegt werden. Was „passend" ist und den Nutzer erreicht, leitet sich aus der im jeweiligen Geschäftsfeld definierten Relevanz der verfügbaren Daten ab. Formen einer solchen „sozialen Sortierung" hat David Lyon in seinen Surveillance Studies zusammengestellt (Lyon 2003). Lyon stellt auf die staatlichen und privatwirtschaftlichen Formen der gruppen- und personenbezogenen Aufbereitung von Daten ab und beschreibt damit die Ermöglichung oder Verwehrung von Handlungen in Abhängigkeit vom Selektionsmerkmal (Geschlecht, Ethnie, Beruf, sozialen Status etc.). Der Code rückt hier erneut als „unsichtbare Tür" in den Mittelpunkt, die festlegt, wer Zugang zu Erfahrungen, Ereignissen und Informationen hat und welche Teile der Bevölkerung miteinander interagieren und partizipieren können (Lyon 2003, S. 13, S. 23 ff.). Auf diese Weise erweist sich die kapitalunabhängige Chance zur Erkundung des Cyberspace als Trugbild. Sämtliche Ungleichheitsmerkmale wie Einkommen, Bildung oder sozialer Status lassen sich systematisch zur Konstitution des Cyberspace heranziehen. Im Ergebnis entstehen Räume von unterschiedlicher Ausstattung und unterschiedlicher Erreichbarkeit. Die oben problematisierte Unzugänglichkeit im Realraum durch Barrieren oder Distanzen korrespondiert mit einem virtuellen Raum, der den Ressourcenzugang nutzerspezifisch durch voreingestellte Angebote und Dienstleistungen verregelt. Darüber hinaus lassen sich Inhalte des Cyberspace auch völlig ausblenden, was die Wahrnehmung des *Existierenden* und *Möglichen* komplett verstellt.

Algorithmische Entscheidungsverfahren nehmen schließlich auch Einfluss auf die dritte beschriebe Hürde des Kapitalerwerbs, die soziale Distanz. Hier wurde zunächst die Chance ressourcenschwacher Bevölkerungsteile herausgestellt, den Habitus strategisch verbergen zu können, um sich damit vorrübergehend davon zu befreien, die Regeln im Feld der Distinktion kennen und anwenden zu müssen. Wie beschrieben, greift eine konsequente Inwertsetzung von personenbezogenen Daten aber schon früher, indem die registrierten Dispositionen des Nutzers das virtuelle Umfeld bereits vorstrukturieren. Der Habitus ist bereits bekannt und virtuelle Inhalte nehmen auf dessen Facetten in unterschiedlichem Maße Bezug.

Die Chance zur Inanspruchnahme von Ressourcen, die den sozialen Aufstieg möglich macht, ist ungleich vordefiniert.

Im Zusammenspiel von online und offline ist darüber hinaus einsichtig, dass die verfügbaren Informationen über eine Person zwischen Cyberspace und Realraum hin und her verkehren und in beiden Sphären als weicher Anreiz oder restriktives Gebot an die Zielperson herangetragen werden können. Individuelle Zuverlässigkeitswerte, gesundheitlicher Zustand oder besondere Konsumpräferenzen, sie alle führen nicht nur im Cyberspace zu einer personalisierten Ansprache, sondern nehmen direkten Einfluss auf den realräumlichen Alltag jedes Einzelnen und dessen Handlungs- und Wahrnehmungsoptionen. Um auch in diesem Alltag Mechanismen einer Spiegelung von habituell verinnerlichten Mustern zu identifizieren, lassen sich einerseits die alltagspraktischen Folgen der im Cyberspace erfolgten Datenabgabe betrachten sowie andererseits die zahlreichen realräumlichen Registrierungskapazitäten bilanzieren, die dort unmittelbar oder verzögert in eine, den Nutzer einseitig treffende Ansprache übersetzt werden können.

Es sind nicht unbedingt die wenigen digital vernetzten Vorreiterstädte oder die zukünftigen Sentient Cities, die mit ihren besonderen technischen Verarbeitungskapazitäten die Hauptrolle im Prozess der rekursiv wirksamen Datenverwertung spielen. Personenbezogene Daten bieten sich mittlerweile in sämtlichen Lebenskontexten einer ökonomischen Nutzung an, wobei die Herkunft der Daten kaum rekonstruierbar ist. Vernetzte Datenbanken sorgen dafür, dass der Zugriffs- und der Verwertungszusammenhang weder zeitlich noch räumlich zusammenfallen muss.

Einzelne Facetten einer gezielten Adressierung von Nutzerdaten beispielhaft aufzeigend, werden im Folgenden erneut die Daseinsgrundfunktionen als Gliederungsmuster herangezogen. Fungierten sie oben als noch Beleg dafür, dass eine strategische und gewinnbringende Abkehr vom Realraum in sämtlichen Lebensbereichen möglich ist, belegen sie nun in ebendieser Breite den ubiquitären Einfluss der Daten auf den Ressourcenerwerb und die Sozialisation insgesamt.

4.6 Daseinsgrundfunktionen und selektierende Ansprache

Das Verbraucher-Scoring hinsichtlich der individuellen Kreditwürdigkeit muss als eine wesentliche Einflussgröße betrachtet werden, die den Zugang zu weiteren Ressourcen maßgeblich beeinflusst. Ökonomisches Kapital erleichtert den

Erwerb von kulturellem, sozialem oder symbolischem Kapital und fungiert nicht zuletzt auch deshalb als zentraler Indikator für soziale Ungleichheit. Eine allseits einsehbare Erfassung der verfügbaren Geldmittel bedeutet damit nicht weniger als eine in sämtlichen Transaktionsprozessen (online wie offline) gegebene Taxierbarkeit dessen, was dem Kunden oder Vertragspartner konkret gewährt werden soll. Der Kreditscore greift damit in viele Lebensbereiche restriktiv ein und definiert Grenzen und Bedingungen des Machbaren. Er basiert auf Berechnungen und algorithmischen Entscheidungsverfahren, die ihre Informationen aus verschiedenen Datenquellen zusammenführen, was dem Nutzer die genauen Verursachungszusammenhänge verschleiert und ihn der Möglichkeit einer konkreten Einflussnahme beraubt. Die Ausübung der Daseinsgrundfunktion *Wohnen* oder *sich Versorgen* entspricht im digitalen Zeitalter damit immer stärker einer automatisierten Übersetzung individueller Kennziffern in Angebote. Dabei zeigt sich, dass selbst bei kleinsten Anschaffungen und Ratengeschäften statistische Auswertungen und Negativbewertungen zur Rate gezogen werden, wie Rothmann et al. in einer österreichischen Studie zum Credit Scoring belegen. „Ob Warnliste oder Scoring, der automatisierte Bonitätscheck gilt als wirtschaftlicher Standard, wobei dieser Alltag oft Hand in Hand mit der Sammlung von Marketingdaten und einem allgemeinen Kundenservice in Erscheinung tritt" (Rothmann et al. 2014, S. 59). Vor diesem Hintergrund wird vielfach kritisch angeführt, dass die quantitativen Scoring-Modelle kaum die Objektivierung einlösen können, die sie vorgeben und eher als eine Übertragung subjektiver Parameter ihrer Entwickler anzusehen sind. Nicht zuletzt ist auch die Zuverlässigkeit der verwendeten Daten angreifbar. Verwechselungen durch Datenzwillinge, das Verletzen methodischer Prämissen, die Dekontextualisierung von Daten und die Verwendung von veralteten und unvollständigen Daten konnte in Studien bereits nachgewiesen werden (z. B. Korczak und Wilken 2009 zur Schufa). Rothmann et al. benennen darüber hinaus weitere Mechanismen, die zu ungerechtfertigten Risikozuschreibungen führen. Insbesondere die Kategorisierung in bestimmte Berufsgruppen mit hoher statistischer Ausfallwahrscheinlichkeit oder die pauschale Ableitung der Kreditwürdigkeit aus der Wohnlage (Geoscoring) kann die Zurechnung des Einzelnen durch eine unzutreffende Verallgemeinerung stark verzerren (Rothmann et al. 2014, S. 62). Derlei Kritik erhält starkes Gewicht, wenn man sich die sozialen Implikationen des Scorings vor Augen führt. Zweifellos kann eine Negativ-Bonität den Betroffenen von diversen wirtschaftlichen Prozessen ganz im Sinne Lyons „Social Sorting" ausschließen oder zu seiner Diskriminierung führen. Die Verweigerung von Vertragsabschlüssen, der eingeschränkte Zugang zu Dienstleistungen und Produkten, eine Vergabe von Krediten zu schlechteren

4.6 Daseinsgrundfunktionen und selektierende Ansprache

Bedingungen, die Qualität eines Services, wie der Nachreihung in einer Hotline, das verringerte Engagement einer Bedienung oder umständliche Auflagen bei Transaktionen im Internet – die durch die digitale Metrifizierung geschaffene Wertzurechnung eines jeden Einzelnen wird den Lebensalltag jener, die hier schlechter abschneiden, zweifellos stärker belasten (vgl. auch Roderick 2014). Die Ausübung der Daseinsgrundfunktion *Wohnen,* oben als zentraler Ausgangspunkt zur Wahrnehmung und zum Bezug von Ressourcen gewichtet, macht die rekursive Logik dieser Metrifizierung besonders deutlich. Die Inanspruchnahme eines Kredits zum Erwerb eines Hauses oder die Chance zum Bezug einer Mietwohnung unterliegen einem Verbraucher-Score, der sich wiederum aus der gegenwärtigen Wohnsituation ableiten kann. Auf diese Weise arbeitet auf der einen Seite ökonomisches Kapital ökonomischem Kapital zu, während der Kapitalmangel auf der anderen Seite einen weiteren Kapitalerwerb erschwert. Eine benachteiligte Wohnlage ist nun nicht mehr nur allein durch Erreichbarkeitsdefizite, schlechtes Image oder die einzelnen kontextuellen und kompositorischen Faktoren eines bestimmten Ortes gekennzeichnet, sie ist im digitalen Zeitalter mitentscheidend dafür, welche Offerten dem Einzelnen auch fernab der Wohnung gemacht werden.

Die unterschiedlichen Wege über die *Bildungsinstitutionen* in Beruf und *Arbeit* zu kommen, haben sich dank virtueller Angebote ohne Zweifel vermehrt, wenngleich mit dem zweiten Digital Divide auf die erheblichen innergesellschaftlichen Nutzungsdifferenzen und die Bedeutung des „digitalen Habitus" hingewiesen wurde. Gelingt es über eine externe Anleitung nicht, die Interessen, Umgangsformen und Ambitionen auf die Ressourcen des Cyberspace gezielt auszurichten, droht eine weitere Polarisierung der Erträge („dritter Digital Divide"). Medienhandeln wohnt jedoch noch ein anderer reflexiver Mechanismus inne, der von Bildungswissenschaftlern in der Auseinandersetzung mit den digitalen Gräben bislang ausgespart wird. Verschiedentliche Hinweise auf die im Programm-Code nahe gelegten Handlungsanweisen (z. B. Brüggen und Schemmerling 2014, S. 2) oder die kritische Auseinandersetzung mit den Möglichkeiten einer Big-Data-Analyse (Gapski 2015) nehmen bereits die Struktur des Cyberspace stärker in den Blick, stoßen jedoch nicht weiter auf die dort angelegte Selbstbezüglichkeit der Inanspruchnahme vor: In den verspiegelten Räumen des virtuellen wie realräumlichen Alltags sind die ökonomisch gesteuerten Anreize eingelagert, die zum Verharren im Bekannten auffordern oder sogar zwingen. Der Bezug von Informationen für die persönliche Bildung ist hiervon zentral betroffen und drängt auf einer neuen Ebene zur Auseinandersetzung mit den ungleichen Bezugsvoraussetzungen – eine strukturelle und rekursiv wirksame Stratifikation, die sich als ein vierter Digital Divide beschreiben ließe.

Eli Pariser (2011, S. 38 ff.) führt am Beispiel der Suchmaschine von Google vor, wie die konsequente Zentrierung des *Relevanzkriteriums* dem heutigen Marktführer den Erfolg brachte. Somit ist bereits der erste Informationszugang mit Filtern versehen, die dezidiert am Nutzer Maß nehmen. Für Facebook wurde die Bedeutung dieses Relevanzfilters in Hinblick auf die Sortierung der Kontakte und der Nachrichten schon angesprochen. Auch hier haben wir es mit einem uneinsehbaren Sortiermechanismus zu tun. Wie aber steht es um die Wahrscheinlichkeit des Nachrichtenkonsums? Die Untersuchung von Anna Sophia Kümpel (2019) verdeutlicht, dass eine Auseinandersetzung mit den angezeigten Nachrichten wahrscheinlicher ist, je direkter und persönlicher ihre Empfehlung durch „Freunde" ist und je besser sie an die bestehenden Präferenzen des Einzelnen anschließen. Was wortwörtlich oder im übertragenen Sinne vor der „eigenen Haustür" passiert, hat ungleich größere Chancen rezipiert zu werden. Über den Umweg der persönlichen Vermittlung lässt sich erneut die These stark machen, dass sich die Auseinandersetzung mit Themen und Wissensbeständen fremder Milieus verringert und weiterführende Entdeckungen im digitalen Informationsuniversum unwahrscheinlicher werden. Auch bei Facebook zeigt sich, dass die Nutzer sich selten überhaupt darüber bewusst sind, dass die gebotenen Informationen im Facebook-News Feed einer algorithmischen Vorsortierung unterliegen (Rader und Gray 2015, S. 177 f.; Powers 2017).

Die wachsende Transparenz des Nutzers machen sich gegenwärtig immer mehr Arbeitgeber bei Einstellungs- oder Beurteilungsverfahren zunutze. Anstelle der klassischen Präsentation des Lebenslaufs vollzieht sich die Rekrutierung von Arbeitskräften zunehmend digital über das Auslesen von Profilen (z. B. XING) und wird begleitet durch eine intensive Netzrecherche. Fehltritte und qualifikationsmindernde Aktivitäten lassen sich in der virtuell aufbereiteten Biographie schwer tilgen. So wird die Perspektive, die für die Bewerbung nachteiligen Bestandteile der Biographie – oder in manchen Fällen sogar die Wohnadresse – zu verbergen durch die webgestützte Durchleuchtungspraxis konterkariert. Mehr noch: Da im Recruiting-Prozess online geschaltete Anzeigen zunehmend einen realräumlichen Filter aufweisen, erfahren die potenziellen Bewerber sehr selektiv von der Existenz einer Stelle. Dem Bewohner einer peripheren, strukturschwachen Region bleibt sie möglicherweise vorenthalten, dem Qualifikanten aus dem prosperierenden Ballungsraum wird sie über das Handy zugespielt.

Auch innerhalb von Unternehmen haben sich mit dem wachsenden Stellenwert der digital-vermittelten Kommunikation neue Möglichkeiten ergeben, Mitarbeiter zu analysieren und Prognosen über ihre Leistungsfähigkeit zu erstellen

(People Analytics). In den innerbetrieblichen sozialen Netzen lassen sich sämtliche Ereignisse aufzeichnen und in einen sozialen Graphen überführen. Dieser gibt Auskunft über die Art und Intensität der direkten und indirekten Beziehungen zwischen den Beschäftigten (Höller und Wedde 2018). Die disziplinierenden Effekte, die von einer (bislang in Deutschland noch nicht datenschutzkonformen) Vermessung der Belegschaft ausgehen, gewichten aktuelle Kompetenzen und betreffen zunächst sämtliche Mitarbeiter in gleicher Weise. Gleichzeitig kann die cloudbasierte Speicherung des Arbeitsalltags aber bereits die Voraussetzungen für eine nachgelagerte Karriere festschreiben. Je früher kommunikative Fähigkeiten und andere Kompetenzen im Speicher potenzieller Arbeitgeber landen, desto wahrscheinlicher ist die Festlegung der beruflichen Entwicklung.

Die digitale Ausübung der Daseinsgrundfunktion *„sich versorgen"* konnte oben als eine Form des hierarchiefreien Zugangs zu Produkten und Dienstleistungen interpretiert werden, deren Kenntnis im Feld der Distinktion von Vorteil ist. Jüngere Prozesse im digitalen wie im stationären Handel zeigen demgegenüber deutlich, dass es auch hier darum geht, dem Kunden möglichst eng bei dessen Präferenzen abzuholen. Der Online-Händler Amazon sieht sich aufgrund seiner umfangreichen Datenbank schon jetzt in der Lage, viele Produkte ohne vorherige Bestellung zusenden zu können.

Indes setzt der durch den wachsenden Online-Handel unter Druck geratene Einzelhandel immer stärker auf Cross-Channel Aktivitäten. In einer Mischung aus Internetnutzung und stationärem Handel gelingt es zunehmend, zeit-, orts- und anlassbezogene Werbung über das Handy zu schalten, die auf Produkte im erreichbaren Realraum aufmerksam machen. Sobald Bluetooth- oder GPS-Signale erkennen lassen, dass sich ein potenzieller Konsument in der Nähe eines bestimmten Geschäfts aufhält, kann nach vorheriger Zustimmung des Nutzers ein personalisiertes Angebot übermittelt werden (Heinemann 2017, S. 116; Oosterlinck et al. 2017):

> „Mobile changes the way we view shopping goals because it can be used to contextually prime other goals while the shopper is shopping, causing a dynamic shift in goal pursuit. For example, mobile apps could exploit the conflict between shopper deal-proneness and the need for immediate gratification by using triggers to shift focus from wanting a good deal and saving money to paying more to get immediate delivery" (Shankar et al. 2016, S. 39).

Im Geschäft gilt es, der Attraktivität des Online-Handels durch ein besonderes Konsumerlebnis und eine intensive Betreuung des Kunden zu begegnen. Um den aktuellen Bedürfnissen individuell entsprechen zu können, erweist sich ein umfangreiches Wissen über den Kunden erneut als Schlüssel für den Verkauf. Dem Anbieter eröffnen sich dabei immer mehr Möglichkeiten, die Vorlieben des Einzelnen systematisch in Erfahrung zu bringen und über das Verkaufspersonal oder automatisierte Prozesse mit Dienstleistungen zu spiegeln. Beispielsweise lassen sich innerhalb von Geschäften die Laufwege und Interessen eines Kunden identifizieren, indem an Einkaufskörben BLE-Beacons angebracht werden, die den jeweiligen Standort übermitteln. An der Kasse wird ein ebenfalls am Korb mitgeführter RFID-Tag gescannt, der durch einen Abgleich mit dem Zeitstempel des Kassenbons die Erstellung eines detaillierten Kundenprofils ermöglicht. Kombinationen aus Online- und Offline-Tracking geben schließlich Auskunft darüber, ob virtuelle Informationen (Werbung) zu bestimmten realräumlichen Aktivitäten (z. B. Aufsuchen eines bestimmten Geschäftes) geführt haben. Kundenkarten oder bargeldlose Bezahldienste tragen dem Geschäft weitere wertvolle Informationen zu; ein personalisiertes Verkaufsumfeld könnte am Ende dieser Entwicklung stehen (Gerrikagoitia et al. 2015, S. 79).

Um den Kunden mit dessen spezifischen Vorlieben abzuholen, bedarf es nicht zwangsläufig den engagierten Verkaufsberater, der nach einer namentlichen Begrüßung den Käufer in die entsprechende Abteilung zu den passenden Artikeln führt. Die auf der Bluetooth-Technologie basierenden Beacons automatisieren die Navigation des Kunden innerhalb von Geschäften, indem einzelne Produkte den Kunden ansprechen, d. h. ihre Eigenschaften (Größe, Verfügbarkeit, Sonderangebot) je nach Entfernung auf das Display des Nutzers senden. Das Zusammenbringen von Produkten und spezifischen Nutzerinteressen über Standortbezogene Dienste lässt es dann auch zu, dass eine zeitoptimale Führung des Kunden auf Basis der Einkaufsliste oder in Supermärkten auf Grundlage des Kochrezeptes, angereichert mit ergänzenden Kaufempfehlungen, realisiert werden kann (Ternès et al. 2015, S. 18).

Untersuchungen zu raumzeitlichen Verhaltensmustern im urbanen Umfeld legen Typen mit unterschiedlichen Zeitbudgets, Kaufverhalten, Lebensstilen etc. offen, die sich interessenabhängig durch den Stadtraum navigieren lassen. Millonig und Gartner (2011), die bereits 2008 eine entsprechende Untersuchung in Wien durchführten, haben diese Zukunft der personalisierten Navigation deutlich vor Augen: „Ubiquitous computing and smart environments can become the interface between the diversity of pedestrian navigation strategies and route choice behaviour in terms of combining technology (e.g. short range sensory, peer-to peer networks, heterogenous devices) with collaborative filtering methods and user-generated content" (Millonig und Gartner 2011, S. 18). Die Daseinsgrundfunktion „*am Verkehr teilnehmen*" gewinnt auf diese Weise an Effizienz – wenngleich dafür der Preis eines Verlusts an Serendipität zu zahlen ist.

4.6 Daseinsgrundfunktionen und selektierende Ansprache

Im Wechselspiel der Sensoren und Aktoren weist der Realraum zunehmend Orte auf, die Menschen abhängig von ihren Eigenschaften lenken, separieren und eine Vorfilterung von Botschaften vornehmen. Dabei hat, wie Beispiele der kundenspezifischen Ansprache zeigen, der Betreffende nicht die Wahl, einen sofortigen Informationswechsel herbeizuführen. Ihm bleibt nur die Option sich abzuwenden, nicht aber die Möglichkeit Alternativen in Anspruch zu nehmen. Mit der sich ausbreitenden Technologie der Gesichtserkennung – etwa in Warteschlangen an Flughäfen, Supermarktkassen oder in Postfilialen – werden Alter und Geschlecht (Pilotstudien liefen 2017 bei der Post und bei der Supermarktkette Real), in den USA, Großbritannien und China zusätzlich auch mimische Muster von „gelangweilt", „interessiert" und „wütend" erfasst und in eine spezifische Ansprache umgewandelt. Bei über 500 Messpunkten, die pro Gesicht schon heute vorgenommen werden, sind weitgehende Differenzierungen denkbar, die nicht nur den männlichen Rentner mit seiner ethnischen Herkunft identifizieren, sondern auch milieuspezifische Aussagen in Abhängigkeit von Gesichtspflege und Mimik zulassen. Aus der befreienden Navigation ins Neue wird eine einengende Navigation ins Vertraute. Dabei kaschieren die vordergründigen Wahlmöglichkeiten und die neuen Formen des Zugangs die selbstgewählte Form der Einschränkung.

Das Eindringen von Mechanismen, die eine rekursive Bezugnahme auch im Realraum erlauben, lässt sich auch für die Daseinsgrundfunktion *„sich erholen"* belegen. Ausschnittweise seien hier nur einige verbreitete Aktivitäten hervorgehoben, bei denen die personalisierte Datensammlung und Ansprache bereits vielfach praktiziert wird. Neben dem Surfen im Internet nimmt in der Freizeit insbesondere der Konsum des Mediums Fernsehen einen großen Stellenwert ein. Dank der Entwicklung von IP-TV oder Smart TV, d. h. digitales Fernsehen auf der technischen Basis des Internet-Protokolls, lassen sich die Angebote der Fernsehanstalten mittlerweile interaktiver gestalten und liefern dem Zuschauer neue Optionen des gezielten Abrufs von Sendungen, Zusatzinformationen und Nachrichten sowie die Möglichkeit des Austauschs mit anderen Zuschauern. Gleichzeitig zeichnet Smart TV diese Interaktionen und die getroffene Wahl der Sendungen exakt auf. Die Auswertung der Inhalte liefert Werbetreibenden und personalisierten Diensten umfassende Informationen. Was und wie lange etwas gesehen wurde, wann der Fernseher genutzt und wie auf Inhalte reagiert wurde sind wichtige Parameter, die einer personalisierten Datenauswertung produktiv zuarbeiten. Geräte mit Sprachsteuerung sind darüber hinaus in der Lage, sämtliche Gespräche im Umfeld des Fernsehers aufzuzeichnen und auszuwerten. Auch die Implementierung von Verfahren, welche die Abfolge der Blickpunkte des Zuschauers über Eye-Tracking exakt einfangen, ist mittlerweile weit fortgeschritten (Wang 2015). Der besondere Wert für Werbetreibende und personalisierte Dienstleister ist freilich nicht auf diese neue Form des Trackings beschränkt, denn das vernetzte Fernsehen definiert auch seine traditionelle Funktion als Lieferant von Botschaften und Bildern neu: Sämtliche Inhalte lassen sich nun an den Sehgewohnheiten des Nutzers ausrichten. Bei Geräten mit eingebauter Kamera und integrierter Gesichtserkennung kann auch zwischen den einzelnen Haushaltsmitgliedern unterschieden werden. Die Autowerbung zur Sportschau wird in dieser Entwicklung führerscheinlosen Kindern oder Greisen vorenthalten bleiben, während die beliebte Hausfrauenserie typische Frauenprodukte nun genauer ausdifferenzieren kann. Am Ende dieses Prozesses steht eine personenspezifische Aussteuerung des Angebots, das verkaufsrelevante Kriterien wie Einkommen, Bildungsgrad, Wohnort oder Hobbies abhängig vom Gegenüber in Bild und Text integriert (vgl. dazu die Studie von Wang und He 2016).

Selbst Computerspiele, ein stark wachsendes Segment in der Freizeitgestaltung, zielen vielfach auf eine Protokollierung der Verhaltens- und Nutzungsweisen der Spieler ab. Dabei geht es nicht nur um Produktverbesserung und Werbeeinnahmen, sondern auch um die Ausweitung von Communities, die online mit- und gegeneinander antreten: „Metrics and analytics on the data of players ensure the on-going adaptation of their design and revenue model. The detailed knowledge of the characteristics and habits of the players is undeniably a key factor of success" (Lescop und Lescop 2014, S. 121).

Die jüngeren Entwicklungen im Tourismus lassen klar den Trend erkennen, den Wünschen des Kunden durch Data Mining entgegen zu kommen. Sämtliche Interaktionen im Beratungs- und Buchungsprozess, vor-Ort-Services und dem Aufenthalt nachgelagerte Kommunikationsprozesse reichern in ihrer digitalen Zusammenführung das Bild über den Urlauber an. Über diese Informationen sind die Vertriebssysteme und -kampagnen oder auch das Beschwerdemanagement personalisierbar (Goecke und Weithöner 2015, S. 470 f.). Mit zusätzlichen Instrumenten zur Kundenanalyse operieren bereits Anbieter von Clubs und Freizeitparks. Der Disneykonzern hat mit seinem digitalen Armband („MagicBand") ein Produkt zum Öffnen des Hotelzimmers und zum bargeldlosen Bezahlen auf den Markt gebracht. Der RFID-Chip ist gleichzeitig in der Lage, sämtliche Aktivitäten des Gastes innerhalb und außerhalb des Parks raumbezogen zu speichern. Ein personalisiertes Eingehen auf der Grundlage einer intensiveren Kenntnis des Kunden (von der Verweildauer an einzelnen Stationen im Park bis hin zu den Schlafgewohnheiten) macht das umfangreiche Projekt für das

4.6 Daseinsgrundfunktionen und selektierende Ansprache

Unternehmen auf Sicht rentabel. Ergänzend können Informationen der sozialen Netzwerke dabei helfen, das soziale Umfeld auf den Gast auszurichten, wie dies bei Übernachtungsplattformen wie easynest oder Roomsurfer bereits praktiziert wird.

Die Rekonstruktion der Urlaubs- und Freizeiterlebnisse ist unmittelbar über Ortungsdienste per GPS möglich oder auch aus den Standortinformationen in den Meta-Daten von digitalen Bildern ableitbar. Werden die Bilddateien bei der Aufnahme nicht automatisch mit Koordinaten versehen, erfolgt dies durch die Nutzer selbst: Diverse Dienste zur Verknüpfung von Geo- und Bilddaten (z. B. Google Maps, Facebook Places, Flickr) machen persönliche Freizeiterlebnisse nicht nur anderen Nutzern zugänglich, sondern liefern den Anbietern wertvolle Informationen für eine geodatenbasierte Ansprache. Es werden Orte im Realraum vermittelt, die mit Lösungen für individuelle Bedürfnisse ausgestattet werden können (von der Online- oder Offline Werbung bis hin zur Dienstleistung vor Ort). Diese werden gleichzeitig mit weiteren Inhalten des persönlichen Profils angereichert (Palos-Sanchez et al. 2017). Abgeleitete Bewegungsmuster oder individuelle Lebensumstände, selbst über fotografierte Dritte, die über Gesichtserkennung erfasst werden, lassen sich dann ökonomisch durch ein Aufgreifen persönlicher Präferenzen auf verschiedenen Wegen in Wert setzen (van House 2009, 2011). So zeigt exemplarisch Daniel (2014) in ihrer Arbeit, wie digitale Bilder leicht für eine Segmentierung unterschiedlicher Lebensstile herangezogen werden können. Es verwundert insofern nicht, dass viele Online-Bilddienste für die Erstellung von Photoalben oder von Postern (z. B. Cewe) und sogar allgemeine Bilddatenbanken (z. B. Colorbox) Nutzerinformationen einer professionellen Auswertung durch Dritte zuführen.

Auch die durch Gamification animierten Erkundungen des Realraums – hier wurde oben die App Foursquare exemplarisch vorgestellt – dienen damit nur bedingt der Horizonterweiterung, da ihre Nutzung mit personalisierten Angeboten bezahlt wird. Pontes et al. (2012) haben bei der Datenauswertung von 13 Mio. Foursquare-Nutzern herausgefunden, dass der Wohnort bei den meisten Nutzern über deren veröffentlichte Informationen abgeleitet werden kann. Persönliche Vorlieben, die über die App geteilt werden, sind nicht nur für andere User von Interesse, sondern zuallererst für den Anbieter. Aus der vielzitierten Blase, in die sich der genügsame Tourist im übersichtlichen Terrain seiner Ferienanlage freiwillig einrichtet (Judd 1999), wird im Digitalisierungszeitalter ein umfassenderer Wahrnehmungsfilter, der sich nach Bauer (2017) aus der selektiven Informationsvermittlung bei der Urlaubswahl, der Führung und Information vor Ort aber auch aus der Bewertung des Erlebten in digitalen Reiseportalen als Vorgabe für andere Nutzer ergibt.

Zu diesen eher raum- und ortsbezogenen Blasen mit ihren Implikationen für die Anbahnung von Kontakten kommen jene Kontakt-Blasen, die virtuell algorithmisch generiert werden. Neben den bekannten sozialen Netzwerken sind in diesem Zusammenhang auch Freundschafts- und Partnervermittlungsdienste aufschlussreich, die eingangs für die Daseinsgrundfunktion *„in Gemeinschaft leben"* gerade als Chance zu einer milieuübergreifenden Kontaktnahme angeführt wurden. Doch auch hier haben wir es mit rekursiven Bezügen zu tun. Den großen Markt der Partnervermittlung teilen sich diverse Anbieter mit Spezialisierungen auf unterschiedliche Zielgruppen auf. Obwohl die Personensuche in der Regel an Attributen ausgerichtet ist, die Kunden vorab bewusst eingegeben haben, bleibt die Arbeitsweise des Algorithmus bei der Zuweisung des Partners weitgehend verborgen. Milieukonstituierend spielt der oben angesprochene Credit Score häufig als Parameter eine wichtige Rolle. Websites wie Datemycreditscore.com oder Creditscoredating.com zentrieren die Kreditwürdigkeit regelrecht, doch auch die deutsche Parship GmbH gewichtet das Einkommen und ergänzt es durch verwandte Kriterien wie Bildungsstatus und berufliche Qualifikation (vgl. Rothmann et al. 2014, S. 65). Der Erfolg der Online-Kontaktvermittlung in Abhängigkeit vom gemeinsamen Bildungsniveau wurde auch in der Untersuchung von Schulz et al. (2010) herausgearbeitet. Eine Erschließung gänzlicher fremder Milieus mit der Chance zum Studium abweichender Geschmäcker, Konventionen und Priorisierungen erscheint hier wenig wahrscheinlich.

Rufen wir uns abschließend die von Bourdieu beschriebenen Klub- und Ghettoeffekte in Erinnerung, die die Logik der milieuinternen Bezugnahme polarisierend verdeutlichten, dann zeigen die hier gewählten Beispiele, dass sich zwischen den räumlichen Gegenbildern („Nobelviertel" versus „Quartier der Armut") zahlreiche weitere regionale, klein- und kleinsträumige Arrangements ergeben, die der ökonomischen Sortierung von „Ähnlichem" und sozial „Passendem" entsprechen. Die bislang sozial weitgehend durchmischten Sphären einer Stadt, eines Urlaubsortes, eines Platzes oder eines Kaufhauses weisen im Digitalisierungszeitalter die Fähigkeit auf, Informationen, Angebote und Menschen so zu lenken, dass die Betroffenen frühzeitig mit Angeboten konfrontiert werden, die ihren habituellen Dispositionen entsprechen. Soziale Inklusion und die damit einhergehende Frage nach dem individuellen Zugang zu Ressourcen werden in diesem Dispositiv der vernetzten Gesellschaft zu einer wachsenden sozialen Herausforderung.

4.7 Exkurs: Problembewusstsein und Handlungsbereitschaft

Das Wissen der überwiegenden Anzahl der Verbraucher in Bezug auf Tracking und hinsichtlich des Zusammenhangs von Big Data, Datenhandel und personalisierter Ansprache ist insgesamt noch immer gering (Schneider et al. 2014, S. 65 f.; Park 2013, S. 232 f.). Nur sehr langsam entwickelt sich in der Breite der Bevölkerung ein kritisches Bewusstsein dafür, dass personenbezogene Daten als Rohstoff für die wirtschaftliche Verwertung derart begehrt sind, dass faktisch jeder Einzelne tagtäglich Teil dieses Allokationsprozesses ist. Gleichzeitig ist eine steigende Nachfrage der Technologien des Cyberspace allgemein und der Nutzung des Internets im Besonderen jährlich feststellbar, der auch das vereinzelte Wissen über mögliche Trackingaktivitäten keinen Abbruch zu leisten scheint (Beisch et al. 2019).

Warum bislang insgesamt wenig Bewusstsein über die Konsequenzen der Datenverwertung existiert, kann auf unterschiedliche Gründe zurückgeführt werden: Zum einen ist die Akkumulation von personenenbezogenen Daten für viele Nutzer nach wie vor ein abstrakter Prozess, dessen Fortgang mangels technischen Wissens und verdecktem Ablauf kaum nachvollziehbar ist. Während sich die Nutzung diverser Anwendungen immer leichter gestaltet (u. a. durch Sprachsteuerung, vereinfachter Download, intuitive Bedienbarkeit, kostenfreier Zugang), werden die Tracking- und Auswertungsverfahren immer komplexer. Der vordergründigen Steuer- und Kontrollierbarkeit in der Anwendung steht im Hintergrund eine algorithmengetriebene Verwertungsmaschinerie gegenüber, die weltweit weitgehend im Verborgenen arbeitet. Kostenlose Angebote, wie etwa diverse Location-based applications „neigher carry a monthly licensing fee, nor do they seemingly force consumers to disclose personally identifiable information. These are the services that let people "check in" to a location, allow families to visit new destinations with great ease, enjoyment and safety" (Michael und Michael 2011, S. 124). Dass die Währung für diese Leistung Daten sind, erschließt sich den meisten Nutzern nicht unmittelbar. Da diverse Techniken der Datenerfassung auch im Realraum zur Anwendung kommen, die Datenquellen rasch anwachsen und personenbezogene Informationen zusätzlich durch Handel oder Akquisition von Unternehmen akkumuliert werden, verflüchtigen sich die Zusammenhänge im Sinne einer Nachvollziehbarkeit der individuellen Datenabgabe weiter. Die unterschiedlichen Diskurse um die „Sicherheit der Daten" etwa im Zusammenhang mit staatlicher Überwachung oder der Frage der Zuverlässigkeit bei der technischen Übertragung lenken das Problembewusstsein überdies häufig von den hier zentrierten Herausforderungen weg.

Zum anderen ist für die Motivation eines behutsamen Umgangs mit persönlichen Daten entscheidend dafür, welche Konsequenzen ein entsprechender Aufwand rechtfertigt. Auch in diesem Zusammenhang lässt sich feststellen, dass die geschilderten Verwertungszusammenhänge und ihre Relevanz für den Einzelnen bislang wenig thematisiert werden. Trotz mancher Kampagnen von Verbraucherschützern, Informationstagen an Schulen oder den gesetzlich vorgeschriebenen Hinweisen zur Einwilligung konnte dies in der Breite keinen Nutzungswandel herbeiführen. Wie Jöns in ihrer Studie des Deutschen Instituts für Vertrauen und Sicherheit im Internet (DIVSI) stellvertretend unterstreicht, versagt „… bei der Ausübung ihres Grundrechts auf informationelle Selbstbestimmung () die breite Masse der Betroffenen" (Jöns 2016, S. 52). Sie zeigt in diesem Zusammenhang aus juristischer Perspektive auch die Schwächen der bestehenden Regelungen auf, die aufgrund der Komplexität des Datenaustauschs, den Wegen der Weitergabe und ihrer Intransparenz hinsichtlich der Folgen des Datenverlustes vollkommen unzureichend erscheinen. Auch in anderen Ländern wie den USA ist es bislang nicht zur Eindämmung des Datenabgriffs durch private Unternehmen gekommen. Dabei erweist sich als großes Problem, dass die Rechtsprechung vornehmlich auf den Schutz heikler Daten ausgerichtet ist. Im Zeichen von Big Data lassen sich jedoch alltägliche, banale Daten durch Korrelationen aufwerten und kommerzialisieren (Cheung 2014, S. 48 ff.; Michael und Clarke 2013, S. 225).

Mit dem im Dezember 2015 erzielten Verhandlungsergebnis zum Datenschutz-Reformpaket konnte auf Europäischer Ebene ein einheitlicher Gesetzesrahmen geschaffen werden, der im Mai 2018 als Datenschutzgrundverordnung in Kraft trat. Internetkonzerne sind angehalten, die Zustimmung zur Datennutzung ausdrücklich einzuholen und ihre Produkte datenschutzfreundlich voreinzustellen (Artikel 6 DS-GVO). Allerdings bleibt noch Gestaltungsspielraum, wie implizit die Zustimmung erfolgen muss. Inwieweit es ausreicht, wenn Nutzer über die Datenverarbeitung per Cookie-Banner hingewiesen werden und ob dann das Weiternutzen der jeweiligen Website als konkludente Einwilligung zu bewerten ist, bleibt noch zu klären. Die Dekontextualisierung der Daten, ihr Einsatz jenseits des ursprünglichen Verwendungszwecks sowie die Möglichkeiten der Weitergabe und der Modifikation bedingen weitere Schwierigkeiten der Kontrolle. Auch das viel diskutierte „Recht auf Vergessenwerden", d. h. die Löschung personenbezogener Daten aus der Vergangenheit, ist wichtiger Teil der Verordnung (Artikel 17 DS-GVO). Grundsätzlich werden Unternehmen persönliche Daten von Verbrauchern dann löschen müssen, wenn die Betroffenen dies wünschen und es keine legitimen Gründe für eine weitere Speicherung der Daten gibt. Bei allen Bemühungen auf gesetzlichem Wege der Allokation von personenbezogenen Daten Einhalt zu bieten, bleibt die zentrale Herausforderung an den

4.7 Exkurs: Problembewusstsein und Handlungsbereitschaft

Nutzern hängen: Sie sind weiterhin gefordert, Kleingedrucktes zu lesen, Schutzprogramme zu installieren oder Daten von unterschiedlichen Unternehmen einzufordern. Ein Aufwand, der nicht nur Wissen voraussetzt, sondern den auch viele im Zeichen der Unübersichtlichkeit wachsender Zugriffsoptionen online wie offline scheuen.

Angesichts des intensiven Austauschs von Daten zwischen unterschiedlichen Akteuren bleibt indes fraglich, ob eine systematische Löschung personenbezogener Daten überhaupt praktikabel ist. Verlagert der Nutzer sein Augenmerk auf die Vorsorge, so steht er häufig komplexen Geschäftsbedingungen gegenüber oder muss mit hohem Aufwand Voreinstellungen korrigieren. Die norwegische Verbraucherschutzorganisation Forbrukerrådet macht in ihrer 2018 erschienen Studie „Deceived by Design" die enormen Schwierigkeiten plastisch, die mit der Einstellung der datenschutzfreundlichsten Variante von Websites wie Facebook und Google verbunden sind. Nahezu bei allen untersuchten Sites nimmt es demnach wesentlich mehr Zeit in Anspruch, sich in den Datenschutzhinweisen zu den striktesten Einstellungen durchzuklicken als den Standardeinstellungen zuzustimmen. Bei Google sind 9 statt 2 Klicks notwendig, bei Facebook 13 statt 5 Klicks. Manipulativ gestaltete Benutzeroberflächen (Dark Patterns) werden seit Inkrafttreten der Datenschutz-Grundverordnung vermehrt registriert. Sie kommen insbesondere bei Einverständniserklärungen zur Cookie-Nutzung zum Einsatz, mit denen heute nahezu alle Websites ihre Besucher empfangen. Die Websitebetreiber bedienen sich hierbei oftmals sogenannter Consent Management Plattformen, die ihnen direkt von der Werbewirtschaft zur Verfügung gestellt werden (Forbrukerrådet 2018). Bereits 10 Jahre zuvor hatten McDonald und Cranor (2008) berechnet, dass die Opportunitätskosten eines US-amerikanischen Konsumenten bei mehr als 700 US-$ liegen, wenn alle für ihn als Privatperson relevanten Datenschutzbestimmungen digitaler Dienste gelesen werden sollen. Wie flüchtig letztlich über die ausführlichen AGBs hinweggegangen wird, belegt auch die Eye-Tracking Studie von Steinfeld (2016).

Um die persönlichen Datenspuren konsequent zu reduzieren, sind Nutzer letztlich auch dazu angehalten, die digitalen Aktivitäten ihres sozialen Umfelds mit zu berücksichtigen. Jeder Nutzer hängt immer auch in dem Geflecht an Informationen, das Familie, Freunde und weitere Internetnutzer um ihn herum stricken und gestrickt haben. Auswertbare Fotos auf den Smartphone des Ehepartners, der Name und die Kontaktdaten im ausgelesenen Telefonbuch eines Freundes und die zahlreichen Erwähnungen in sozialen Netzwerken geben Dritten Möglichkeiten in die Hand, selbst jene zu kategorisieren, die sich konsequent in digitaler Abstinenz üben.

In einer weiteren DIVSI-Studie wurde 2016 die allgemeine Gefahr einer Inwertsetzung personenbezogener Daten der individuellen Gefährdung gegenübergestellt. Dabei ist einerseits erkennbar, dass der breiten Mehrheit (75 %) bekannt ist, dass die im Internet preisgegebenen Informationen kommerziell verwertet werden können. Andererseits beziehen die Befragten diese Gefahr nur in wenigen Fällen auf sich. Nur sechs Prozent der Onliner gehen davon aus, dass ihr Online-Verhalten schon einmal getrackt wurde. Ebenfalls nur sechs Prozent der Befragten verwenden anonyme Suchmaschinen (DIVSI 2016, S. 102 f.). Die gesetzlich vorgeschriebenen Hinweise zu Art und Umfang der Datenübertragung werden schlicht überlesen, ignoriert oder in ihren Konsequenzen nicht ausreichend erfasst (vgl. DIVSI 2016).

Zugleich werden die Vorteile der Smartphonenutzung von den Kunden vielfach höher gewichtet als die Umgehung von Risiken durch aufwändige Maßnahmen. Eine Untersuchung von 142 Studierenden, die größtenteils als „Digital Natives" anzusprechen sind, unterstreicht dies deutlich (Ricker et al. 2015, S. 639 f.). Auch die Studie von Kisekka et al., die von knapp 500 Erwachsenen die Bereitschaft zur Abgabe privater Informationen in sozialen Netzwerken analysiert, macht klar, dass „... awareness of security and privacy threats does not dissuade users from revealing information" (2013, S. 2728). Dabei spielen auch Bleibezwänge durch Lock-In- und Netzwerkeffekte eine große Rolle, die die Passivität des Nutzers verstärken (Dreyer et al. 2014, S. 351). Die Datenschutzgrundverordnung hat vor diesem Hintergrund das Recht auf Datenportabilität (Artikel 20 DS-GVO) verankert, das den Anbieterwechsel erleichtern soll. Zusammen mit dem Recht auf Vergessenwerden, vermag es die dauerhafte Bindung an Unternehmen zu lösen und dem Nutzer die Freiheit einer leichten Umsiedlung im Cyberspace zu gewährleisten. Die Skepsis der Kritiker richtet sich in diesem Punkt auf die technischen Restriktionen, mit denen die Anbieter der Abwanderung ihrer Kunden entgegenwirken. Dabei können sie sich auf Artikel 20 Absatz 2 DS-GVO stützen, der die Portabilität unter den Vorbehalt der technischen Machbarkeit stellt. Kommt es zu Absprachen zwischen konkurrierenden Unternehmen, könnte auch der Datenimport, der als Recht nicht festgeschrieben ist, mit dem Ziel erschwert werden, die Mobilität des Kunden einzuschränken (z. B. Krämer 2018, S. 467 f.).

Für eine Abwägung der neuen Chancen, die das Internet insbesondere den bildungsfernen Milieus verspricht, ist der Befund eines ungleich verteilten Risikobewusstseins erheblich. Die in Zusammenarbeit mit dem Sinus-Institut identifizierten sozialschwachen Internetmilieus der „Unbekümmerten Hedonisten" und der „Internetfernen Verunsicherten" weisen ein geringes Wissen über die Gefahren des Datenmissbrauchs und eine geringe Fähigkeit,

4.7 Exkurs: Problembewusstsein und Handlungsbereitschaft

persönliche Sicherheitsmaßnahmen zu ergreifen auf (DIVSI 2016, S. 90 ff.). So geben die Vertreter beider Gruppen auch überdurchschnittlich oft an, dass ihnen Informationen dazu fehlen, wie sie sich selbst im Internet schützen können (DIVSI 2016, S. 95). Diese Ergebnisse legen nahe, dass es bei diesen Personengruppen für Werbetreibende und personenbezogene Dienste leichter ist, an Informationen für eine personalisierte Ansprache zu gelangen. Die personalisierte Heranführung an Angebote sowie die Filterung von Informationen im Cyberspace kann folglich auf einer besonders breiten Datengrundlage erfolgen, deren reproduzierende Wirkung mangels Wissen weniger hinterfragt wird.

Die Bereitschaft einen Datenzugriff zu akzeptieren oder sich überhaupt im Netz aufzuhalten, wird ferner durch Anreize und Sanktionen der Anbieter gesteuert. Rabatte und spezielle Angebote von Online-Shops werden an die Abgabe persönlicher Daten gekoppelt. Viele Verträge lassen sich überhaupt nur online abschließen, Gutscheincodes von Reiseanbietern erhält der Interessent ausschließlich digital und postalisch zugestellte Handy-Rechnungen werden mit Preisaufschlägen versehen. Einsparungen durch Internetnutzung können an die Kunden zurückgeben werden, was die Akzeptanz gegenüber den neuen Technologien erhöht. Wer umgekehrt bei Bankgeschäften, Versicherungen, Urlaubsreisen und Einkäufen konsequent auf IT verzichtet, muss in der Regel die Differenz kompensieren, die dem Anbieter entweder durch die Mehrkosten entstehen (z. B. Personalaufwand) oder die indirekt durch die Minderung an geldwerten Daten anfallen. Auch in diesem Zusammenhang zeichnet sich ein größerer Entscheidungsspielraum für die kapitalkräftigen Bevölkerungsteile ab. Ökonomische Anreize und Sanktionen bringen den Nutzer letztlich in die Situation abzuwägen, was ihnen eine Verringerung ihrer Transparenz wert ist. Studien zeigen grundsätzlich auf, dass die langfristigen Konsequenzen gegenüber kurzfristigen Anreizen (Informationen, Rabatte) in den Hintergrund treten, wenn es um die Inanspruchnahme digitaler Dienste geht. Der Nutzer ist vielfach bereit, kurzfristige Bedürfnisse über die dauerhaften Kosten einer Datenpreisgabe zu stellen (Acquisti 2004, Acquisti et al. 2013).

Ein Großteil der verfügbaren Apps und Programme sind erst gar nicht nutzbar, wenn den Nutzungsbedingungen vorab nicht zugestimmt wird. Die in Deutschland zivilrechtlich vorgesehene Vertragsfreiheit ist letztlich nicht gewährleistet. Der Kunde hat nur scheinbar die Wahl, wie es stellvertretend für viele Webinhalte bei Microsoft deutlich wird: „Wenn Sie aufgefordert werden, persönliche Daten zur Verfügung zu stellen, können Sie dies ablehnen. Wenn Sie sich jedoch dazu entscheiden, keine Daten anzubieten, die für eine Bereitstellung eines Produkts oder einer Funktion erforderlich sind, werden Sie möglicherweise nicht in der

Lage sein, das Produkt oder die Funktion zu verwenden" (https://privacy.microsoft.com/de-de/privacystatement/). Die Teilhabe an den Möglichkeiten des digitalen Zeitalters ist insofern an die weitgehend erzwungene Abgabe privater Informationen gekoppelt, deren Verwendungszusammenhang dem Betroffenen verborgen bleibt. „Consequently, the online user is the sole price taker who has few alternatives but to agree to her personal data extraction. The price is set, there is no alternative. (…) There is no equitable allocation of negative effects between buyers and sellers" (Peacock 2014, S. 4).

4.8 Zwischenfazit: Digitale Selbstkonfrontation

Die Nutzung des Cyberspace, des Internets und weiterer vernetzter Gegenstände geht mit der Anreicherung von personalisierten Daten einher. Wenn das Internet als Medium gepriesen wird, das Grenzen der individuellen Erfahrbarkeit transformiert, das räumliche Mobilität in soziale Mobilität überführen kann, dann erzwingt die faktische Inanspruchnahme dieses Potenzials eine permanente Vermessung der eigenen Person. Neue Produkte und Technologien wie das Internet der Dinge, ubiquitäre Vernetzung, Clouddienste, Sensoren und unzählige Smartphone Applikationen stellen die Basen einer solchen Vermessung dar, der mit Wissen und technischem Aufwand zwar begegnet, schwerlich aber vollkommen ausgewichen werden kann.

Auf den Technologien setzen automatisierte Erfassungs- und Analysemethoden auf, die heute in der Lage sind banalste Alltagshandlungen in kommodifizierbares Wissen zu überführen. Dabei ist unbestritten, dass sich die Kapazitäten, dies zu tun, in quantitativer wie qualitativer Hinsicht, noch stark ausweiten werden (Najafabadi et al. 2015). Der digitale Lifestyle nimmt in vielen Ländern bereits Züge einer Hyperkommunikation an, deren verwertbare Inhalte für immer mehr Akteure an Bedeutung gewinnen. Er korrespondiert mit einem steigenden Interesse an digitalen Assistenten, einer wachsenden Zahl an Gadgets zur Selbstvermessung und einer leidenschaftlichen Adaption neuer Techniken. Die Transformation zum digitalisierten Alltag vollzieht sich im Zeichen eines persönlichen Gewinns und einer vermeintlichen Preisgunst, die die tatsächlichen Kosten der Datenwährung für den Großteil Bevölkerung zu kaschieren versteht.

Während das permanente Bereitstellen von Daten innerhalb dieser unreflektierten Strukturvorgaben vielfach in der Überwachungsperspektive weiter ausgearbeitet wurde, in der sich die Folgen einer „Kultur der Selbstentblößung" auch als freiwilliger Disziplinierungsprozess interpretieren lässt (u. a. Bauman und Lyon 2013; Michael und Michael 2010; Lyon 2018), fordern die rekursiven

4.8 Zwischenfazit: Digitale Selbstkonfrontation

Momente einer digital beeinflussten Sozialisation zu einer anderen Schwerpunktsetzung auf: Es deutet viel darauf hin, dass die selbstbezügliche Inanspruchnahme digitaler Technologien im engen Zusammenhang mit der sozialen Frage steht. Über alle Daseinsgrundfunktionen hinweg lassen sich zahlreiche neue Handlungsoptionen im Cyberspace und im vernetzten Realraum identifizieren, die in zahlreichen Varianten vornehmlich individuell Nahestehendes adressieren. Eine zunehmende Ansprache mit Produkten und Dienstleistungen, die persönlich nachweislich Gefallen finden, die dem Kunden vertraut und eingängig sind, die in dessen Lebensumfeld und Preisbudget passen, die ihn also dort abholen, wo er sich befindet, zeichnet sich in einem derart verspiegelten Raum klar ab. Dass sie ihn gleichzeitig auch dort belassen, wo er sich mit seinem spezifischen Habitus einordnet, ist dann ebenso offenbar.

Der Cyberspace, zunächst als „(An)Ordnung" von leichter Zugänglichkeit und anonymer Erlebbarkeit beschreibbar, weist kaum noch isolierte Nischen auf, die jeweils für sich unprotokolliert erkundet werden können. Über die rückseitige Datenauswertung betritt der Nutzer jeden Bereich mit spezifischen, ihn taxierenden Kennziffern, die innerhalb der virtuellen Sphäre ausgetauscht werden können. Ein solcher Austausch, der in der Lage ist, Räume schon vorab zu präparieren und personalisiert auszustatten, lässt dem Nutzer nur noch bestimmte Optionen der Aneignung. Zugänglichkeit und Wahrnehmung strukturieren folglich auch im Cyberspace die dort verfügbaren Ressourcen.

Was aus dem Cyberspace oder durch vernetzte Geräte individuell bezogen wird, schlägt sich letztlich auch auf die realen Alltagserfahrungen nieder. Internetbekanntschaften, Urlaubsempfehlungen, Einkaufsadressen oder Freizeittipps finden ihre realräumliche Realisierung auf der Grundlage ihrer digitalen Vermittlung. Zusätzlich sind Sender-Empfänger Systeme im „smarten" Realraum aktiv, die gezielt anzeigen, ausblenden oder verregeln können. Wie an vielen Beispielen verdeutlicht, kommt es dabei erneut zu einem rekursiven Bezug. Das soziale Kontaktfeld, der bevorzugte Aufenthaltsort oder das wahrgenommene Geschäft geben dann eine Gelegenheitsstruktur mit zahlreichen Rückkopplungs- oder Ortseffekten vor, die einer milieuübergreifenden Bezugnahme entgegenstehen. So sind es neben der gefilterten Inanspruchnahme von Diensten im Cyberspace (Kontakte, Werbung, Finanzierungsangebote) auch gefilterte Angebote, die sich auf die Handlungsoptionen und Wahrnehmung im Realraum auswirken – und nicht zuletzt die Möglichkeiten zur Raumkonstitution beeinflussen müssen. Der Prozess der „Verspiegelung" kommt raumübergreifend zum Tragen.

Bis hierhin kann die gezeigte Relativierung der Kapitalerwerbschancen zunächst als neuer Ansatzpunkt für die bildungsbezogene Reflexion digitaler

Angebote dienen. Über die thematisierten Gräben einer digitalen Zugangs- und Nutzungsfähigkeit hinaus gilt es im Kern zu realisieren, dass die Chance zum digitalen Bezug von Ressourcen tendenziell durch *sämtliche* Eigenschaften des Nutzers vordefiniert sein kann. Es geht also nicht nur um die Kompetenz, wie man einen Computer für den Bildungs- und Ressourcenerwerb nutzt, sondern immer auch um das Wissen, *unter welchen Konditionen* einen diese Ressourcen überhaupt erreichen können.

Für die übergeordnete Zielsetzung, aktuelle Stratifikationsprozesse im Digitalisierungskontext in den Blick zu nehmen, ist die Zentrierung auf den Cyberspace und die nachgelagerten realräumlichen Prozesse aber noch nicht ausreichend. Ihn – wie bislang geschehen – als strategische Wahloption zu begreifen, schließt die Möglichkeit mit ein, sich von Wirkungen der Datenbestände konsequent abzuwenden. Die vielen Verknüpfungen, so der Schluss, die gerade von der Smartphonenutzung oder spezifischen Gadgets ausgehen, ließen sich durch digitale Abstinenz durchtrennen. Es blieben damit vornehmlich die automatisierten Erfassungssysteme wie Kameras oder RFID-Technologien oder intelligent-vernetzte Geräte, die in ihrer wachsenden Raumpräsenz als Mittler von Möglichkeiten oder Restriktionen den Einzelnen herausfordern.

Erklärtermaßen greift die datengetriebene Ökonomie in den Alltag auch unabhängig von der individuellen Affinität zur Computernutzung, dem Besitz eines Smartphones oder der Gegenwart von Sender-Empfänger Systemen ein. Wie die vielfältigen Formen der Datenbeschaffung und des Austauschs zeigen, fließen personenbezogene Informationen aus zahlreichen Kanälen zusammen, ohne sogleich in einem spezifischen Zusammenhang kommodifiziert zu werden. In allgemein uneinsehbaren Datenbanken stehen über jeden Einzelnen umfangreiche personenbezogene Daten auf Halde bereit, die von global-tätigen Händlern verkauft werden. Unabhängig vom jeweiligen Erhebungskontext ermöglichen diese Daten personalisierte Angebote für unterschiedlichste Verwertungszusammenhänge. Der Informationsbezug über einzelne Personen hat sich von der datenerfassenden Infrastruktur damit völlig entkoppelt, eine Inwertsetzung ist gegen Gebühr jederzeit auch offline realisierbar. Für die Chance auf Kapitalerwerb sollte dieser Milliardenmarkt des Datenhandels ebenfalls große Relevanz haben. Wenn virtuellen Angeboten das Potenzial innewohnt, individuelle Möglichkeitsrahmen abstecken zu können, dann ist dies grundsätzlich auch für gehandelte, dekontextualisierte Daten in Betracht zu ziehen. Wie aber konkretisiert sich deren Nutzung dann für die Frage der situativen Benachteiligung oder Begünstigung im urbanen Gelegenheitsraum? Für eine Klärung gilt es in einem weiteren Schritt die Produkte der Datenhändler zurück auf einzelne Städte zu übertragen.

Dekontextualisierte Daten und sozialräumliche Unterschiede 5

Zu den Schwierigkeiten, die weitreichende Bedeutung von personenbezogenen Daten erfassen zu können, trägt deren Immaterialität bei. Die Sichtbarkeit von Nullen und Einsen, um nur die grundlegendste Form ihrer Visualisierung zu nennen, vermittelt eine harmlose Abstraktion, die im denkbar großen Kontrast zu den machtvollen und raumwirksamen Übersetzungen dieses Codes stehen kann. Plastischer wird der Prozess von Datenerfassung und -ansprache durch die physische Sichtbarkeit jener Geräte, die dies bewerkstelligen und durch die unmittelbare Gegenleistung, die man durch sie bezieht. Der digitale Sprachassistent, der Befehle in Informationen und Dienste „umwandelt", das Skype-Telefonat, das datengestützt eine unmittelbare Sichtbarmachung des Gesprächspartners erlaubt oder auch die Nutzung des digitalen Adressbuchs zeigen beispielhaft, wie sich Daten mit Hilfe einer verfügbaren Technologie in einer Leistung konkretisieren. Die Eingabe am anwenderseitigen „Front-End" kann der Nutzer in Relation zu einem wahrnehmbaren Ergebnis setzten, selbst wenn sich ihm die Technik hinter diesem Vorgang nicht erschließt.

Die bislang beschriebenen Formen einer rekursiven Bezugnahme zeigten eine solche Relation noch ansatzweise. Obwohl die rückseitige „Back-End"-Verwertung der eingegebenen Daten für den Betroffenen nicht unmittelbar aus der Eingabe rekonstruierbar ist, bleibt sie doch in vielen Fällen noch demselben Medium verhaftet, das auch zuvor genutzt wurde. Im Cyberspace zeigen sich personalisierte Werbung, Nachrichtengewichtung oder eine Sortierung der Suchergebnisse in einem virtuellen Umfeld, in das auch ein Großteil der verwerteten Daten zuvor einfloss. Analog sind im vernetzten Realraum die standortbezogenen Dienste, die Zugangssteuerung über RFID-Chips oder die Werbeeinblendung qua Gesichtserkennung als interagierende Systeme oft noch erkennbar.

© Der/die Herausgeber bzw. der/die Autor(en), exklusiv lizenziert durch
Springer Fachmedien Wiesbaden GmbH, ein Teil von Springer Nature 2020
J. Scheffer, *Digital verbunden – sozial getrennt*,
https://doi.org/10.1007/978-3-658-31110-0_5

Mit der Möglichkeit zur Isolierung von personenbezogenen Daten aus dem technischen Kontext ihrer Erfassung wird hingegen jede grobe Zurechenbarkeit aufgehoben, die einen Rest an Kontrolle implizierte. Als immaterielle Handelsware gehen individuelle Zuschreibungen „auf Reise", um, eingemündet in die Dienstleistung des Käufers, erneut an den Nutzer herangeführt zu werden. Dazwischen unterliegen sie Analysen, Ergänzungen, Kopien und Rekombinationen dezentraler Managementsysteme und überschreiten Grenzen und juristische Zuständigkeiten. Ihre Fluidität zeigt sich im realen Leben nicht unmittelbar. Im Allgemeinen weiß der Nutzer weder was er verloren hat, noch an wen er es verloren hat. Die diversen Bezugsquellen bleiben so abstrakt wie die verschiedenen Verwertungszusammenhänge. Insofern mag es nachvollziehbar erscheinen, wenn sich die allgemeine Besorgnis um ein massives Ausspähen in vielen Fällen auf den konkreten Befund personalisierter Werbung oder einer anderen Form der mediengebundenen Ansprache reduziert, mit der sich weite Bevölkerungsteile letztlich noch arrangieren können. Faktisch produzieren die Verwertungszusammenhänge personenbezogener Daten im Hintergrund ein engmaschiges Raster, das Chancen auf Teilhabe und Ressourcenbezug vorgibt.

Vertiefend soll es also darum gehen, die Mechanismen der herausgearbeiteten Rekursivität für gehandelte Daten zu konkretisieren und die sozialen und raumkonstitutiven Folgen ihrer Inwertsetzung in den Blick zu nehmen. Dabei ist zum einen von Interesse, wie die datenbasierte Ansprache der Zielperson oder -gruppe erfolgt, welche Attribute zum Tragen kommen, die sich dem Einzelnen in Bourdieus Feld der sozialen Positionen mobilisierend anbieten. Zum anderen stellt sich die Frage, welchen Einfluss die gehandelten Daten strukturell auf Raum und Quartier nehmen.

Beide Aspekte setzten einen empirischen Zugang zum Datenmarkt voraus. Dieser erschließt sich in seiner Angebotsstruktur zunächst über die Portfolios der Datenhändler im Internet. Eine tiefergehende Analyse der verfügbaren Kundendaten wird exemplarisch über den Aufschluss eines umfangreichen Datensatzes erreicht, der die Haushalte deutscher Großstädte umfasst.

5.1 Daten als ungleich genutzte Handelsware

Aus der Sammlung, Verarbeitung und Verwertung von Daten ist über die Jahre ein milliardenschwerer Markt empor gewachsen, an dem allein in Deutschland mehr als 1000 Firmen partizipieren (Goldhammer und Wiegand 2017, S. 21). Neben Unternehmen, die online wie offline Kundendaten selbst sammeln, hat sich eine große Anzahl von Daten- oder Adresshändlern (data brokers) darauf

5.1 Daten als ungleich genutzte Handelsware

spezialisiert, personenbezogene Daten zielgruppenspezifisch etwa für das Kreditwesen, die Werbung, Versicherungen, Beratung oder Jobvergabe aufzubereiten. Die Daten lassen sich direkt an Interessenten verkaufen, gegen Gebühr einsehen oder als ein vom Datenbestand abstrahiertes Analyseergebnis veräußern. In allen Fällen ist es erneut die wachsende Transparenz des Kunden, die im Zeitalter der Digitalisierung als Voraussetzung für den ökonomischen Erfolg neu entdeckt wird.

Die Macht zur Herstellung dieser Transparenz beschränkt sich damit nicht zwangsläufig auf das nahe Akteursumfeld der datengenerierenden Technologien oder die kommerziellen Auftraggeber einer personenbezogenen Ansprache. Sie hat mit dem Datenhandel ihre zentrale Schaltstelle dort, wo Datengewinnung und Verwertung koordiniert werden. Bei vielen Anbietern, insbesondere großen Plattformen wie beispielsweise Facebook, liegt die Erfassung von Daten und ihr nachgelagerter Handel in einer Hand.

Um die machtvolle Position der Datenhändler gegenüber dem Konsumenten zu verdeutlichen und dessen schleichenden Kontrollverlust über Privates nachzuvollziehen, lohnt zunächst ein Blick auf grundlegende Eigenschaften der kommerzialisierten Daten.

Die Eigenschaften des wirtschaftlichen Handelsgutes „Daten" weisen einige Besonderheiten auf, die sie von anderen Handelsgütern unterscheiden (vgl. Dewenter und Lüth 2018). Als ein wesentliches Charakteristikum ist deren Nicht-Rivalität im Konsum zu nennen. Durch ihre Nutzung werden Daten weder verbraucht, noch verlieren sie an Wert. Sie können über die Jahre lediglich an Aktualität und Prägnanz verlieren. Gegenüber materiellen Handelsgütern bedeutet diese Beständigkeit, dass eine Parallelnutzung möglich ist, ohne dass sich das Angebot verschlechtert. Gleichzeitig ist dennoch eine Ausschließbarkeit gegeben, die den ökonomischen Anreiz schafft, Daten überhaupt zu veräußern. Zwar bestehen auch zahlreiche Datenmärkte, die von öffentlichen Stellen oder aus privater Hand Daten kostenlos zur Verfügung stellen (open data) oder unentgeltliche Sharing-Plattformen, die auf gegenseitigem Austausch beruhen, doch ist deren Nutzen für die individuelle Ansprache ohne die weitere Integration von personenbezogenen Daten gering.

Daneben hat das Spektrum von Bewegungsprofilen über Kundenkarteninformationen bis hin zum Klickverhalten verdeutlicht, dass personalisierte Daten eine große Heterogenität aufweisen. Ihr direkter oder indirekt herstellbarer Bezug zum Individuum gibt dennoch den Nenner vor, auf den sich weitere Datenbestände beziehen lassen. Dabei ist ein hohes Maß an Substituierbarkeit gegeben: Mit geringem Aufwand ist der fehlende Name aus der Telefonnummer oder dem Geburtsdatum rekonstruierbar und die fehlende Information zum Vermögen lässt sich, wie gezeigt, treffend aus der Wohnlage- und Ausstattung ableiten. Da die Datenhändler über verschiedene Portfolios verfügen, verspricht ein wechselseitiger Austausch allen Beteiligten großen Nutzen. Schließlich sind personenbezogene Daten aufgrund ihrer fehlenden Rivalität nur bedingt exklusiv und können teilweise auch an anderer Stelle eingeholt oder durch Ableitungen rekonstruiert werden. Dies macht sie insgesamt erschwinglich und erklärt die starke Nachfrage und Verbreitung.

Als weitere sekundäre Kennzeichen von Daten lassen sich Skalenerträge, also Kostenvorteile, anführen, die in Relation zur Größe der verfügbaren Daten stehen. Je mehr Daten verfügbar sind, desto präziser und kostengünstiger können sie angeboten und in Wert gesetzt werden. Gleichzeitig kann sich die Größe der Datenbank auf ihre Attraktivität in der Weise auswirken, dass sie weitere Daten anzieht. Wenn durch die verfügbaren Daten beispielsweise die Qualität einer Plattform gesteigert wird, hält das weitere Nutzer dazu an, ihre Daten auf dieser Plattform zu hinterlassen. („Positive Feedback Loop"). Weitere Lern- und Netzwerkeffekte sind darüber hinaus in der Literatur beschrieben und diskutiert worden (vgl. Tucker 2019).

Aus einem wettbewerbsökonomischen Blickwinkel begründen diese Eigenschaften personenbezogener Daten gut, wie es über den Antrieb einer überragenden Nachfrage hinaus zu wachsenden Datenbeständen und einem florierenden Handel kommt. Aus dem Blickwinkel der betroffenen Datensubjekte lässt sich in Bezug auf dieselben Eigenschaften hingegen ein wachsender Einfluss auf die individuellen Handlungsbedingungen ableiten. Dies gilt insbesondere dann, wenn mit der Freisetzung personalisierter Daten auch die Freisetzung rekursiver Prozesse erwirkt wird: Die Nicht-Rivalität von Daten bedeutet für jeden Einzelnen, dass sich Gespeichertes mangels Abnutzung dauerhaft erhalten lässt und Vergangenes jederzeit wieder relevant werden kann. Sie impliziert, dass Fehltritte in der Biographie oder ein Mangel an Konformität zu Nachteilen in Gegenwart und Zukunft führen – eine Diagnose, die zahlreiche Autoren dazu brachte, den Datenhandel eng mit sozialer Kontrolle oder staatlicher Disziplinierung zu verweben (Clarke 1988; Zurawski 2011; Roderick 2014). In unserem Zusammenhang ist die Nicht-Rivalität der Daten bedeutsam, weil sie vergangene Sozialisationseinflüsse virulent werden lässt. Alles was in die Persönlichkeitsentwicklung einging und alles was bis in die Gegenwart an verfügbaren Ressourcen und habitualisierter Dispositionen über den Einzelnen erfasst wurde, bleibt für ein selektives Aufgreifen auf unbestimmte Zeit bestehen. Ein „Einholen der Vergangenheit" ist also nicht nur als isolierte Konfrontation mit zurückliegenden Handlungen zu begreifen, sondern mehr noch als Möglichkeit, das gesamte Leben zurück ins Licht zu ziehen.

5.1 Daten als ungleich genutzte Handelsware

Obwohl der Wert der Datensätze eine gewisse Aktualität erfordert, ist davon auszugehen, dass dessen Inhalte noch auf Vergangenem aufbauen oder das Vergangene gezielt in Wert gesetzt werden soll. Da selbst Verhaltensvoraussagen zwangsläufig auf Zurückliegendem basieren, begleitet die Datenverwertung immer auch ein konservatives Moment, das die individuelle Herkunft miteinschließt.

Die Substituierbarkeit der Daten gibt Datenhändlern Möglichkeiten in die Hand, fehlende Attribute aus dem bestehenden Datensatz ableiten oder durch übergeordnete Zielgruppenbezüge kompensieren zu können. Für den Betroffenen führt dies zu einer Ansprache mit Daten, die nicht unmittelbar über ihn erhoben worden sind. Es lässt sich einerseits der Datenbestand weiter anreichern und um entscheidende Merkmale einer personalisierten Zuordnung ergänzen. Zum anderen werden individuelle Ansprachen durch das Verhalten anderer Personen substituierbar, solange sie derselben Zielgruppe zugeordnet werden können. Eine Form dieser kollektiven Ansprache wurde oben mit den kollaborativen Filtern angesprochen („Kunden die dies kaufen, mögen auch das"). So müssen aufgrund der Substitutionspraktiken selbst die auf größte Datensparsamkeit bedachten Personen eine mehr oder weniger gerichtete Ansprache in Kauf nehmen. Vor allem aber sorgt der wechselseitige Austausch und Zukauf von Daten für ein umfassendes Portfolio der Datenhändler. Während diese durch den Austausch zu Größe und den damit verbundenen Skalenerträgen kommen, läuft für das Datensubjekt der grenzüberschreitende Handel auf eine Daten-Diffusion mit größtmöglicher Intransparenz hinaus. Die spezifische Verwertung der verfügbaren Daten kann sich dann in sämtlichen Lebenskontexten auswirken. Es sind letztlich „ubiquitäre Daten", die asynchron und dezentral aus vielen verschiedenen, lose gekoppelten und sich teils überlagernden Quellen stammend (Hotho et al. 2010, S. 62) dem Einzelnen in einem persönlichen oder kollektiven Zuschnitt begegnen, ohne dass dieser die Kontrolle über deren Präsenz gewinnen kann. Das beschriebene Zusammenspiel von online und offline ist nun intertemporal und raumübergreifend zu verstehen: Was irgendwann über den Einzelnen archiviert wurde, kann irgendwo an dieselbe Person adressiert werden. Für diese ergibt sich daraus der völlige Verlust einer Nachvollziehbarkeit von Wirkungszusammenhängen.

Zwischen dem Datensubjekt und dem Bezieher, bzw. Händler von personenbezogenen Daten liegt folglich eine starke Informationsasymmetrie vor. Der Händler kann den Wert der Daten aufgrund der erzielten Erlöse exakt taxieren. Für den Konsumenten ist es hingegen nahezu unmöglich nachzuvollziehen, in welcher Form und in welchem Zusammenhang dessen Daten gehandelt werden. Für eine Bestimmung ihres Wertes müsste der Konsument u. a. Kenntnis darüber haben, an welchen Stellen und zu welchen Konditionen die Daten in Wert gesetzt werden, wie lange sie gespeichert und ökonomisch nutzbar sind, er müsste Risiken des Missbrauchs und dessen Konsequenzen berücksichtigen und sämtliche indirekte Ableitungen aus den bestehenden Datensätzen einschätzen können (vgl. auch Wiewiorra 2018, S. 464 f.). Ferner wären für den Verbraucher ökonomisch nachteilige Auswirkungen auf einzelne Lebensbereiche in Betracht zu ziehen, welche durch Markteintrittsbarrieren oder Preisdiskriminierung zu Stande kommen (z. B. Kreditvergabe, Versicherungen).

Da der Verbraucher über diese Informationen nicht verfügt und an den, mit seinen Daten erzielten, Gewinnen nicht beteiligt wird, ist die ökonomische Wertschöpfung höchst ungleich verteilt. Obwohl in Teilen der Gesellschaft eine grobe Idee vom Wert der individuellen Daten besteht, werden bislang kaum Wege zu einer alternativen Inwertsetzung des Privaten eingeschlagen, die die Einspeisung in die Datenbanken der Plattformbetreiber und Händler umgeht. Jüngere Vertragsmodelle bei Krankenkassen oder Versicherungen honorieren die Datenabgabe zwar durch Nachlässe, lassen den Kunden aber im Unklaren, was ihren konkreten Gewinn betrifft. Alternative Datenmärkte mit einer deutlicheren Übersetzung des Preises (wie z. B. Daten-Marktplatz.de) führen noch ein ausgesprochenes Nischendasein.

Dass sich die allermeisten Verbraucher ihre exzessive Einspeisung von Daten in Datenmärkte allein durch den Zugang digitaler Dienste vergüten lassen, findet eine wichtige Erklärung in der doppelseitigen Neuheit der Tauschgüter, die diesen Markt kennzeichnet. Während auf der einen Seite die neue Währung „individuelles Datenkapital" von jedem Einzelnen erst entdeckt und bewertet werden muss, bietet auf der anderen Seite die Datenökonomie spezialisierte Dienste an, die trotz ihrer Selbstverständlichkeit im digitalen Alltag noch immer faszinieren, teils als unverzichtbar gelten und insgesamt als „wertvolle" und dennoch schwer bepreisbare Neuerung wahrgenommen werden. Die besondere Chance zur digitalen Teilhabe scheint in dieser Sicht die abstrakte Form der Abgabe mehr als aufzuwiegen (Acquisti et al. 2013).

Ein objektiver ökonomischer Gewinn kann im gegenwärtigen System der Datenökonomie nur dann erzielt werden, wenn mit der Preisgabe der Daten auch ein so hoher ökonomischer Nutzen in Verbindung steht, der die aufgebrachten Kosten übersteigt. In diesem Zusammenhang wurden die Chancen zum Kapitalerwerb über den Umweg der Aneignung von sozialem und kulturellem Kapital im Cyberspace beleuchtet. Die ernüchternde Zwischenbilanz legt offen, dass die Gewinne im Datenhandel selbst im digitalisierten Realraum auf einer ökonomischen Inwertsetzung von Wissen beruhen, mit dem Geschäftstreibende dann zu individualisierten Angeboten befähigt werden. Gelingt damit auf Anbieterseite die Umwandlung des Datenkapitals in ökonomisches Kapital, gewährt das

Datenkapital auf der Nachfragerseite einen Nutzungszugang, der gesellschaftsübergreifend nur bedingt in materiellen Gewinn überführt werden kann. Indem der Zugang in verspiegelte Räume führt, wird den kapitalschwachen Bevölkerungsteilen die Umwandlung in ökonomisches Kapital erschwert. Mit anderen Worten: Datenkapital lässt sich unter rekursiven Effekten besonders gut in Wert setzen, wodurch der Händler profitiert und der Betroffene verliert. Kommt es durch die genannten Eigenschaften der Daten gar zur Datenanreicherung ohne Gegenleistung für das Datensubjekt, fällt der Profit im digitalen Geschäft allein auf eine Seite.

Die vorgebrachten Argumente zur ungleichen Nutzbarmachung des digitalen Kapitals müssten sich in den Datenbanken (Portfolio) der Datenhändler zeigen. Mit der dauerhaften Etablierung eines datenaggregierenden Systems sollten sich dort die Erträge vieler Jahre in reichhaltigen Portfolios niederschlagen. Die damit einhergehenden Möglichkeiten einer personalisierten Ansprache legen zugleich offen, inwieweit sich die rekursive Logik über den Datenhandel begründen lässt.

5.2 Datenhändler und ihr Portfolio

Daten- und Adresshändler weisen in ihrem Leistungsangebot unterschiedliche Schwerpunkte aus. In der oben bereits angedeuteten Breite der Verwertungszusammenhänge bedienen sie übergeordnet das Interesse an einer möglichst vollkommenen Kundeninformation, die eine gezielte Ansprache erlaubt, Streuverluste minimiert, die Konversionswahrscheinlichkeit erhöht, Unternehmen vor Ausfallrisiken schützt, Kostensenkungen und Wirkungsmessungen ermöglicht und nicht zuletzt die Planbarkeit von Prozessen und Verhaltensvoraussagen gestattet. So geht es im Rahmen des gesetzlich Möglichen um nichts weniger, als ein fortschreitendes Profiling und Tracking der Lebensumstände jedes Einzelnen (Blattberg et al. 2008, S. 6 f.; Čas und Peissl 2006). Gemeinsam ist allen Angeboten ein umfangreicher Datensatz, der sich je nach Bedarf der Geschäftspartner maßgeschneidert selektieren lässt.

Die Herkunft der Daten wird mit Bezug auf die Datenquelle üblicherweise in First-, Second- und Third Party-Daten unterteilt, womit gleichzeitig die Entfernung zum Kontext der Erfassung deutlich wird: Die First Party-Daten werden von Geschäftstreibenden selbst erhoben. Entsprechend häufig sind es hausinterne Kundenmanagementsysteme, die Adressdaten, Transaktionsdaten oder soziodemografische Informationen bereithalten. First Party-Daten lassen sich leicht im direkten Kontakt mit dem Endkunden generieren, wovon u. a. der Versandhandel, Kreditinstitute oder Telekommunikationsdienstleister profitieren.

Öffentlich zugängliche Quellen, wie kommunale Melderegister bieten sich ebenfalls für einen direkten Datenbezug an. Online kommen die Auswertungen zum Surf- und Social-Mediaverhalten oder das E-Mail-Marketing hinzu. Sobald die erhobenen Daten nicht allein von dem einen Unternehmen genutzt werden, sondern in Teilen an einen Partner oder ein Netzwerk weitergegeben werden, spricht man von Second Party-Daten. Gemeinsam genutzte Data-Management-Plattformen oder strategische Partnerschaften im Online-Sektor sind weit verbreitet. Dazu zählen u. a. gemeinsame Bonusprogramme (wie Payback), Kooperationen, die externe Datenspeicher (Cloud-Dienste) einschließen, oder firmenübergreifende Eingabemasken. Mit den Third Party-Daten ist schließlich direkt der Adress- und Datenhandel angesprochen, der mit sehr umfangreichen Datenbeständen operiert und diese dem Kunden in kurzer Zeit zur Verfügung stellen kann. In seiner „Börsenfunktion" und als Vermittler „ubiquitärer Daten" wurde er – aus Verbrauchersicht – als besonders abstrakte Distributionsform eingeführt, die in der Regel stärker noch als First- und Second Party-Aggregatoren, die Kontexte von personalisierter Datenabgabe und Ansprache separiert. Die von Third Party-Aggregatoren genutzten Datenquellen sind vielfältig. Sie umfassen allgemein zugängliche Quellen (in Deutschland u. a. das Statistische Bundesamt, Statistische Landesämter, die Bundesagentur für Arbeit, das Kraftfahrtbundesamt, Adress-, Rufnummern-, Branchenverzeichnisse, Impressi, Vereinslisten), zu denen auch aggregierte Erhebungen von Branchenverbänden und Instituten zählen (u. a. das Deutsche Institut für Wirtschaftsforschung, Gesamtverband der deutschen Versicherungswirtschaft, der Handelsverband Deutschland, der Zentralverband des Deutschen Handwerks). Hinzu kommen Datenzulieferungen von Vertrags- und Kooperationspartnern und der Bezug von externen Datenlieferanten und Aggregatoren. Das können beispielsweise aggregierte Affinitätsinformationen aus dem Verlagswesen, dem E-Commerce oder dem Surfverhalten sein, Transaktionsdaten, die durch Bonus- und Kundenkartenprogramme generiert wurden, aggregierte Kommunikations- und Standortdaten oder Daten aus Gewinnspielen. Ergänzend werden eigene Erhebungen durchgeführt oder spezielle Auswertungen in Auftrag gegeben. Letztlich lassen sich sämtliche Erfassungsmöglichkeiten fruchtbar machen, die auch für den Cyberspace und den vernetzten Realraum (in Abschn. 4.1 und 4.2) vorgestellt wurden.

Die Bonitätsprüfungen von Auskunfteien nutzen insbesondere die Daten der Vertragspartner (Banken und Kreditkartenunternehmen, Telekommunikationsunternehmen, Unternehmen der Wohnungswirtschaft, Versand-, Einzelhandel und Versicherungsunternehmen) und ergänzen diese durch öffentlich zugängliche Quellen (Schuldnerverzeichnisse) sowie exklusive Daten von Inkassounternehmen (vgl. ausführlich Goldhammer und Wiegand 2017, S. 32 f.).

5.2 Datenhändler und ihr Portfolio

Große Anbieter auf dem deutschen Markt, wie etwa die Schober Information Group, die AZ-Direct der Arvato Bertelsmann AG, die Deutsche Post Direkt oder Acxiom Deutschland pflegen Kundenprofile, Firmenadressen und E-Mailkontakte im Umfang von jeweils mehreren Millionen. Wie ergiebig die Datenausbeute online und offline ist, zeigt sich insbesondere in den erfassten Zusatzmerkmalen: Allein Schober hält laut Selbstauskunft fast 60 Mio. Privatadressen mit zahlreichen Zusatzmerkmalen zu Konsumverhalten, Soziodemografie sowie Wohn- und Lebenssituation bereit, die eine „360°-Perspektive" auf den Kunden gewährleisten (www.schober.de). Für die Suche nach der passenden Zielgruppe verfügt die Datenbank über rund 400 Selektionskriterien, die von der Wechselwahrscheinlichkeit der Krankenkasse über die Affinität zum Schnäppchenkauf bis hin zum Reisetyp jegliche Segmentierung vorsieht. Dazu gibt die Datenbank auch über so verkaufsrelevante Kategorien wie Bildung, Einkommen, Lebensstil und Milieu Auskunft. Das Haushaltseinkommen, die soziale Schicht und die korrespondierenden Interessen sind unmittelbar abrufbar.

Mit ähnlicher Personentransparenz und multiplen Formen der Ansprache präsentiert sich das Angebot von AZ Direct: „Mit aktuell rund 68 Mio. erreichbaren Konsumenten in verschiedenen Online- und Offline Kanälen bieten wir die größte crossmediale Reichweite Deutschlands – per Direct Mail, E-Mail-Marketing, Display-Advertising, Video, Mobile und Social Media" (www.az-direct.com). Interessenten können Daten zu unterschiedlichen Produktfeldern beziehen, die Affinitäten sind bereits vorsortiert. Den Zugang zu den potenziellen Kunden wird durch die wahlweise Erreichbarkeit per Post- oder E-Mail-Adresse oder über die Ansprache als Display-Marketing-Kampagne, etwa über Bannerwerbung oder Anzeigen in Suchmaschinen und sozialen Netzwerken, ermöglicht. Auch Formen des mobilen Marketings werden beworben, bei dem eine kommerzielle Botschaft beispielsweise ortsbezogen oder wetterabhängig über die installierten Apps eines Smartphones auftaucht. Insgesamt werden zahlreiche Verknüpfungsmöglichkeiten zwischen online und offline beschrieben. Im Rahmen eines CRM-Onboardings lässt sich beispielsweise die Schnittmenge zwischen den Bestandskunden aus der eigenen Datenbank und den Nutzern verschiedener Internet-Plattformen identifizieren, um diese mit einer darauf ausgerichteten Kampagne virtuell zu erreichen. Parallel dazu kann dies von einer offline-Kampagne, wie beispielsweise dem Katalogversand, flankiert werden. Der vernetzte Realraum bietet sich wiederum für „Digital-out-off-Home"-Kampagnen an, wobei digitale Außendisplays bereits mit unterschiedlichen Targetingkriterien wie lokaler Bezug, Wetter oder Uhrzeit verknüpft werden.

Eine vergleichbare Produktpalette führt auch die deutsche Tochter des US-amerikanischen Unternehmens Acxiom auf. Neben dem Besitz von über 45 Mio.

Postadressen mit verknüpfbaren Kennzeichen allein in Deutschland, weist der Datenhändler auf der Grundlage vielzähliger Third Party- Datenquellen Zielgruppensegmente aus, die über 500 Standardmerkmale integriert. Der Reisende mit Interesse an Städten, der Energieverbraucher mit einer „Affinität für Heizarten" oder der „wechselwillige Handynutzer" lässt sich gezielt für das relevante Geschäftsfeld auswählen und in Kombination mit weiteren Merkmalen ansprechen: „Da die Acxiom-Zielgruppen auf echten Offline-Daten basieren, wissen wir nicht nur, wer auf das Banner mit der Werbung für ein Luxusauto geklickt hat, sondern können Personen selektieren, die sich höchstwahrscheinlich ein solches auch leisten können" (www.acxiom.de/standard-zielgruppen/).

Eine eigene Rubrik ist dem Bereich „Healthcare" gewidmet. Das Unternehmen bietet hier an, Diagnosepotenziale mit soziodemografischen, -ökonomischen, -psychologischen und raumbezogenen Daten zu kombinieren. Viele weitere der in Kap. 4 vorgestellten Formen der Ansprache finden sich in dem Portfolio von Acxiom wieder. Dazu zählt nicht zuletzt die Kommunikation über das vernetzte Fernsehen:

> „Addressable TV kombiniert die Stärken aus der klassischen TV-Werbung mit den bekannten Targetingoptionen aus der digitalen Werbebranche. Für diesen attraktiven und reichweitenstarken Kommunikationskanal bietet Acxiom Advertisern und Agenturen eine Vielzahl an Zielgruppen, wie unter anderem zur Kaufkraft, zum Wohnumfeld oder Markenaffinitäten für Automobile. Acxiom bietet Zugriff auf ein Premium TV-Inventar und kann Segmente programmatisch aussteuern" (www.acxiom.de/tv-werbung/).

Zu den Formen der realräumlichen Ansprache außerhalb der eigenen Wohnung wird die Identifizierung von Standorten für Außenwerbung angeboten, die sich an der vorgegebenen Zielgruppe des Auftraggebers orientiert. Zugleich können in (digitale) Plakatwände eingebettete QR-Codes dabei helfen, über Gutscheine oder Rabatte auf ausgewählte Geschäfte aufmerksam zu machen, die fußläufig erreichbar sind.

Schober bringt auf seiner Homepage auch Formen des „Geo-Farmings" als Dienstleistung ins Spiel. Bei dieser Form des Re-Targetings ist es möglich, Besucher einer Veranstaltung über die IP-Adresse ihrer mobilen Geräte zu erfassen und später wieder zu erreichen. Die Besucher bestimmter Ereignisse lassen sich damit als Gruppe offline erfassen und mit gerichteten Botschaften online beispielsweise auf Facebook, Google oder Instagram ansprechen.

Als deutscher Marktführer im Bereich Bonitätsprüfung präsentiert sich die Schufa. In ihrer Spezialisierung auf kreditrelevante Informationen verfügt sie über mehr als 67 Mio. Datensätze zu natürlichen Personen in Deutschland. Mit ihren Scoring-Algorithmen garantiert das Unternehmen Entscheidungsgrundlagen in Echtzeit für seine Kunden. Mit Hilfe von Adressdatenbanken bietet es ferner Lösungen an, um Kontakte zwischen Geschäftspartnern zu reaktivieren oder hilft dabei, die „chancenreichsten Kunden" für ein Unternehmen ausfindig zu machen (www.schufa.de).

Erwartungsgemäß weisen alle Anbieter auf die Konformität ihrer Dienste mit den aktuellen Datenschutzbestimmungen hin. Abgesehen vom gesetzlich vorgeschriebenen Verzicht auf die Erfassung von besonderen Arten personenbezogener Daten (wie rassische oder ethnische Herkunft, politische oder religiöse Ansichten, Informationen über die Sexualität) berufen sich die Händler auf erteilte Einwilligungen (Art. 6 Abs. 1 a) BDSG) oder machen die Interessenabwägung (Art. 6 Abs. 1 f.) DS-GVO) zur Wahrung der berechtigten Interessen des Händlers und deren Partner und Auftraggeber geltend (gemäß Erwägungsgrund 47 zur DS-GVO), soweit die Interessen der Betroffenen nicht überwiegen. Dass die vergleichsweise strengen Regelungen in Deutschland und Europa den Datenbestand wesentlich einschränken, erscheint in Anbetracht der verfügbaren Datenfülle schwer nachvollziehbar. Doch in Ländern mit geringeren Datenschutzbestimmungen übertrifft das Datenangebot der Datenhändler noch den deutschen Markt:

Die Federal Trade Commission hat als US-Bundesbehörde für Verbraucherschutz bereits 2014 neun der größten Firmen im Bereich Datenhandel in den USA eingehend untersucht. Die Ergebnisse belegen eine nahezu komplette Erfassung aller US-amerikanischen Haushalte mit diversen Kennzeichnungen. Die Kommission fasst den enormen Umfang, der zumeist ohne Wissen der Konsumenten generiert wurde, in Auszügen wie folgt zusammen:

> „Of the nine data brokers, one data broker's database has information on 1,4 billion consumer transactions and over 700 billion aggregated data elements; another data broker's database covers one trillion dollars in consumer transactions; and yet another data broker adds three billion new records each month to its databases. Most importantly, data brokers hold a vast array of information on individual consumers. For example, one of the nine data brokers has 3000 data segments for nearly every U.S. consumer" (Federal Trade Commission 2014, iV).

Der Report legt auch offen, dass ein intensiver Datenaustausch zwischen den einzelnen Händlern besteht, was die Datensätze zum Nutzen aller Beteiligten erheblich erweitert. Wie auf dem deutschen Markt werden aus allen gewonnenen Daten spezifische Gruppen abgeleitet, die von Einzelmerkmalen wie „High-End Shopper", „Diabetest Interest" oder „Home Ownership Status" bis hin zu spezifischen Kategorisierungen wie „Rural Everlasting" (alleinstehende Männer oder

Frauen mit einem Alter von über 66 Jahren, niedrigem Bildungsabschluss und geringem Vermögen) reichen (vgl. Federal Trade Commission 2014, S. 24 f. und V). Aus ihnen lassen sich für unterschiedliche Verwertungszusammenhänge wertvolle Listen generieren und verkaufen. Eine stetige Aktualisierung von Präferenzen, Tätigkeiten, Mitgliedschaften oder Adressdaten wird stets garantiert.

Betrachten wir die Zielgruppen für Verwertung der in Deutschland angebotenen Daten näher, so lassen sich ganz unterschiedliche Kundengruppen identifizieren. Unter den Referenzen bei AZ Direct findet sich beispielsweise ein Modehersteller für große Frauen wieder, dessen Markteintritt durch Datenanalyse erleichtert wurde. Eine ausländische Direktbank, die damit wirbt, auf die individuelle finanzielle Situation Kredite, zuzuschneiden oder ein Fernsehsender, der die Aussteuerung von Werbung für die männliche Zielgruppe weiter differenzieren konnte, folgen als weitere Abnehmer der Daten. Die Deutsche Post Direkt, mit Daten zu rund 20 Mio. zustellrelevanten Gebäuden in Deutschland auf Adressen spezialisiert, bot die Auswahl von Kunden für ein Schuhhaus an, um sie über Gutschein-Mailings zu erreichen. Ein anderer Kunde gab die Adressbereinigung für ein 5 Sterne Superior-Hotel in Auftrag, damit der Kontakt zu den Stammgästen über ein Dialogmarketing auf Dauer aufrechterhalten werden kann. Acxiom Deutschland führt als Referenz u. a. einen Automobilhersteller an, dessen Geländewagen über den Abgleich der Kundenliste mit den Nutzern einer Social Media Plattform und mit einer weiteren Online-Plattform erfolgreich angesprochen werden konnten sowie ein Kreuzfahrtunternehmen, das über eine Zielgruppenselektion Neukunden über die Nutzung von On- und Offlinekanälen gewann. Bei der Schufa findet sich u. a. eine Rubrik zur Immobilienwirtschaft, die Wohnungsbesitzern Informationen über nicht vertragsgemäßes Verhalten von Mietinteressenten zugänglich macht oder zu Privatkundengeschäften, die ein Scoring für jede Phase des Kundenlebenszyklus verspricht.

Bereits bei dieser kleinen Auswahl wird klar, dass die gehorteten Datenbestände den Einzelnen virtuell und realräumlich in verschiedenen Zusammenhängen erreichen (Abb. 5.1). Sie erreichen ihn als Kunden, Neukunden oder Interessenten auf Grundlage der erfassten Merkmale. Die gesammelten Beispiele einer personenbezogenen Ansprache zu den einzelnen Daseinsgrundfunktionen bauen noch stark auf First und Second Party-Daten auf. Mit Hilfe der Datenbestände der Daten- und Adresshändler sowie der Auskunfteien lassen sie sich um viele Beispiele einer personalisierten Ansprache anreichern, die durch Third Party-Daten ermöglicht wurden. Die erfassten Merkmale sind umfangreich. Sie enthalten soziodemografische (Geschlecht, Alter, Bildung etc.), sozioökonomische (Einkommen) oder soziopsychischen (Präferenzen, Einstellungen) Merkmale, die mit Adress- und Kontaktdaten (realräumlich) oder der IP-Adresse

5.2 Datenhändler und ihr Portfolio

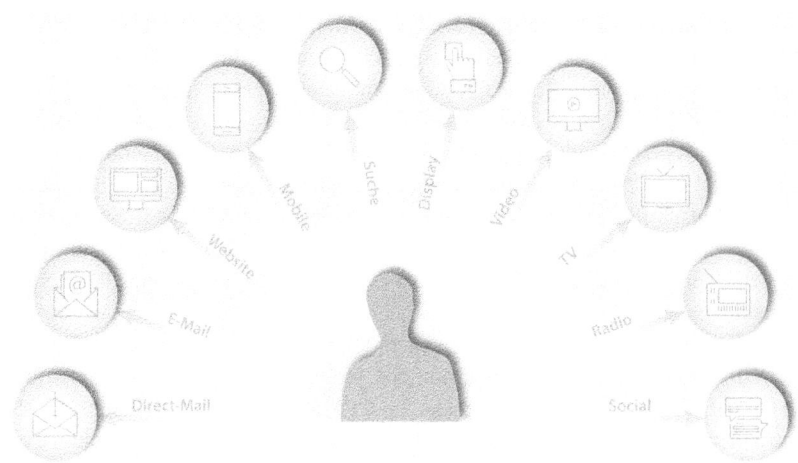

Abb. 5.1 Cross Channel Marketing. (In Anlehnung an Acxiom Deutschland, www.acxiom.de)

und E-Mail (virtuell) kombiniert werden können. Folglich erfährt der Konsument durch die jeweilige Zuordnung eine entsprechende Ansprache. Die Vorkategorisierung reproduziert die Kategorie.

Vielfach sind es nicht nur einzelne Merkmale oder Merkmalskombinationen, auf die wirtschaftliche Akteure ihre Angebote abstellen. Oft geht der Kampagne eine umfassende Datenanalyse voraus, wobei die Kundensegmentierung eine zentrale Rolle spielt. Die Segmente werden so gebildet, dass sie möglichst gleichartige Reaktionen auf die Marketinginstrumente des Unternehmens zeigen und so eine differenzierte Marktbearbeitung ermöglichen. So kann der Einzelne als Teil einer Zielgruppen-Typologie angesprochen werden (z. B. „Werbe- und Cross-Channel Enthusiast" bei AZ Direct oder „Midlife Single mit kleinem Budget" bei Acxiom Deutschland), die sich von Anbieter zu Anbieter häufig unterscheidet. Auch die Sinus-Milieus finden sich als eine Form der Zielgruppensegmentierung bei vielen Datenhändlern wieder (z. B. Acxiom Deutschland).

Eine weitere wichtige und von nahezu allen Händlern angebotene Form der Kundensegmentierung ist über geographische Kriterien gegeben. Ergänzend zu den makrogeographischen Einteilungen (Bundesländer, Städte oder Gemeinden) verfügen die Datenhändler häufig über mikrogeographische Segmente, also Lebens- und Alltagsräume, die von Menschen mit gleichen Werten, gleichem Lebensstil oder ähnlichem Milieu gemeinsam eingenommen werden. Gezielt lässt sich die Kampagne dann auf ortsbezogene Merkmale ausrichten. Oder wie es Acxiom formuliert: „Geomarketing nutzt räumliche Informationen, um mit den richtigen Zielgruppen in Kontakt zu kommen. Denn Menschen, die sich an einem bestimmten Ort aufhalten oder ein bestimmtes Lebensumfeld wählen, haben mit hoher Wahrscheinlichkeit bestimmte Interessen" (www.acxiom.de/geomarketing/). Die verfügbaren Daten ermöglichen eine räumliche Zielmarktselektion und stellen darüber hinaus flächendeckend Straßen- und Gebäudeverzeichnisse bereit. Ihnen lassen sich einzelne Merkmale zuweisen, so dass räumliche Cluster mit spezifischen Charakteristiken übergreifend oder einzelne Einheiten individuell adressiert werden können.

Einer der größten Anbieter für eine mikrogeografische Marktsegmentierung in Deutschland ist die Firma microm. Sie verfügt nach eigener Auskunft über Daten zu 41 Mio. Haushalten sowie zu 21 Mio. Häusern mit mehr als 150 Attributen (www.microm.de). Die Sinus-Milieus werden hier mit den mikrogeographischen Datenbeständen zu den microm Geo Milieus verschmolzen, was eine Konsumentenansprache sowohl über die spezifischen Wohnbedingungen gewährleistet als auch eine Ansprache über den gewählten Raumausschnitt möglich macht. Der Anbieter hat sogar für jedes Haus in Deutschland die statistische Wahrscheinlichkeit berechnet, mit der die einzelnen Sinus-Milieus dort vorkommen. Ergänzend vermarktet das Unternehmen ein neurowissenschaftliches Zielgruppenmodell. Motive, Wünsche und Emotionen der Konsumenten sind in Relation zu dem real gezeigten (Kauf-)Verhalten erfasst. Auch sie können vom Stadtteil bis zur Hausebene ausgewertet werden. Nicht zuletzt zeigt das Angebot von microm stellvertretend für weitere Datenhändler, wie mit Hilfe von Geodaten auch Bewegungsmuster erfasst werden. Wurden diese bislang für die Übersetzung in Konsumgewohnheiten oder Lebensumstände eingeführt (vgl. Abschnitt 4.6), geben sie hier dem raumbezogenen Marketing auch Möglichkeiten einer direkten Ansprache im Realraum. Auf dem Weg zur Arbeit oder zum Einkaufen lassen sich, so das Angebot des Händlers, die geeigneten Werbeträger an den Routen mit der höchsten Zielgruppenaffinität ausrichten.

Insgesamt unterstreichen die Angebote sehr deutlich, mit welchen Möglichkeiten der Datenhandel seine Kunden ausstattet, den Verbrauchern gezielt zu begegnen. Dies betrifft den Umfang der Daten, ihre Präzision und die verfügbaren Analysekapazitäten zum einen sowie die vielen professionell beherrschten Kanäle einer online- oder offline Ansprache zum anderen.

Mit dem Handel von Geodaten und realräumlichen Formen der Ansprache kehrt an dieser Stelle auch das Wohnumfeld zurück in den Blickpunkt. Das benachteiligte Quartier wurde einführend als mehrfache Hypothek für seine ressourcenschwachen Bewohner betrachtet, weil es mit seinem Mangel an aufstiegsrelevanten Ressourcen sowohl auf die Sozialisation als auch die Fähigkeit zur Konstitution von Raum nachteilig auswirkt. Der Zugriff auf den Cyberspace wurde vor diesem Hintergrund als individuelle Bemächtigung einer alternativen Gelegenheitsstruktur diskutiert, deren begrenztes Potenzial sich durch eine neue Form der Rekursivität herausstellen sollte. Steht nun, so ließe sich folgern, mit der Bezugnahme der Datenhändler auf das Wohngebiet eine weitere aufstiegshemmende Festlegung des Verbrauchers im Zusammenhang?

Als rekursive Momente wurden bislang die kommerziellen Übersetzungen von individuellen Merkmalen betrachtet, welche – das zeigen die Angebote der Datenhändler besonders deutlich – auf ganz verschiedenen Wegen an den Einzelnen herangetragen werden. Der Wohnort ist hier zunächst als Adresse relevant, um den (potenziellen) Kunden mit Angeboten auch realräumlich kontaktieren zu können. Darüber hinaus liefern die Adresse und das Quartier aber auch Aufschluss über Dispositionen und Präferenzen ihrer Bewohner und gestatten, wie die Werbung der Datenhändler unterstreicht, weitergehende Ableitungen. Eine Zurechnung von spezifischen Bedürfnissen oder die Einschätzung der Bonität via Geoscoring können leicht realisiert werden. Über die zusätzliche Möglichkeit, Aktionsräume nachzuzeichnen, nimmt der Erwerb von Geodaten aber auch Einfluss auf die Raumgestaltung. Sie ist mit der passenden Platzierung von Werbung bereits angedeutet, greift aber weiter. Um nicht nur die konkrete Kundenansprache, sondern auch die hier wiederkehrende Bedeutung der Adresse und des Quartiers im Zeichen des Datenhandels eingehender zu betrachten, sollen im Folgenden käufliche Geodaten direkt auf einzelne Quartiere in deutschen Städten übertragen werden. Die Art der Daten und die dazugehörigen Angebote des Händlers verweisen auf Verwertungszusammenhänge, die in dem jeweiligen Quartier auf verschiedene Weise sozial wirksam werden.

5.3 Empirische Befunde im sozial segmentierten Stadtraum

Kehren wir für die Präzisierung des empirischen Interesses noch einmal zu der Ausgangssituation zurück: Verfügbares Kapital und Wohngebiet wurden oben in ihrer wechselseitigen Bedingtheit dargestellt. Während die Wohnlage und -situation vom ökonomischen Kapital abhängig ist, finanziert dieses immer auch jene Bedingungen mit, die den Bewohner befähigen oder einschränken: Mit physischen, sozialen oder auch imagebezogenen Gegebenheiten sind bestimmte Sozialisationseinflüsse (kontextuelle und kompositorische Faktoren) gegeben und die Erwerbsmöglichkeiten von weiterem (sozialem, kulturellem und symbolischen) Kapital vorstrukturiert. Dabei ist weniger von einem Determinismus die Rede, als von einer grundlegenden sozialen Chancenungleichheit, die sich erst in räumlicher Perspektive klar entfaltet.

Je ressourcenärmer sich die räumliche Gelegenheitsstruktur ausnimmt, desto gravierender ist die Benachteiligung ihrer Bewohner in Relation zu den kapitalstarken Quartieren. Doch wie polarisiert und ungleich stellt sich die Situation in deutschen und weiteren Städten gegenwärtig dar? Nimmt man allein auf die ökonomischen Kennzahlen Bezug, dann lässt sich die einführend beschriebene Einkommenspolarisierung ebenso belegen, wie eine voranschreitende Sortierung von Stadtbewohnern nach deren wirtschaftlichen Voraussetzungen (Seidel-Schulze et al. 2012; Friedrichs und Triemer 2009; vom Berge et al. 2014). Einzelne Stadtteile, zuweilen sogar Städte sind für bestimmte Bevölkerungsgruppen nicht mehr finanzierbar. Es bleibt die Nutzung jener Räume, die sich einkommensschwache Mieter leisten können.

Die vorgetragene Argumentation um befähigende und einschränkende Bedingungen im räumlichen Kontext wäre allerdings brüchig, wenn sich die Unterschiede allein auf das ökonomische Kapital beziehen. Schließlich wurde mit Bezug auf Bourdieu ja gerade ein erweiterter Kapitalbegriff stark gemacht, der die Beziehbarkeit von Bildung, Geschmack und Sozialkapital an den sozialen Aufstieg knüpft. Eine strukturelle Benachteiligung im Quartier macht also insbesondere an der fehlenden Zugangsmöglichkeit zu sozialem und kulturellem Kapital fest. Schließlich wurde mit dem verwendeten Milieubegriff bislang auch terminologisch unterstellt, dass weitere Gemeinsamkeiten die Bewohner kennzeichnen und ihre soziokulturelle Identität konstituieren (z. B. alltagsästhetische Neigungen, Wertorientierungen, Konsumorientierungen).

Auch die eingenommene relationale Perspektive auf den Stadtraum wirft die Frage auf, ob eine milieubezogene Raumdifferenzierung mit der Syntheseleistung der betroffenen Bewohner vereinbar ist. Es ist davon auszugehen, dass sich die Synthese von sozialen Gütern, Bewohnern und Orten nicht unbedingt milieuspezifisch sondern vielfach sehr individuell vollzieht und damit auch jedes Quartier individuell abweichend konstituiert wird. Dennoch ist es ein gemeinsamer Raum, der selbst bei unterschiedlichen Bezugnahmen jedes Einzelnen, den Handlungen und Wahrnehmungen der Bewohner eine übergreifende Struktur vorgibt. Mit seiner Ausstattung macht er spezifische Angebote (Spielplätze, Buslinien, Nachbarschaftskontakte), deren Inanspruchnahme hier wahrscheinlicher ist als die Inanspruchnahme anderswo. Der Einfluss der kontextuellen und kompositorischen Faktoren wirkt milieukonstituierend. Und es sind wiederum die Bewohner eines Quartiers, die in ihren dortigen Aktionsräumen zur Konstitution dieses Raumes

5.3 Empirische Befunde im sozial segmentierten Stadtraum

wesentlich beitragen. So werden „…in Syntheseleistungen und Spacings Stadtteilräume und Stadt als relationales Gefüge konstituiert, und zwar nach milieuspezifisch unterschiedlichen Relevanzkriterien" (Löw 2001, S. 259). Insgesamt geht Löw von einer „schichtspezifischen Syntheseleistung" aus, die den städtischen Raum hervorbringt (Löw 2001, S. 260).

Offen bleibt indes, welche über Einkommen, Bildung und Beruf hinausgehenden Merkmale es sind, die in einem Quartier eine größere Anzahl der Bewohner kennzeichnen.

Diese Frage ist für die datengestützte Form einer rekursiven Ansprache zentral. Wenn sich neben ökonomischen Merkmalen auch weitere Items räumlich konzentrieren, die wir in den Portfolios der Datenhändel vorfinden, dann müsste die personalisierte Adressierung, die auf dieser Grundlage erfolgt, zu einer Festigung des Milieus beitragen. Eine einheitliche Ansprache, nicht nur mit ähnlichen Finanzangeboten sondern beispielsweise auch mit ähnlichen Konsumempfehlungen, dürfte auf Dauer der Homogenität der Quartiersbevölkerung zuarbeiten. Zu der wechselseitigen Beeinflussung der Quartiersbewohner untereinander, tritt dann eine von außen gesteuerte Beeinflussung durch profitorientierte Unternehmen mit Botschaften, die an die örtlich erfassten Dispositionen anschließen.

Ein vertiefender Blick in das Portfolio eines Datenhändlers kann also *erstens* darüber Auskunft geben, inwieweit die erfassten Daten Gemeinsamkeiten der Quartiersbewohner wiederspiegeln. Dies gilt zum einen für ökonomische Merkmale, die gemeinhin den Grad einer sozialräumlichen Segmentierung zeigen. Zum anderen gilt das Interesse weiteren konsumbezogenen Merkmalen, die für weitergehende Gemeinsamkeiten der Quartiersbevölkerung stehen. Neben den erfassten Daten ist dann *zweitens* aufschlussreich, von wem und auf welchem Wege diese Daten ökonomisch in Wert gesetzt werden und damit rekursiv auf die kapitalschwachen und kapitalstarken Bewohner Einfluss nehmen können.

5.3.1 Datenbezug und Vorgehensweise

Ein weiterer großer Datenhändler in Deutschland ist die Bonner Nexiga GmbH. Der Schwerpunkt der Firma liegt in der Inwertsetzung von Geodaten. Über die raumbezogene Analyse einzelner Attribute hinsichtlich ihrer Verbreitung, ihrer Dichte und ihrer Kombination mit weiteren Attributen werden Standortplanungen, Marktanalysen und ein optimiertes Kundenmanagement angeboten. Analog zu den bereits genannten Anbietern verfügt die Firma über ein breites

Portfolio an gespeicherten Merkmalen zur Bevölkerung, das von soziodemografischen über wirtschaftliche bis hin zu verkaufspsychologischen Daten reicht. Daneben werden Daten zu Infrastruktur und Gebäuden verarbeitet sowie Mobilitätsdaten zu Passanten- und Verkehrsströmen, die über Mobilfunkdaten generiert wurden, angeboten. Die Marktdaten der Firma setzen sich aus über 180 Merkmalen mit insgesamt mehr als 1000 Ausprägungen zusammen und lassen sich auf unterschiedliche Maßstabsebenen projizieren. Dabei ist in detailliertester Auflösung auch der Datenbezug auf einzelne Gebäude möglich, von denen die Firma laut Selbstauskunft über 21 Mio. allein in Deutschland erfasst hat (www.nexiga.de).

Für eine quartiersbezogene Auswertung von Daten wurden aus dem Portfolio von Nexiga im Juli 2018 aktuelle Datensätze für die deutschen Städte Berlin, München und Essen bezogen. Die exemplarische Auswahl der Städte war lediglich von zwei Kriterien geleitet: Einerseits sollten Großstädte im Mittelpunkt der Betrachtung stehen, da sich dort eine Quartiersbildung stärker zeigt als in Klein- und Mittelstädten (Goebel et al. 2012, S. 392). Mit Berlin und München sind Millionenstädte gewählt, die bereits aufgrund ihrer Bevölkerungszahl ein großes soziales Spektrum erwarten lassen. Auf der anderen Seite sollten diese Großstädte aber nicht die Extrembeispiele einer fortgeschrittenen Segregation darstellen, um der reproduktiven Logik der Datenökonomie allgemein und unabhängig von bereits ausgeprägten Polarisierungen im Sozialraum nachgehen zu können. Eine jüngere Auswertung von Helbig und Jähnen (2018) dokumentiert für die 74 größten Städte Deutschlands die Zunahme der Segregation zwischen 2005 und 2014. Weder das von steigenden Mieten betroffene Berlin (Platz 17 im Segregationsindex) noch das als „teuerste Großstadt Deutschlands" titulierte München (Platz 61) oder das traditionell dualistisch geprägte Essen (Platz 25) nehmen hier vordere Plätze ein (vgl. Goebel et al. 2012, S. 30).

Die bezogenen Informationen zu den drei Städten setzen sich aus aggregierten Daten zusammen, die sich einzelnen Straßenabschnitten zuordnen lassen, sowie aus Daten, die einem Quartier zugeordnet werden. Die Quartiersebene umfasst bei Nexiga kleinräumige statistische Einheiten, deren Zuschnitt abhängig von der Einwohnerzahl ist.

Auf Straßenabschnittsebene wurden mehrere Einzeldaten (Affinitäten, Kennziffern) mit mehrstufigen Ausprägungen erworben. Auf Quartiersebene kommen eine Wohnumfeldtypologie (Bewertung in Schulnoten), Informationen zur sozialen Schicht (von Unterschicht bis Oberschicht in fünf Stufen), Einkommensklassen (Haushalte mit monatlichen Nettoeinkommen in fünf Stufen) und weitere quartiersbezogene Merkmale hinzu. Die Auswahl umfasst somit Merkmale von Haushalten, die mit sozialen Kriterien oder der Wohnqualität räumlich kombiniert werden können. Die Informationen wurden als Geodaten im Shapefile-Format ausgegeben.

Zielsetzung ist es, über verschiedene Merkmalskombinationen auf Straßen- und Quartiersebene sozialräumliche Zusammenhänge zu visualisieren und Merkmalskonzentrationen exemplarisch darzustellen. Entscheidend ist dabei, dass die bezogenen Daten primär für den kommerziellen Zugang zu der jeweiligen Bevölkerung stehen. Sie geben auf der Grundlage der beschriebenen Bezugsquellen Anhaltspunkte, wo und wie sich die jeweiligen Interessen und Geschäftsmodelle der Datenkäufer realisieren lassen. Sie drücken aus, welche Bevölkerungsteile angesprochen werden, wenn ein bestimmtes Merkmal, das diese teilt, für die Ansprache relevant ist. Mit der Visualisierung ausgewählter Merkmale werden also selektiv Verwertungsvorlagen aufgezeigt, auf die sich die Datenkäufer mit ihren personalisierten Angeboten rekursiv beziehen.

Für diese Repräsentation des ökonomischen Blicks lassen sich freilich unterschiedliche Auflösungen und vielfältige Merkmale wählen. Mit der Aggregation der Merkmale auf Straßenabschnittsebene wurde eine gängige Darstellungsform gewählt, die sich für einen Überblick über die Konsumenten und das Lebensumfeld der einzelnen Städte anbietet. Den Datensatz unverändert aufgreifend, werden u. a. Park-, Wasser- oder Verkehrsflächen nicht extra ausgewiesen und die gebietsbezogenen Merkmalsträger nicht in Relation zu der gebietsbezogenen Gesamtheit gesetzt. Der Datensatz zentriert die Häufigkeit eines ökonomisch relevanten Merkmals in einem Raumausschnitt. Gemäß dem formulierten Interesse am Zusammenhang von ökonomischer Attribuierungen (Schicht, Einkommen) mit konsumbezogen Merkmalen im Quartierskontext, werden die entsprechenden Merkmale auszugsweise, jeweils in Paaren, veranschaulicht.

5.3.2 Berlin, München und Essen: Exemplarische Attribuierungen im Stadtraum

Berlin ist in den vergangenen Jahren als umkämpfter Schauplatz urbaner Verdrängungs- und Gentrifizierungsprozesse zu deutschlandweiter Aufmerksamkeit gelangt. Durch wachsenden Zustrom und steigende Mieten zeigt die Stadt mittlerweile deutliche Entflechtungstendenzen. Der soziale Wandel der Metropole nahm nach dem Mauerfall in den 1990er Jahren an Fahrt auf, als mit dem verspäteten Strukturwandel eine zunehmende Arbeitslosigkeit im Ost- aber auch im Westteil registriert wurde. Bedingt durch den sozialen Abstieg der entlassenen Arbeitskräfte und infolge einer wachsenden internationalen Zuwanderung und selektive Mobilitätsprozesse bildete sich im Stadtraum eine stärkere Konzentration von einkommensschwachen und bildungsfernen Bevölkerungsteilen heraus. Aus einer geteilten entwickelte sich eine „vielfach fragmentierte Stadt" (Krajekski 2015, S. 77). Zu den schwindenden wohnungspolitischen Gestaltungsmöglichkeiten der Stadt trug der Verkauf kommunaler Wohnungsbestände bei, der die angespannte Haushaltslage der verschuldeten Metropole entlasten sollte. Dadurch wuchs der privatwirtschaftliche Einfluss auf den Mietmarkt. Neben Privatisierungen und Sanierungen, insbesondere in den zentrumsnahen Gebieten um Berlin-Mitte, führte die postfordistische Transformation Berlins eine infrastrukturelle Aufwertung in vielen Teilen der Stadt herbei. Nach Jahren der Bevölkerungsstagnation und nachholenden Suburbanisierungsprozessen am Stadtrand mit weiteren Entmischungseffekten kam es in der ökonomisch wiedererstarkten Stadt in den Folgejahren zu einem anhaltenden Bevölkerungszuwachs. Im Schnitt wuchs die Stadt seit 2010 um jährlich fast 40.000 Einwohner, was durch Neubauten bislang nur unzureichend aufgefangen werden konnte (Wetzstein 2018, S. 39 f.). Parallel dazu ist der nationale und internationale Erwerb von Immobilien nochmals stark angestiegen und setzt, zusammen mit einem boomenden Tourismus, die Bewohner zentral gelegener Quartiere einem wachsenden Mietdruck aus (Holm 2011; Schnur 2013). Gerade die angesagten Stadtviertel, die „Kieze", die sich allesamt im wilhelminischen Gründerzeitgürtel befinden, lassen sich als Keimzellen einer sich von dort ausbreitenden Gentrifizierung ausmachen. Bauliche Aufwertung und mietpreisbezogene Anhebung leisten dann der vielbeschriebenen Entmischung Vorschub, bei der sich sukzessive einkommensstarke Bewohner mit einer spezifischen Kapitalausstattung zu Lasten der kapitalschwächeren Vormieter ausbreiten und letztere eine zunehmende Peripherisierung in Kauf nehmen müssen. So konnte in Berlin ab 2010 eine stärkere räumliche Konzentration von sozialschwachen Bevölkerungsteilen u. a. am westlichen Stadtrand in Spandau sowie im östlichen Stadtrand in Marzahn-Hellersdorf verzeichnet werden (Plate et al. 2014, S. 298 f.). Wenn sich damit für Berlin die eingangs beschriebenen Segregationsprozesse konkret abbilden (vgl. dazu beispielsweise Holm 2016), ist im Folgenden aufschlussreich, wie der Datenhandel diese Entmischungsprozesse spiegelt.

Legen wir zunächst eine sozialräumliche Erfassung des Datenhändlers zu Grunde (Abb. 5.2). Die Daten umfassen insgesamt 2.168.383 Berliner Haushalte. Über die Flächensignatur werden sämtliche Quartiere hervorgehoben, die eine größere Zahl an Unterschichthaushalten aufweisen. Von den vorliegenden 5 Stufen zur sozialen Schicht ist lediglich die unterste Stufe mit der absoluten Anzahl der Haushalte pro Flächeneinheit wiedergegeben. Auf dieser Maßstabsebene und

5.3 Empirische Befunde im sozial segmentierten Stadtraum

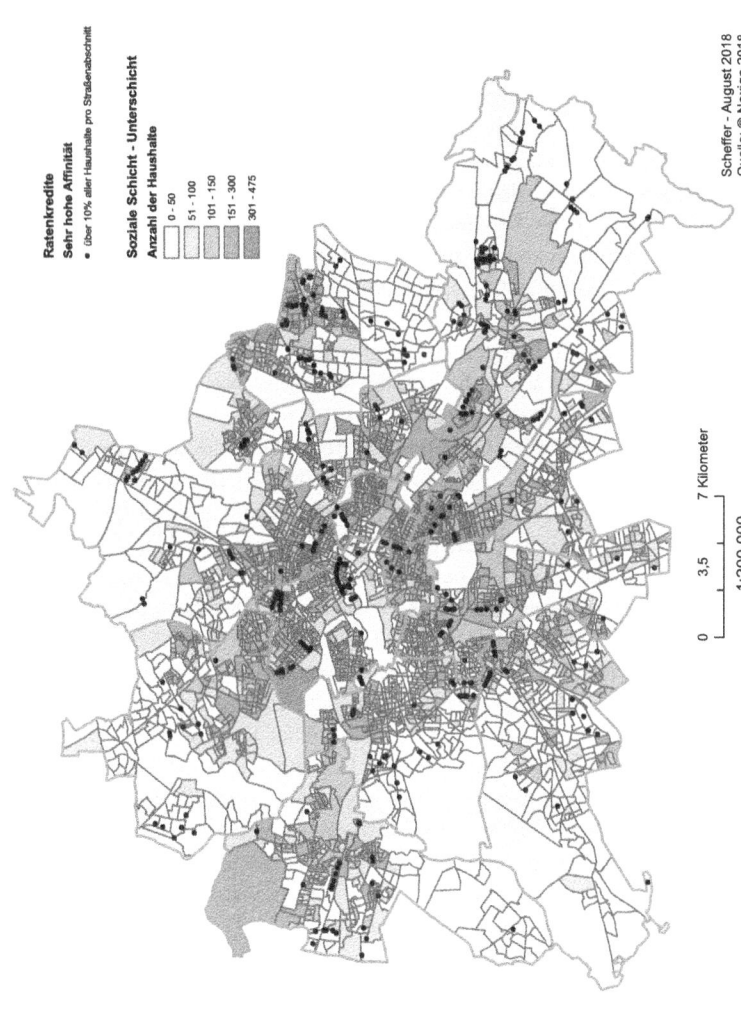

Abb. 5.2 Berlin – Unterschicht und Ratenkredite

unter Berücksichtigung der unterschiedlichen Bezugsflächen präsentiert sich Berlin nach diesem Merkmal relativ durchmischt. Dennoch lassen sich über die kleinflächigen dunklen Signaturen doch Konzentrationen ärmerer Bevölkerungsteile gut nachvollziehen. Im äußeren Bereich des Stadtgebietes stechen die Großwohnsiedlungen hervor, wie sie sich an den genannten Stadträndern in Spandau und Marzahn-Hellersdorf finden. Ebenfalls erkennbar sind im Norden das Märkische Viertel und im Süden die Gropiusstadt. Der dicht bebaute Innenstadtring weist, neben einem geringeren Unterschicht-Anteil um den westlichen Ortsteil Wilmersdorf, ein Mosaik unterschiedlicher Färbungen um den Bezirk Mitte auf. Die dortigen Quartiere deuten mit ihren zahlreichen einkommensschwachen Bewohnern auf eine hohe Verwundbarkeit hin, wenn es in ihrem Umfeld zu weiteren Mieterhöhungen kommt. In Punktsignatur werden Haushalte aufgeführt, die eine sehr hohe Affinität für Ratenkredite aufweisen. Von den neun Stufen zwischen „sehr geringer" und „sehr hoher" Affinität wurde lediglich die höchste Stufe ausgewählt. Als Punkt treten alle Straßenabschnitte hervor, von denen über 10 % ihrer Bewohner eine sehr hohe Affinität aufweisen, was bei 404 von 134.267 Straßenabschnitten der Fall war.

Es ist erkennbar, dass sich die Kredit-Interessenten stark auf jene Quartiere konzentrieren, die eine große Zahl sozialschwacher Haushalte aufweisen. Die gezielte Ansprache der Quartiersbewohner auf der Grundlage dieser Daten könnte daraufhin beispielsweise von Banken ausgehen, die in direkter Übersetzung des Items ihre Finanzprodukte bewerben. Ein solch typischer Verwertungszusammenhang wurde oben als Referenz eines Datenhändlers angeführt. Die Möglichkeiten der Kontaktnahme sind mit Blick auf die beschriebenen Kanäle bekanntermaßen vielseitig. Neben der individuellen Ansprache über die aufgerufenen Internetseiten, Postwurfsendungen oder E-Mailkontakten kann diese auch kollektiv erfolgen. Mit der Häufung potenzieller Kunden in einem Quartier könnte sich eine Postwurfsendung an alle Bewohner dieses Clusters anbieten oder auch eine quartiersbezogene Plakatwerbung sinnvoll erscheinen. Die Kreditaffinität signalisiert in anderen Verwertungszusammenhängen wiederum einen Bonitätsmangel und impliziert dann, zusammen mit weiteren Items, die Quartiersbewohner in Bezug auf diese Eigenschaft von der Ansprache auszuschließen. Die Kundensegmentierung greift auf der Grundlage eines umfassenden Datenbestandes folglich selektiv in den Stadtraum ein und bringt das „Passende" individuell oder kollektiv gerichtet an den oder die Adressaten. Eine Zuweisung oder Aussparung von Angeboten und Informationen, so zeigen es die Verteilungen der jeweiligen Merkmalsträger deutlich, erreicht die Berliner Bevölkerung höchst ungleich. Sie korrespondiert mit dem ökonomischen Status

5.3 Empirische Befunde im sozial segmentierten Stadtraum

und der Wohnlage und macht einen entsprechenden Austausch in exakt diesen sozialen und räumlichen Kontexten wahrscheinlicher. Ob es sich für ein Unternehmen lohnt, ein räumliches Segment beispielsweise mit einer Out-of-Home-Kampagne zu erschließen, steht in Abhängigkeit von der Konzentration der relevanten Merkmalsträger. So kann die Zugehörigkeit zu einem Quartier über die Zuteilung von Informationen und Angeboten entscheiden, obwohl der Betroffene die relevante Eigenschaft selbst nicht teilt. Die rekursive Bezugnahme geht dann nicht spezifisch auf die Person sondern auf das Merkmalscluster eines größeren Raumausschnitts zurück.

Während die Einwohner einzelner Straßenzüge oder auch ganzer Quartiere also verstärkt mit einer für sie nachteiligen Ansprache rechnen müssen, da ihre Kapitalschwäche möglicherweise mit spezifischen Angeboten reproduziert wird, führen die gespeicherten Merkmale der privilegierten Bevölkerungsteile diesen potenzielle Ressourcen zu. Die Abb. 5.3 liefert flächenhaft einen Überblick, wie sich Titelträger über das Stadtgebiet verteilen. Der Überblick verweist zunächst darauf, dass sich diese Form des symbolischen Kapitals in vielen Quartieren mit dem ökonomischen Kapitel deckt. Auffällig ist die hohe Dichte der Titelträger beispielsweise in dem wohlhabenden Bezirk Steglitz-Zehlendorf, den Ortsteilen Charlottenburg und Westend oder den südlichen Teilen des Bezirks Mitte. Auch die Existenz dieser Kategorie wird in unterschiedlichen Verwertungszusammenhängen eine größere Rolle spielen und befördert allgemein eine bildungsbezogene Ansprache mit weiteren passenden Angeboten.

Legt man über diese Darstellung die Affinität für Wirtschafts- und Finanzmagazine (auf der neunstufigen Skala der höchste und zweithöchste Wert), hier in Punkten dargestellt, die über 20 % aller Haushalte pro Straßenabschnitt kennzeichnen, so finden sich erneut zahlreiche Überlagerungen. Weil es für den Magazinanbieter wenig Sinn macht, nichtaffine Bevölkerungen mit hohen Kosten zusätzlich zu kontaktieren, sind die identifizierten Interessenten für eine Versorgung mit kapitalträchtigen Informationen prädestiniert. Demgegenüber verhindert die hohe Zielgruppentransparenz der Datenökonomie einen solchen Bezug der nicht erfassten Bevölkerungsteile. Anders als bei automatisierten Verwehrungen, etwa im Kreditwesen, macht eine Aussparung dieser Bevölkerungsteile einen nachträglichen Bezug der Informationen keineswegs unmöglich. Sicher ist aber, dass es die Informationen aufgrund der fehlenden Heranführung schwerer haben, den alltäglichen Wahrnehmungsfilter der Person zu durchbrechen. Dies gilt für das Erreichen über Online-Kanäle ebenso wie für die Ansprache im Realraum.

Eine genauere Betrachtung der Daten zu Berlin zeigt auch auf, dass zu mehreren Quartieren grobe Interpolationen vorgenommen wurden (z. B. werden

180   5   Dekontextualisierte Daten und sozialräumliche Unterschiede

Abb. 5.3 Berlin – Titelträger und Wirtschaftsmagazine

5.3 Empirische Befunde im sozial segmentierten Stadtraum

im Ortsteil Prenzlauer Berg oder Tempelhof zahlreiche Straßenzüge mit denselben Ausprägungen gekennzeichnet). Der Datenhändler überträgt schematisch Mittelwerte auf benachbarte Quartiere und vernachlässigt eine genauere Zielgruppenbeschreibung. Eine weitere Unschärfe lässt sich darin erkennen, dass großräumige und bevölkerungsarme Quartiere einheitlich über wenige Merkmalsträger beschrieben werden. Ein gutes Beispiel dafür stellt im Berliner Westen die große Fläche an der Stadtgrenze dar. Sie umfasst im Wesentlichen den Spandauer Forst, der lediglich im Süden und Osten von Wohngebäuden gesäumt wird. Der insgesamt niedrige soziale Status der Bewohner wird über die große Gesamtfläche überproportional dargestellt. Die auf solchen Ungenauigkeiten oder Verallgemeinerungen beruhende Ansprache kann im datenökonomischen Zuweisungssystem die Gefahr bergen, über die Daten Anderer benachteiligt zu werden. Eine fehlende Präzisierung kann für den Einzelnen aber auch die Chance bedeuten, dass sich das rigide Korsett einer personalisierten Zuweisung weitet und milieufremde Angebote und Informationen herangetragen werden. Letztlich ist es das jeweilige Unternehmen, das die Auflösung, Zielgruppengenauigkeit und Qualität der Daten vorgibt, um seine Ziele zu erreichen.

Im Ganzen zeichnen sich trotz vieler Unschärfen auf der gewählten Maßstabsebene erste Muster im Berliner Stadtraum ab, die für eine selektive Ansprache von einzelnen Personen sowie von Personengruppen im Quartier stehen. Die Grundlage dieser Muster sind personalisierte Daten, die durch Handel und ökonomischer Inwertsetzung das stärken, was sie inhaltlich und räumlich beschreiben. Der Kampf um die soziale Hoheit einzelner Quartiere, wie er im gentrifizierungsanfälligen Berlin derzeit laut geführt wird, ist damit immer auch eine Bestimmung darüber, wie ein Quartier rekursiv angesprochen wird.

München weist seit Jahrzehnten einen kontinuierlichen Wachstumskurs auf, der die Stadt und Region mittlerweile zu einem der wirtschaftlich erfolgreichsten Standorte in Europa geführt hat. Dass die Stadt von sozialen Polarisierungsprozessen weniger stark betroffen ist wie andere Großstädte in Deutschland, hat in der Wirtschaftsstruktur eine zentrale Ursache. Der starke Umbruch, der sich in vielen Regionen mit dem Struktur- und Gesellschaftswandel im ausklingenden Fordismus der späten 1970er Jahre vollzog, erfasste München bereits ungleich schwächer: Durch die verhältnismäßig späte Einbeziehung in den Industrialisierungs- und Modernisierungsprozess Deutschlands gelang es krisenfeste Hochtechnologieunternehmen anzusiedeln, die den Niedergang der Altindustrien abfedern konnten. Bis in die Gegenwart zeichnet sich die Wirtschaft im Münchner Großraum durch einen breiten Mix aus teils vernetzten Unternehmen unterschiedlichster Größe und Branchenzugehörigkeit aus („Münchner Mischung"). So positiv sich die ökonomische Prosperität der Stadt auf den Arbeitsmarkt und nicht zuletzt den sozialpolitischen Handlungsspielraum der Stadt ausgewirkt hat, so problematisch zeigen sich für weite Bevölkerungsteile die hohen Lebenshaltungskosten. Der Münchner Armutsbericht wies bereits in den 1990er Jahren auf ein steigendes Armutspotenzial aufgrund steigender Alltagsausgaben hin und benannte damit einen Zusammenhang, der die Stadt bis in die Gegenwart beschäftigen sollte (Martens 2011, S. 177). Insbesondere die Mieten belasten in der stark wachsenden Stadt immer stärker das individuell verfügbare Budget. Aktuelle wohnungspolitische Herausforderungen sind, ähnlich wie in Berlin, mit dem deutschen Immobilienboom verbunden, der seit etwa 2010 die Mietpreise nochmals extrem angefacht hat. Mittlerweile weist der Münchner Stadtraum raumübergreifend ein so hohes Mietniveau auf, dass private Mietverhältnisse von einkommensschwachen Bevölkerungsteilen nur noch in einzelnen Inseln des Stadtraums und in zunehmender Entfernung zum Zentrum finanzierbar sind.

Die Abb. 5.4 gibt alle betroffenen Haushalte wieder, denen die schlechteste Wohnlage (Stufe mangelhaft) zugeschrieben wird. Daneben sind die Quartiere flächenhaft hervorgehoben, deren Bewohner in größerem Umfang der Unterschicht zugerechnet werden. Die Daten umfassen insgesamt 813.491 Haushalte. Beide Merkmale spiegeln in ihrer jeweiligen Ausprägung eine relativ ausgewogene sozialräumliche Verteilung wieder und korrelieren nur bedingt. Eine mangelhafte Wohnlage lässt sich nicht übergreifend auf größere Stadtviertel beziehen, vielmehr sind es viel befahrene Straßenzüge, insbesondere die Ausfallstraßen und Teile des Mittleren Rings, die als benachteiligte Wohnlage ins Auge fallen. Die Haushalte, die der Unterschicht zugerechnet werden, verteilen sich ebenfalls auf unterschiedliche Stadträume. Dennoch weist auch München Quartiere auf, in denen eine mangelhafte Wohnlage und zahlreiche Haushalte der Unterschicht zusammenfallen. Signifikant stechen im Norden die von größeren Wohnblöcken geprägten Bezirksteile Hasenbergl und Am Hart hervor. Wie in anderen benachteiligten Quartieren, haben es die Bewohner hier mit unterschiedlichen lagebezogenen Nachteilen zu tun, wie sie oben ausgebreitet wurden. Hinsichtlich der kontextuellen Faktoren sind die materielle Ausstattung aber auch die symbolische Besetzung des Raumes hervorzuheben. Gerade Hasenbergl hat sich über Jahrzehnte zum Synonym des „Münchner Problemquartiers" entwickelt. Die negative Konnotation des Quartiers kann das Selbstwertgefühl der Einwohner mindern und sie bringt ihren Bewohnern Nachteile, wenn das Stigma des Quartiers in Beruf und Alltag adressenspezifisch auf diese übertragen wird.

5.3 Empirische Befunde im sozial segmentierten Stadtraum

Abb. 5.4 München – Unterschicht und Qualität der Wohnlage

Das Wissen der datenverarbeitenden Dienstleister vermittelt die benachteiligende Ansprache systemisch: Anbieter von exklusiven Waren, die Bewerbung hochkultureller Ereignisse oder allein der Hinweis auf räumlich entfernte Veranstaltungen werden die wenigsten Quartiersbewohner erreichen, da sie hier keinen Markt sehen. Demzufolge finden die entsprechenden Inhalte auch nicht Eingang in den Sozialisationskontext und den nachbarschaftlichen Austausch. Die milieuspezifischen Habitualisierungen werden durch externe Angebote folglich weniger herausgefordert, der gesellschaftliche Aufstieg wird erschwert.

Um die selektive Ansprache von Quartiersbewohnern genauer zu verfolgen, betrachten wir einen Raumausschnitt im Münchner Südosten differenzierter. Es handelt sich hier um die Nachbarschaft des Stadtbezirksteils Ramersdorf und den Stadtbezirksteil Neuperlach (Abb. 5.5). Das östliche Ramersdorf stellt im Kern eine gewachsene Einfamilienhaussiedlung mit Mittelschichtbewohnern dar, die im Kartenausschnitt erst im Süden bis zur Ständlerstraße in ein mehrgeschossiges Reihenhausgebiet mit einer größeren Anzahl an Sozialwohnungen übergeht. Vermittelt durch den Ostpark grenzt weiter östlich Neuperlach an, eines der größten westdeutschen Siedlungsprojekte der Nachkriegszeit. Neuperlach wurde in den 1960er und 1970er Jahren als ausgedehnte Großwohnsiedlung errichtet, um dem damals stark wachsenden Wohnraumbedarf in München nachzukommen. Ursprünglich an die mittleren Schichten adressiert, zählt Neuperlach heute insgesamt zu den ärmeren Münchner Bezirksteilen. Im gesamtstädtischen Vergleich weisen die Sozialindikatoren Armutsdichte und der Bezug von Transferleistungen höhere Werte auf (Stadt München 2017). Obwohl sich die sozialen Unterschiede zwischen den Quartieren im sozialen Gesamtspektrum Münchens relativieren, zeigt die Quartiersstruktur doch innerhalb von nur wenigen 100 m Distanz auf unterschiedliche Sozialisationskontexte. Die Bewohner des nördlichen Ramersdorf verfügen über relativ große, individuell differenzierte Haus- und Wohnflächen sowie eine eigene Gartennutzung. Der milieuinterne Kontakt wird durch mehrere quartiersbezogene Einrichtungen befördert, zu denen ein Restaurant, eine Bäckerei, Bekleidungsgeschäfte, ein Montessori-Kinderhaus und ein zentral gelegener Park gehören. Demgegenüber bietet die Großwohnsiedlung Neuperlachs in ihrer standardisierten Bauweise deutlich weniger Raum für Individualität und verweist ihre Bewohner in der Nahversorgung und Freizeitgestaltung auf die zentralen Einrichtungen der Anlage. Beide Quartiere werden zudem unterschiedlichen Schulsprengeln zugeordnet, wodurch die Kinder während der Schulzeit nicht miteinander in Kontakt kommen können. Ein in generalisierter Betrachtung wohlhabender Münchner Südwesten lässt sich damit in unterschiedliche Bezugsräume der Bevölkerungen unterteilen. Voneinander abweichende Bedingungen zum Erwerb von Kapital und die angesprochenen

5.3 Empirische Befunde im sozial segmentierten Stadtraum 185

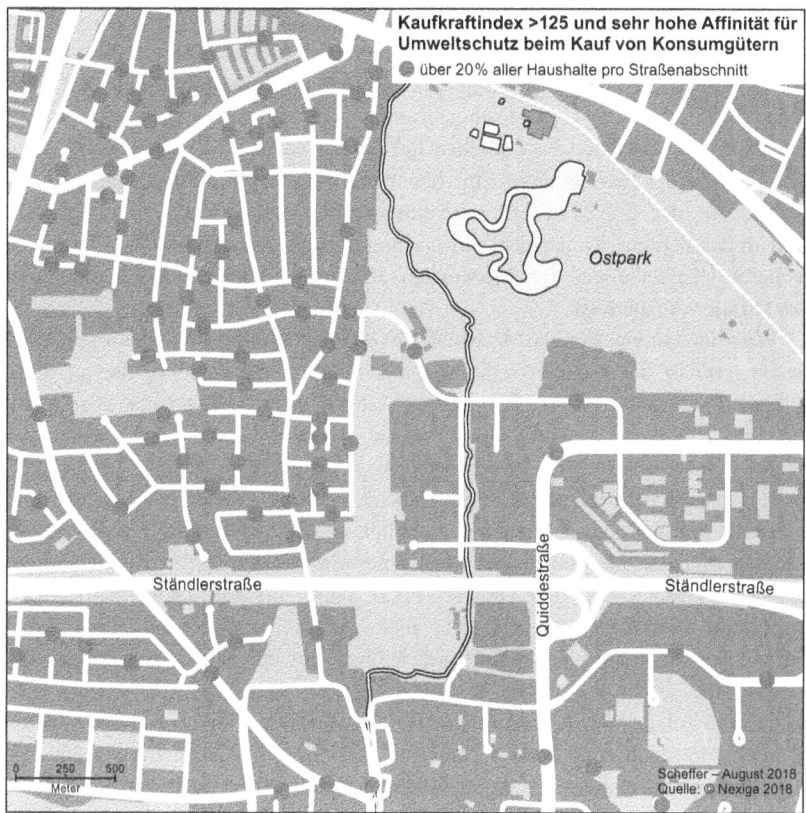

Abb. 5.5 München, Ramersdorf-Perlach – Kaufkraftindex und Umweltschutz beim Kauf von Konsumgütern

Hürden des Zugangs, der Wahrnehmung und des sozialen Anschlusses deuten sich bereits auf kleinem Raum an, wenngleich weiter entfernte Quartiere der Oberschicht (etwa in Nymphenburg oder der Vorort Grünwald) sicherlich eine ganz andere soziale Distanz beschreiben.

In Bezug auf die externe Einflussnahme durch den Datenhandel stellt sich die Frage, inwieweit diese kleinräumigen Unterschiede zwischen Ramersdorf und Neuperlach im Portfolio des Anbieters aufscheinen. Exemplarisch wird hier die Kaufkraft jenseits des Münchner Durchschnittswerts (Indexwert > 125) mit der

Affinität für Umweltschutz im Konsumverhalten dargestellt. Während die für den Absatz von Produkten relevante Kaufkraft von einigen Haushalten in Neuperlach noch gegeben ist, zieht sich das potenzielle Absatzgebiet durch weitere Eigenschaften, wie hier die Umweltschutzaffinität stark zusammen. Ein ausgeprägtes Interesse der Bewohner des östlichen Ramersdorf steht im völligen Kontrast zu der Affinität der benachbarten Einwohner und wird wirtschaftlich entsprechend bedient. In der Folge sickern umweltbezogene Angebote und Informationen eher in das östliche Ramersdorf ein und liefern dort, zusammen mit zahlreichen weiteren Übersetzungen von Merkmalen, Inhalte des alltäglichen Handelns und des sozialen Austauschs.

Weil der datengestützten Auswahl personalisierte Informationen zu Grunde liegen, enthält die kommerzielle Ansprache immer Botschaften, die an diese Informationen anschließen. Bezogen auf ein Quartier bedeutet das aber nicht, dass die Kampagne exklusiv an dieses adressiert ist. Schließlich werden die Mittler einer spezifischen Werbung, eines Kreditangebots oder einer Versicherungspolice immer auch Merkmale als relevant erachten, die raum- und milieuübergreifend ausgeprägt sind. Letztlich ist der Anbieter auf ein maximales Kundenpotenzial aus. Zahlreiche Merkmale wie „Geschlecht", „Kundenkartennutzer", „Affinität für Home Delivery Food" oder „misstrauischer Finanzkunde" die für die Zielgruppensegmentierung hier von Nexiga angeboten werden, sind nicht einem ökonomischen Status zurechenbar. Aus der verfügbaren Merkmalsvielfalt, die arme und reiche Bewohner gleichermaßen betrifft, könnte eine Ansprache folgen, die benachteiligte Bevölkerungsteile mit denselben Inhalten versorgt, die auch statushöhere Haushalte beziehen. Mit anderen Worten: Das Argument einer rekursiven Ansprache könnte durch den Verweis auf milieuübergreifende Items entkräftet werden. Relevant sind in diesem Zusammenhang dann Merkmale, die den Zugang zu Diensten und Gütern bahnen, mit denen sich ihre Empfänger erfolgreich in Distinktionsprozesse einbringen können. Ein solches Merkmal könnte beispielsweise die „Bedeutung der Produktneuheit" darstellen.

Mit der Abb. 5.6 wird die höchste Ausprägung der Einstellung „Der Faktor Produktneuheit/Innovation ist beim Kauf von Konsumgütern entscheidend" abgefragt (auf der neunstufigen Skala der höchste und zweithöchste Wert) und mit der Häufung der Oberschichthaushalte unterlegt. Eine deutliche Korrelation beider Merkmale lässt sich nicht erkennen. Allerdings ist – auch wenn man die verhältnismäßig höhere Siedlungsdichte in den zentrumsnahen Gründerzeitquartieren mitberücksichtigt – eine Häufung entsprechender Interessenten im Zentrum der Stadt erkennbar. Das Interesse an Produktneuheit könnte in Teilen mit der räumlichen Verteilung von jüngeren Stadtbewohnern übereinstimmen, denen der Wunsch nach einem urbanen Umfeld in zentraler Lage

5.3 Empirische Befunde im sozial segmentierten Stadtraum 187

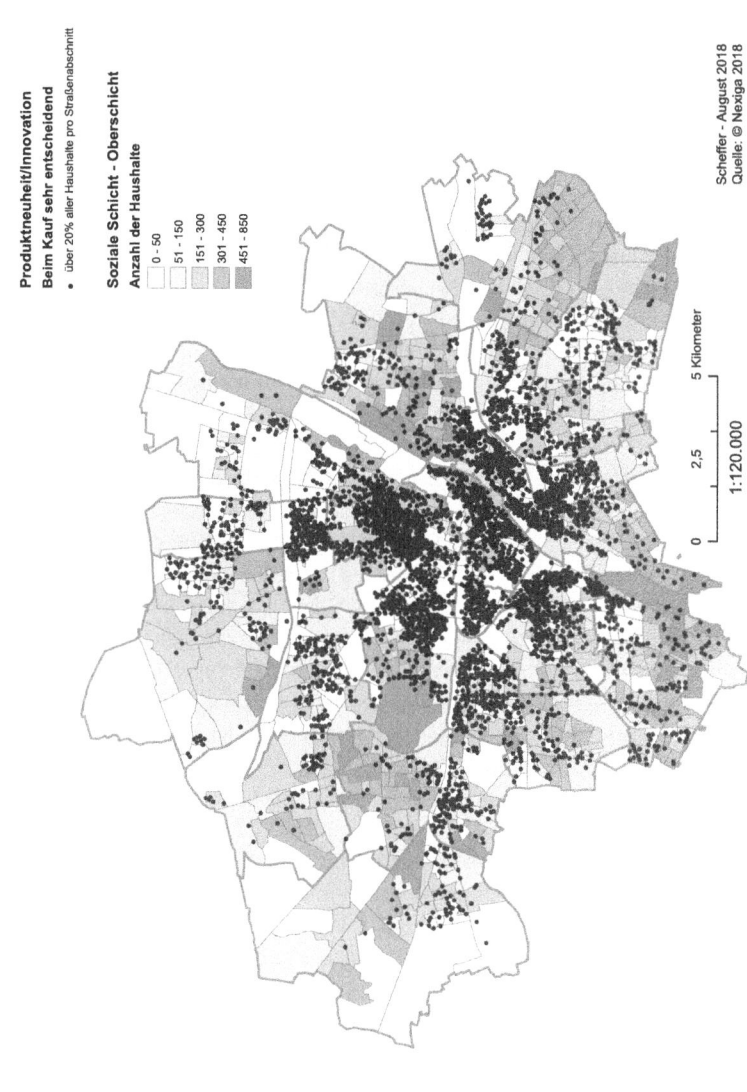

Abb. 5.6 München – Oberschicht und Produktneuheit

besonders wichtig ist. Auch wenn damit erneut teure und gefragte Stadtbezirke wie Schwabing-West, Maxvorstadt oder Au-Haidhausen überproportional vertreten sind, ist nicht von der Hand zu weisen, dass in diesem Beispiel auch kapitalschwache Stadtbewohner mit distinktionsträchtigen Attribuierungen verknüpft sind. Die benachteiligende Adressierung kehrt jedoch dann zurück, wenn in der Datenverwertung milieuübergreifende Merkmale mit weiteren Merkmalen kombiniert werden. Dem Marketer, der eine wertvolle Uhr adressiert, reicht es eben nicht aus, dass die Kundengruppe die Neuheit des Produktes würdigt. Um Streuverluste in der Ansprache gering zu halten, sollte aus dessen Perspektive die angesprochene Zielgruppe auch und vor allem in der Lage sein, die Uhr bei Interesse bezahlen zu können. Ebenso ergibt die grundsätzliche „Affinität für Home Delivery Food" oder der allgemein „misstrauische Finanzkunde" zunächst noch ein unscharfes Kundenprofil, dessen Präzisierung sich gerade über ökonomische Zusatzmerkmale erreichen lässt. Nicht zuletzt unterstreicht die starke Verbreitung bereits vorgefertigter Milieuzuordnungen (Sinus-Milieus, Geo-Milieus) die hohe Relevanz des ökonomischen Kapitals im Portfolio der Datenhändler.

Wie sich die Ansprache hinsichtlich der Affinität für Produktneuheit verändert, sobald ökonomische Kriterien, etwa die Affinität für Ratenkredite, herangezogen werden, zeigt sich beispielhaft in der Gegenüberstellung der Bezirksteile Hasenbergl/Am Hart und dem teuren Stadtteil Bogenhausen (Abb. 5.7): Beide weisen pro Straßenabschnitt hohe Prozentzahlen der Bewohner auf, die für neue, innovative Produkte empfänglich sind (auf der neunstufigen Skala der höchste und zweithöchste Wert). Werden aber nur diejenigen Interessenten in Betracht gezogen, die keinen Bedarf an Ratenkrediten zeigen (auf der neunstufigen Skala ebenfalls der höchste und zweithöchste Wert), wird sich der Anbieter in diesem Vergleich fast ausschließlich auf Bogenhausen ausrichten.

Ein weiteres Argument gegen die soziale Brückenfunktion milieuübergreifender Items steckt in der Vielfalt der Ansprache. Indem aus den personenbezogenen Daten immer wieder andere Items mit kommerziellen Botschaften an den Kunden herangeführt werden, wird dieser mannigfach mit seinen eigenen Dispositionen konfrontiert. In der Summe ist von einer höchst individuellen Bezugnahme auszugehen, die in vielerlei Hinsicht auch die Quartiersbewohner unterscheiden wird. Einen sozialen Wandel impliziert dies freilich nicht. Wenn die bestehenden Dispositionen jedes Einzelnen gespiegelt werden, wird auch die bestehende Quartiersbevölkerung als Ganzes gespiegelt. Der von außen herangetragene Einfluss mag im Ganzen auf die sozialen Gegebenheiten weniger homogenisierend wirken, was den Einzelnen in zahlreichen Kombinationen dann aber erreicht, spiegelt das individuell-Spezifische.

5.3 Empirische Befunde im sozial segmentierten Stadtraum

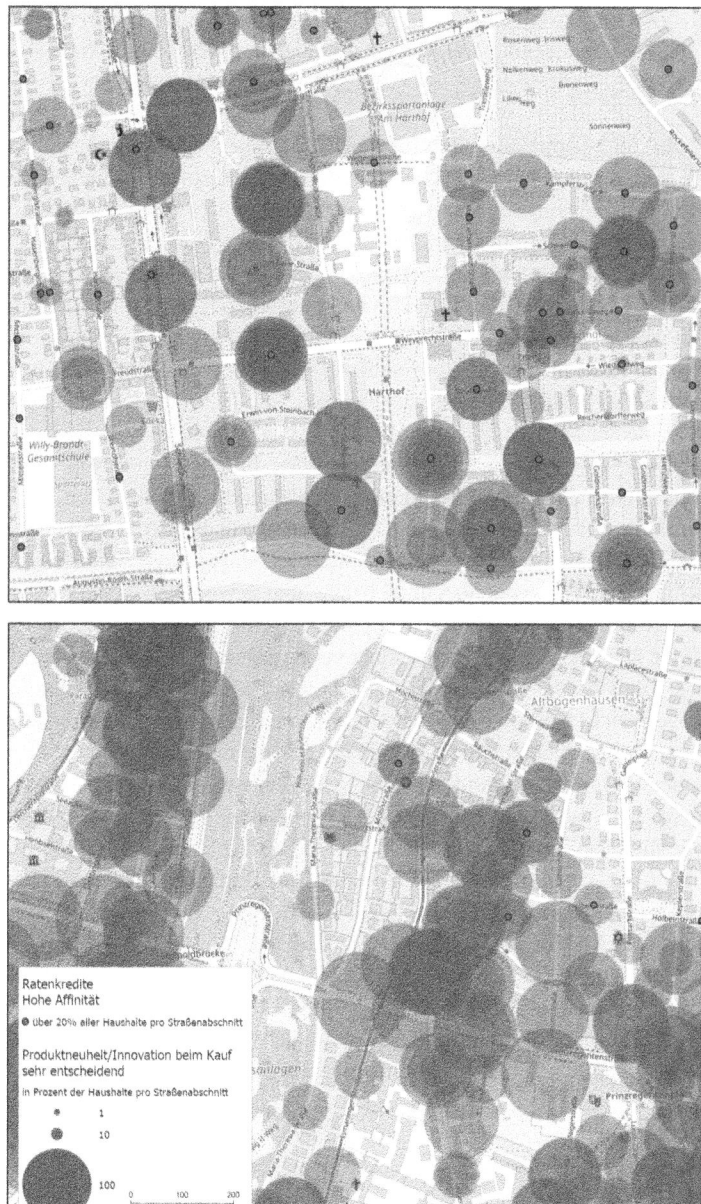

Abb. 5.7 München – Produktneuheit und Ratenkredite im Quartiersvergleich

Von einer solchen Stabilisierung des Sozialen durch eine reflexive Ansprache ist das weniger stark segregierte München in gleicher Weise betroffen, wie andere Städte.

Essen, als ein ehemaliges Zentrum der deutschen Montanindustrie, unterscheidet sich in seiner ökonomischen Entwicklung und sozialräumlichen Struktur wiederum gänzlich von den zuvor genannten Städten. Der Blüte der Stadt mit der Industrialisierung endete mit dem Niedergang des Bergbaus in den späten 1950er Jahren. In der anhaltenden Strukturkrise sah sich Essen mit einem starken Rückgang der Erwerbstätigen konfrontiert und musste seit 1965 einen kontinuierlichen Bevölkerungsrückgang verkraften. Erst 2012 konnte die Stadt erstmals wieder einen Zuwachs der Stadtbevölkerung verzeichnen. Die Sozialraumstruktur Essens steht in unmittelbaren Zusammenhang mit der Entwicklung des Bergbaus: Der dichter bebaute Norden mit zahlreichen Arbeitervierteln in ehemaliger Zechennähe war von der Nordwanderung des Bergbaus und von der Krise von Kohle und Stahl unmittelbar betroffen, während sich der Süden als bevorzugte Wohnlage der Industriellen und weiterer wohlhabender Bevölkerungsteile etablierte. Seit Jahren ist der Essener Norden bis auf wenige Ausnahmen überdurchschnittlich stark von Sozialhilfebezug und einem hohen Ausländeranteil gekennzeichnet (Grabbert 2008, S. 139 ff.). Demgegenüber sind im Südteil Essens nur äußerst geringe Anteile einkommensschwacher Bevölkerung zu verzeichnen. Die Chancenungleichheit schlägt sich u. a. in der Schulbildung nieder. Nur ein vergleichsweise geringer Prozentsatz von Schülern des Nordteils besucht ein Gymnasium, während die zahlenmäßig geringere Anzahl von Kindern aus dem Süden zum Großteil Abitur machten (Strohmeier 2006, S. 13). In den vergangenen Jahren wurde die polarisierte Raumstruktur Essens durch ein Außen-Innen Gefälle überlagert. Einige Stadtteile am Rand des nördlichen Stadtgebietes lassen bauliche Aufwertungstendenzen erkennen. Demgegenüber stellt der nördliche Innenstadtgürtel mit dem Mietwohnungsbau der Nachkriegszeit einen vordringlichen Entwicklungsschwerpunkt der Stadt dar.

Die großräumige Polarisierung Essens zeigt sich im Spiegel der gehandelten Geodaten, die hier 312.439 Haushalte umfassen, noch immer sehr deutlich. Haushalte, denen eine „sehr gute" oder „gute" Wohnlage zugerechnet wird, finden sich räumlich in jenen Quartieren wieder, die auch die meisten Haushalte der Oberschicht aufweisen (Abb. 5.8). Nur wenige Haushalte der Oberschicht sind im Norden Essens zu finden, demgegenüber weist der Süden eine hohe Konzentration kapitalstarker Bewohner auf. Die genannte Diskrepanz zwischen Innen und Außen lässt sich an der Häufung von Oberschicht-Haushalten insbesondere im Nordwesten erkennen, wo die Stadtteile Frintrop und

5.3 Empirische Befunde im sozial segmentierten Stadtraum 191

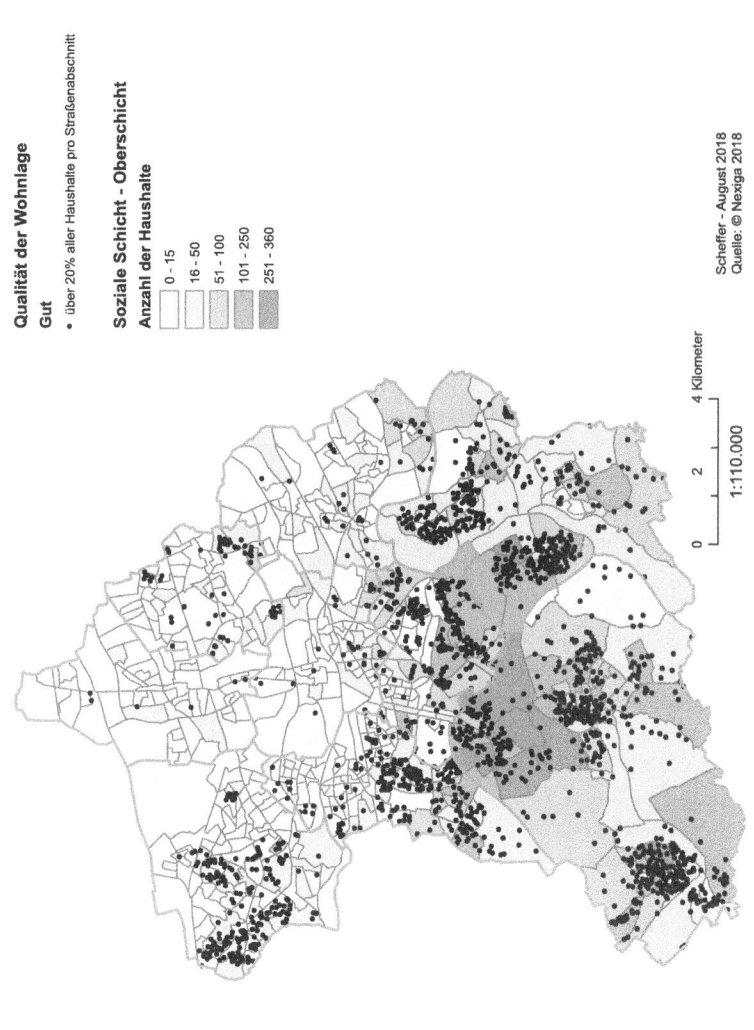

Abb. 5.8 Essen – Oberschicht und Qualität der Wohnlage

Gerschede zugleich auch auf eine hohe Qualität der Wohnlage verweisen. Das Zentrum Essens ist demgegenüber von Bereichen gekennzeichnet, die nur wenige Oberschicht-Haushalte aufweisen.

Insgesamt ist eklatant, dass die Karte Wohnlage und soziale Schicht auch in kleinräumiger Verkettung wiedergibt; eine erwähnenswerte Häufung von Oberschicht-Haushalten geht immer auf eine privilegierte Wohnlage zurück. Musterhaft gibt Essen die Kongruenz von sozialer und räumlicher Ungleichheit wieder und deutet damit zugleich auf die sozial reproduktive Wirkung hin, die mit den sozialen, symbolischen und materiellen Dimensionen des Quartiers in Verbindung stehen. Deren. Ursachen lassen sich historisch in relationaler Perspektive u. a. auf die machtvolle Raumkonstitution durch die Zechenbetreiber und der ökonomischbegründeten „Anordnung" von Infrastruktur und Arbeitersiedlungen zurückführen. In den institutionalisierten Raum der Montanindustrie greifen zugleich zahlreiche externe Akteure beispielsweise als Abnehmer der Rohstoffe ein, die dann durch ihre verminderte Nachfrage den Niedergang des Industrieraumes mitkonstituierten.

Setzen wir abschließend die polarisierte Sozialstruktur noch einmal mit der selektiven Ansprache einer datenverarbeitenden Ökonomie in Bezug. Spiegelbildlich zu den konzentrierten Oberschichthaushalten werden die Essener Unterschichthaushalte in ihrer räumlichen Verteilung wiedergegeben. Sie sind hier mit der „Affinität zum TV-Shopping" (auf der neunstufigen Skala der höchste und zweithöchste Wert) kombiniert (Abb. 5.9). Exemplarisch verweist die Verteilung der Merkmalsträger erneut auf den räumlichen Zusammenhang von ökonomischen und konsumbezogenen Merkmalen. Die Affinität zum TV-Shopping konzentriert sich fast ausnahmslos auf den Norden Essens, wo sozialschwache Milieus vorherrschen. Weit über tausend Haushalte gelten hier als Interessenten der TV-Vermittlung, ein Befund, der für die individuelle Ansprache vieler Verkäufer von Interesse sein dürfte. Der Nachfrage kann über die Angebote des Smart-TVs zunehmend personalisiert nachgekommen werden. Umgekehrt mündet eine erhöhte Relevanz des TV-Konsums mit den eingängigen Botschaften der Werbung in die Sozialisation des Verbrauchers ein. Sofern keine mobilen Plattformen genutzt werden, bindet diese Form des „sich Versorgens" an die eigene Wohnung und ersetzt die Wege zu den milieuübergreifend nachgefragten Orten. Letztere tauchen mit ihren Ressourcen in den habitualisierten Wahrnehmungsschemata auf Dauer unter. Die Modi der sozialen Anerkennung, inklusive aller Distinktionsmöglichkeiten der über das TV-Shopping erworbenen Produkte haben dann ihre Bühne vor Ort und werden milieuintern ausgehandelt.

5.3 Empirische Befunde im sozial segmentierten Stadtraum

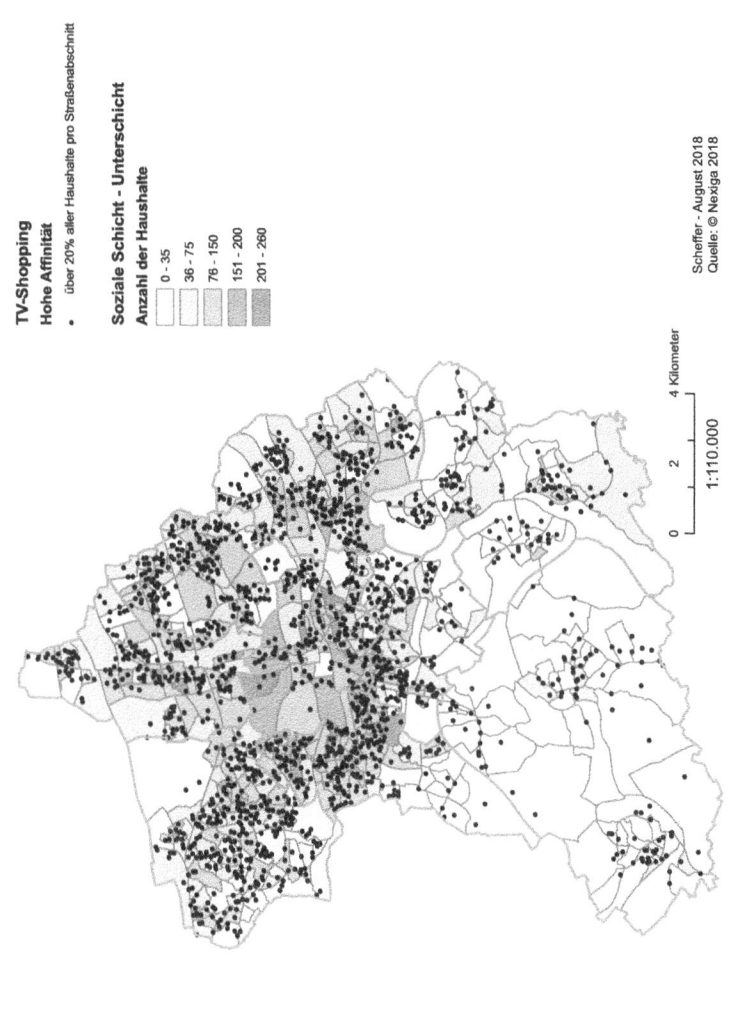

Abb. 5.9 Essen – Unterschicht und TV-Shopping

Wenn wir abschließend die gezeigten Folien mit ihren Attribuierungen der Bevölkerung übereinander legen, offenbart bereits die vorgenommene Auswahl eine Verwertungssystematik, die Ungleichheit reproduziert. Sie tut dies innerhalb von Stadträumen über ungleiche Zuteilungen von Informationen und Diensten, welche wir zuvor als Ressourcen zum Erwerb von Kapital erkannt haben. Die ungleiche Zuweisung kommt auf unterschiedlichen Maßstabsebenen nach Maßgabe wirtschaftlicher Selektionskriterien zum Tragen und verfügt über das Potenzial einer sozialen Festschreibung.

Bewusst wurden bislang Raum- und Quartiersbezüge hergestellt, wenngleich die gehandelten Daten den Einzelnen erklärtermaßen auch jenseits des Wohnortes erreichen können. Daneben fließen die Daten in weitere Verwertungszusammenhänge ein, die sich direkt auf das Quartier richten und dort die Gelegenheitsstrukturen beeinflussen.

5.3.3 Außengesteuerte Ortseffekte

Die genannten Kampagnen setzen bei individuellen oder kollektiven Merkmalszuschreibungen an, aus denen jeweils jene Interessen und Bedürfnisse herausgesiebt werden, denen der Datenverwerter mit Produkten und Dienstleistungen spezifisch nachkommen kann. Zu dieser Inwertsetzung über die direkte Ansprache der relevanten Merkmalsträger kommen weitere Formen der Datennutzung. Die gegebene Transparenz der Stadtbewohner lässt sich von Versorgern und Produktanbietern nämlich auch dazu nutzen, ihre Präsenz *vor Ort* auf den Kunden hin auszurichten.

Springen wir noch einmal zurück zu den Befunden im Münchner Südosten, die ein erhöhtes Nachfragepotenzial für ökologische Produkte im östlichen Ramersdorf und ein geringeres in dem benachbarten Quartier Neuperlach verdeutlicht haben. Für die Stadtortplanung eines Geschäfts, das an diesen Kriterien Maß nimmt, sind solche Vergleiche entscheidend, um sich im Realraum optimal platzieren zu können. Dank des umfangreichen Datenbestandes lassen sich für jede Standortplanung u. a. das Absatz- und Kundenpotenzial, die Frequenzen, das Marktumfeld, die Erreichbarkeit, die Konsum- und Wohntypologie, die produktspezifische Kaufkraft oder die konkurrierenden Standorte analysieren, wie es etwa Nexiga anbietet. Exemplarisch wird auch bei Nexiga eine Fallstudie zu einem Biomarktanbieter als Referenz angeführt, für den die Firma neben der Anzahl der Haushalte mit dem Konsumstil „Umwelt" auch die einzelhandelsrelevante Kaufkraft, die Altersgruppen und weitere Merkmale ausgewertet hat (https://www.nexiga.com/?s=Case+Study). Der jeweilige Anbieter kann damit abschätzen, in welchen Quartieren sich welche Investitionen lohnen.

Für die Quartiersbewohner ergibt sich daraus eine Versorgungsinfrastruktur, deren Platzierung und Ausrichtung das Resultat der erfassten Attribuierungen ist. Während die Kaufkraft möglicherweise lediglich Einfluss auf die Anzahl der Geschäfte nimmt, wirkt die Übersetzung der Konsumpräferenzen auf eine stärkere Differenzierung der Lebenskontexte hin. Bildungsnahe und kapitalstarke Milieus lassen eine andere Angebotsstruktur in ihrem Quartier erwarten als die sozial benachteiligten Milieus. Polarisiert ließe sich mit Bourdieu der „Luxusgeschmack" der herrschenden Klassen dem „Notwendigkeitsgeschmack" der unteren Klassen gegenüberstellen. Interessanterweise gehen die unterschiedlichen Angebotsstrukturen nicht primär aus den Handlungen der jeweiligen Quartiersbewohner hervor, sondern resultieren zunächst aus den Entscheidungen von Unternehmern. Letztere sind es, die gestützt auf einen umfassenden Datenbestand, Räume personalisiert gestalten. Was Bourdieu nicht gesehen hat, ist eine den Handlungen und Distinktionspraxen vorgängige Raumkonstitution, die hier in erster Linie dem rationalen Kalkül einer datenbasierten Standortplanung entspringt.

Diese außengesteuerte Raumgestaltung kann sehr weit reichen: In Orientierung an den Produkten des Datenhändlers Nexiga geht es bei der Standortplanung um die Optimierung sämtlicher Betriebsabläufe, der Auswahl geeigneter Gebiete und Standorte nach Umsatzpotenzial im Vertrieb oder der Identifikation von geeignetem Personal. Darüber hinaus bieten sich die zahlreichen Items der Quartiersbewohner dazu an, auch die Produkte, Preise und Sortimente an dem regionalen und lokalen Bedarf auszurichten. Die Datenökonomie liefert somit nicht weniger als die Chance, eine rationale Raumgestaltung in jenen Bereichen vorzunehmen, die von öffentlicher Seite nicht reglementiert werden. Auch wenn diese Umsetzung nur schleichend erfolgt, zahlreiche datengestützte Entscheidungen mit den personenbezogenen Dispositionen nichts zu tun haben müssen und persistente Strukturen die Entwicklung einhegen, muss doch ein wachsender Einfluss auf das Quartier in Betracht gezogen werden.

Wenn wir diese Form der Raumkonstitution als Sozialisationskontext betrachten, drängt sich das Problem ungleicher, quartiersabhängiger Chancen erneut auf. Aus dem jeweils unterschiedlichen sozialen Spektrum, wie wir es in Berlin, München und Essen exemplarisch betrachtet haben, resultieren räumliche Strukturen, die ungleiche Ressourcen zur Verfügung stellen. Im Extrem kennzeichnet das eine Ende des Spektrums eine Raumstruktur, die ihre anspruchsvollen Einwohner mit seltenen und teuren Gütern versorgt und ihnen bei der Durchsetzung distinktiver Praxisformen zuarbeitet. Dies geschieht in einem exklusiven Verkaufsumfeld, dem an dem anderen Ende des Spektrums ein preisgünstiges Standardsortiment in einfachen Geschäften oder Discountern gegenübersteht. Auch bei geringerer Zuspitzung der Unterschiede ist ersichtlich, dass die Erfahrungen, die in diesem Umfeldern von Kindheit an gemacht werden, die Lebenswege jeweils verschieden präparieren. In dem einen Fall sind die Chancen, das kulturelle, soziale und symbolische Kapital zu mehren ausgeprägt, während in dem anderen Fall kaum Vorgaben bestehen, um an die Regeln, Codes und Gepflogenheiten der privilegierten Milieus anzuschließen. Es sind neue Ortseffekte, die aus dem privatwirtschaftlichen Interesse einer profitablen Raumgestaltung hervorgehen.

Mit der datenbasierten Raumkonstitution zeigt sich eine weitere Form der rekursiven Bezugnahme. Stellten die frei gehandelten Daten in den verschiedenen Varianten ihrer Inwertsetzung bislang eine direkte Form der rekursiven Ansprache dar, ist es nun die Transformation in räumliche Strukturen, die das Datensubjekt in indirekter Form rekursiv erreicht. Die direkte Bezugnahme gewichtet die Rolle der Quartiersbevölkerung, da ihre Zusammensetzung auf das Geschäftsmodell, die Inhalte und die Form der Kontaktnahme Einfluss nimmt. Die physische Quartiersausstattung ist in diesem Zusammenhang nur ein weiteres Item, dass den Quartiersbewohnern zugeschrieben wird (Qualität der Wohnlage, Bausubstanz etc.). Die indirekte Form gewichtet die räumliche Beschaffenheit des Quartiers. Es wird durch unternehmerisches Handeln konstituiert und drückt die Dispositionen der Bewohner innerhalb eines unternehmensrelevanten Raumausschnitts aus. In der Spiegelung der Dispositionen des Raumausschnitts stellt er eine rekursive Bezugnahme her.

Zusammenfassend lässt sich erkennen, dass realräumliche Strukturen nicht unbedingt einer technologischen Infrastruktur mit Sensoren, Kameras und Displays bedürfen, um Soziales datenbasiert spiegeln zu können. Zu den Formen der rekursiven Bezugnahme, wie sie mit vielen Beispielen für sämtliche Daseinsgrundfunktionen und im Kontext der Sentient City beschrieben wurden, tritt die indirekte Wirkung einer kommerziellen Infrastruktur. Auch Mischformen solcher auf Datenbasis konstituierter Räume sind denkbar, wenn ein Supermarkt personalisierte Daten sowohl für die Standortplanung nutzt als auch für die Anzeige auf dem hauseigenen Kundenmonitor. So haben wir es schon heute mit verschiedenen Kontexten zu tun, die neben virtuellen Formen einer personalisierten Einflussnahme auch realräumlich Wirkung zeigen. In Anbetracht wachsender Datenmärkte, die den ökonomischen Erfolg durch Kundentransparenz immer überzeugender garantieren können, ist in der Zukunft mit einer weiteren Übersetzung individueller Prägungen in kommerzielle Angebote zu rechnen. Soziale Ungleichheit wird von wirtschaftlichen Akteuren indirekt fortgeschrieben.

5.4 Zwischenfazit: Bourdieu im Zeichen der Datenökonomie

Mit dem kommerziellen Datenhandel ist eine zentrale Triebkraft sozialer Einflussnahme benannt. Dieser Einfluss beruht nicht auf dem Privileg der Datenhändler, den Bedarf an personenbezogenen Daten allein zu decken. Schließlich lässt sich, wie wir gesehen haben, eine gezielte Datenerfassung mittlerweile in vielen Zusammenhängen beschreiben und auch die Weitergabe jenseits der offiziellen Märkte in vielfacher Form feststellen. Bemerkenswert ist aber, dass es der Datenhandel ist, der in aggregierter und ökonomisch aufbereiteter Form all das systematisch nach außen tragen kann, was mittels modernen Informations- und Kommunikationstechnologien über den Einzelnen in verschiedensten Kontexten angefallen ist. Eine wachsende Transparenz der Zielperson kann durch den Datenhandel aus mannigfachen Quellen planmäßig erreicht und ökonomisch in Wert gesetzt werden. Er profitiert dabei von der Nicht-Rivalität der Daten, ihrer leichten Übertragbarkeit und ihrer systematischen Speicherbarkeit. So wird das im traditionellen Dienstleistungssektor übliche uno-actu-Prinzip, welches das Zusammenfallen von Erstellung und Verwendung bezeichnet, über digitalisierte Angebote sowohl in zeitlicher als auch in räumlicher Hinsicht ausgehebelt.

Demgegenüber zieht das Datensubjekt von diesem raumübergreifenden Handel ökonomisch selbst kaum einen Nutzen. Weil die gehandelten Eigenschaften immateriell sind, bleibt der Verlust abstrakt. Konkreter wird er hingegen, wenn die Formen der Inwertsetzung analysiert werden.

Die hier gewählte Form der Analyse setzt bei den großen Datenhändlern in Deutschland an. Deren umfassendes Portfolio belegt die kommerzielle Bedeutung der Daten zunächst allgemein. Für eine auf die sozialen Stratifikationsprozesse ausgerichtete Interpretation ist darüber hinaus die Form ihrer Nutzung erhellend: Über zahlreiche Kanäle via Cyberspace oder Realraum lässt sich der Kunde erreichen, indem die jeweilige Information, Dienstleistung oder Produktofferte mit den gespeicherten Merkmalen der Zielperson verknüpft wird. Das Vertraute, Nahestehende und Passende wird ökonomisch rekombiniert und rekursiv an den Kunden herangeführt. Folgt man Bourdieu, dann liegt in der milieuspezifischen Aneignung von Wissen, Geschmack oder Kultur exakt jenes reflexive Moment, das den Habitus festigt und die Aufstiegschancen in andere Milieus mindert. Analog muss das rekursive Aufgreifen habitualisierter Prägungen durch die Datenkäufer, vermittelt in Form von personalisiert zugeschnittenen Botschaften und angeeignet über Produkte, Informationen und Dienste als Aufstiegshemmnis begriffen werden.

Bourdieu hatte die sozialen Positionen, die je nach Kapitalausstattung im sozialen Raum eingenommen werden, mit Lebensstilen verknüpft und Konsum- und Freizeitpräferenzen, Berufe und Einkommen in seinem vielbeachteten Tableau miteinander in Beziehung gesetzt (Bourdieu 1987, S. 212 f.). Die verschiedenen Indikatoren, die zur Klassifizierung von Milieus herangezogen wurden, zeigen sich nun im Portfolio der Datenhändler in stark erweiterter Form. Eine Vielzahl an Informationen mit feingliedrigen Unterteilungen ist über weite Bevölkerungsteile – teils sogar in Echtzeit – verfügbar. Mit diesen Informationen lassen sich Gruppierungen differenzierter und umfassender vornehmen als es Bourdieu in seiner Empirie in Frankreich je vermochte.

Bei oberflächlicher Betrachtung könnte man diesen Befund als Argument für eine weitgehende Differenzierung der Gesellschaft hernehmen, in der soziale Unterschiede trotz ungleicher Kapitalausstattung durch die Vielfalt der wählbaren Lebensstile verwischt werden. Ein enormes Merkmalsspektrum ließe sich in dieser Sicht mit einer enormen Angebotsvielfalt kombinieren.

In den Händen der Datenhändler und deren Kunden stellen die Attribuierungen aber die Möglichkeit dar, die grundsätzlich freie Wählbarkeit des Lebensstils planmäßig zu moderieren. In teils automatisierter Zuteilung wird mit Inhalten unmittelbar an bestehenden Dispositionen angeschlossen, wobei das Spektrum der bedienten Interessen sehr häufig in Abhängigkeit zum ökonomischen Kapital steht. Dieses in fast allen Angeboten und Typologien zentral verankerte Merkmal erlaubt es dem Anbieter sowohl die konkrete Zahlungsfähigkeit einzuschätzen als auch die erfassten Interessen differenzierter zu bedienen. So lässt sich eine allgemeine „Reiseaffinität" in ein konkretes Angebot (Luxusreise versus Low-Budget Aufenthalt mit entsprechend vorgeschlagenen Destinationen und Leistungen) überführen oder ein bloßer „Hausbesitzer" zu einem spezifischen Versicherungskunden präzisieren.

Obwohl es Bourdieu heute möglicherweise schwerer hätte, Lebensstile und soziale Positionen über distinktive Merkmale abzugrenzen, spricht doch viel dafür, dass die passgenaue Ansprache jedes Einzelnen einer schichtunabhängigen Ausdifferenzierung systematisch entgegenwirkt. Die Heterogenität der Zielgruppen kann durch flexible Kombinationen der reichhaltig vorhandenen Daten pariert werden. Der soziale Wandel wird folglich erschwert.

In räumlicher Perspektive muss sich die reproduktive Logik besonders deutlich zeigen, wenn eine datenbasierte Ansprache auch die Quartiersbewohner mehrheitlich erreicht. Dann wird die Spiegelung des Eigenen durch eine einseitige Ansprache der Nachbarschaft ergänzt. Eine eingehendere Betrachtung

5.4 Zwischenfazit: Bourdieu im Zeichen der Datenökonomie

kommerziell angebotener Geodaten legt genau diesen Einfluss u. a. auf die unterschiedlichen Quartiere Berlins, Münchens und Essens offen. Je nach verfügbaren Einkommen verteilen sich Bevölkerungsgruppen nicht nur unterschiedlich über den Stadtraum, sie weisen in ihren jeweiligen Clustern teils auch ähnliche Affinitäten auf. So reproduziert die selektive Ansprache einzelner Bevölkerungsgruppen deren Quartiere über ökonomische Merkmale hinaus.

Da in der Praxis die wirtschaftlichen Verhältnisse der Quartiersbewohner häufig eine besondere Rolle spielen, was nahezu alle Referenzprojekte der Datenhändler klar belegen, kommen ökonomische Kriterien als Gliederungsprinzip von Kundengruppen immer wieder zum Tragen. Wie ein Beispiel aus München Bogenhausen im Vergleich zu Hasenbergl/Am Hart verdeutlicht, lassen sich die für die Ansprache relevanten Viertel über die materielle Dimension dann noch enger zusammenziehen.

Zu den verschiedenen Selektionsprozessen der Unternehmen, die prädestinierte Zielgruppen zur direkten Kontaktnahme einkreisen, kommen Selektionen zur Standort- und Vertriebsplanung. Das der jeweiligen Bevölkerung zugedachte Angebot, beispielsweise ein spezifisch ausgestatteter Supermarkt, ist auch hier entlang der ökonomischen Möglichkeiten und weiterer Präferenzen ausgerichtet und bildet diese vor Ort physisch ab. Übergreifende Benachteiligungen oder Begünstigungen durch die Raumausstattung sind die Folge. Mit seinen Raumprofilen hatte Bourdieu für die Seite der Privilegierten die Nähe zu seltenen und begehrten Gegebenheiten als Situationsrendite beschrieben, die durch die symbolische Dimension der Lage (Positions- und Rangprofile) und die soziale Homogenität aufgrund von Weitläufigkeit und räumlicher Distanzierung (Okkupations- und Raumbelegungsprofiten) ergänzt werden (Bourdieu 1991). Immer ist er dabei von den Handlungen der Privilegierten geleitet, die sich des Raumes bemächtigen und ihn auch symbolisch besetzen. Im Zeichen der Datenökonomie wird hingegen klar, dass die unterschiedlichen Raumprofile auch aus den datengestützten Entscheidungen von Unternehmen hervorgehen, die allein an der Verteilung marktrelevanter Akteure im Stadtraum ausgerichtet sind. Zusammen mit den verschiedenen Formen, diese Zielgruppe mit Botschaften konfrontieren zu können, wirken sie verstetigend auf soziale Milieus im Raum zurück. Dies geschieht paradoxerweise unter jenen technologischen Bedingungen des Digitalisierungszeitalters, die ursprünglich als Chance zur Überwindung der sozialen Stratifikationsprozesse angeführt wurden.

Rekursive Räume – Resümee und Ausblick 6

Die ökonomischen Möglichkeiten aus datengestütztem Wissen Gewinn zu schlagen sind vielfältig. Sie fordern mit Nachdruck zur wissenschaftlichen Reflexion darüber auf, was die Datenökonomie langfristig für die gesellschaftlichen Strukturen bedeutet.

In den Augen vieler Kritiker lassen sich die digitalen Verarbeitungstechnologien als Vorhut eines umwälzenden Prozesses begreifen, der von der kommerziellen Verwertung der Kundentransparenz immer stärker angefacht wird. Folgt man etwa Betancourt (2016), dann zeichnet sich im digitalen Kapitalismus eine Valorisierung des Einzelnen und dessen sozialen Verhältnisse ab. Automatisierte Systeme greifen mit Angeboten und Dienstleistungen in das Leben permanent ein und steuern es im Sinne der Profitmaximierung ihrer Schöpfer. Eine digitale Kolonialisierung des Persönlichen bricht sich in der Transparenzgesellschaft Bahn (vgl. auch Han 2013; Zuboff 2015). Doch auch unabhängig von solchen Ausdeutungen einer digitalen Transformation, ist schon heute eine weitreichende Metrisierung im Alltag erkennbar (Mau 2017; Kropf und Laser 2019). Praktiken der Vermessung, Kategorisierung und Bewertung des Sozialen prägen zahlreiche neue Geschäftsfelder oder lassen sich als Bedingung der individuellen Konkurrenzfähigkeit in alten Geschäftsfeldern beschreiben. Der Blick auf die vernetzten Produkte und digitalen Dienste legt offen, dass letztlich die wenigsten technologischen Neuerungen ausschließlich dem Nutzer dienen. Fast immer ist die Technologie auch in der Lage, den Datenstrom umzukehren und Persönliches einer kommerziellen Verwertung zu überstellen. Mit dieser Umkehrung verschiebt sich die Handlungsmacht des Nutzers stärker auf die Seite des Anbieters, dessen personenbezogene Verwertungspraxis erhebliche Reglementierungen impliziert. Für die soziale Frage sind diese Konsequenzen der Digitalisierung bislang nicht erfasst worden. Die benachteiligten Bevölkerungsteile werden selektiv adressiert, ihnen werden befördernde Ressourcen zugunsten bekannter und sozial nahestehender Inhalte vorenthalten. Im Spiegelkabinett der registrierten und verordneten Präferenzen reproduziert sich Soziales.

In einer räumlichen Perspektive erschließt sich die gesellschaftliche Tragweite dieses Prozesses in besonderer Weise: Zum einen fungiert die ungleiche Gelegenheitsstruktur im Realraum als verstetigendes Moment sozialer Ungleichheit. Sie wird – einem relationalen Raumverständnis folgend – stets hervorgebracht, wobei die benachteiligten Bevölkerungsteile weniger Einfluss auf die Raumkonstitution haben als die ressourcenstarken Bevölkerungsteile. Ungleichheit resultiert aus der ungleichen Fähigkeit zur Raumkonstitution. Erst auf diese Weise lassen sich die Regeln des „Machbaren", die Filter, Gitter, Distanzen und Distinktionspraktiken in ihrem vollen Gewicht erfassen.

Zum anderen wurde gezeigt, dass sich die technischen Voraussetzungen einer sozialen Einflussnahme in räumlichen Kontexten differenziert studieren lassen. Die Einlagerung von Sensoren in Stadträume, eine Integration intelligenter Technologien entlang individueller Aktionsräume und die exakte Erfassung von Handlungen in Geschäften wird auf verschiedenen räumlichen Maßstabsebenen plastisch und analysierbar. Dasselbe gilt für die zahlreichen Kontexte einer personalisierten Ansprache. Und es gilt für den Cyberspace, der in weiten Teilen ebenfalls auf eine Datenverwertung hin konstituiert ist und mit größter Systematik den Nutzer adressiert. Raum gibt in diesem Sinne eine Struktur vor, auf die über die Technologie ungleich Einfluss genommen wird und der als Realraum oder Cyberspace wiederum ungleich adressiert.

In all diesen Prozessen sind rekursive Mechanismen angelegt, die es ressourcenschwachen Milieus schwer machen, gesellschaftlich aufzusteigen. Dieses abschließende Kapitel rekapituliert die sozialen Verstetigungsmechanismen mit Hilfe eines zusammenfassenden Diagramms und stellt die drei aufgezeigten Formen der gesellschaftlichen Reproduktion („ternäre Rekursivität") im Digitalisierungszeitalter nochmals deutlich heraus. Der Ausblick resümiert die sich im Wandel befindenden Raumstrukturen und widmet sich schließlich der Frage, welchen Strategien und Forderungen sich die identifizierten Verlierer der digitalen Transformation zu eigen machen könnten, wenn die Datenökonomie ihre Aufstiegschancen in wachsendem Maße beschneidet.

6.1 Ternäre Rekursivität

Die Sozialisation im Realraum als gesellschaftlich vermittelter Lern- und Internalisierungsprozess wird durch die soziale und physische Umwelt des Individuums bestimmt. Im Verlauf einer zunehmenden Polarisierung der (urbanen) Sozialräume, ist auch von einer Polarisierung dieser Sozialisationseinflüsse auszugehen. Soziale Kontaktangebote, Bildungseinrichtungen, Freizeitmöglichkeiten, örtliche Mobilitätsangebote, das Image des Stadtteils u.v.m. stellen hier auf der einen Seite verstärkt Kapitalerwerbspotenziale bereit und reduzieren sie im Falle ihres Mangels anderenorts. Ihr Zusammenwirken führt zu zahlreichen Rückkopplungen die zu einer wachsenden Homogenität von Räumen mit zugänglichen Möglichkeiten einerseits und einschränkenden Verwehrungen andererseits führt. Letztes bedingt, dass die global verfügbare Vielfalt, mit ihrem historisch unerreichten Angebot an Wissen, Produkten und Dienstleistungen in besonderer Weise eingeschränkt, durch die Filter habitualisierter, milieuspezifischer Dispositionen limitiert abgefragt wird. Diese Limitation bezieht sich nicht in erster Linie auf die Quantität von Waren und Angeboten, die vielfach auch weniger privilegierte Räume kennzeichnet, sondern insbesondere auf die kapitalträchtige Qualität jener Angebote im Sozialraum, die dem gesellschaftlichen Aufstieg dienen. Dem Raum als materielle und soziale Umgebung ist damit ein *erstes rekursives Moment* zuzuschreiben, da seine Angebotsstruktur mit dem individuell verfügbaren Kapital und dem Habitus korreliert. Chancen sind im Raum ungleich verteilt und dies umso mehr, je stärker es durch außengesteuerte Einflüsse zu einer marktwirtschaftlichen Sortierung von Bevölkerungen, Quartierqualität oder Freizeitinfrastrukturen nach sozialen Kriterien kommt. Die aktuellen Verdrängungsprozesse im Zeichen einer grassierenden Wohnungsknappheit, die an kaufkräftige Kunden adressierten Luxusquartiere der internationalen Immobilienwirtschaft, eine auf spezialisierte Nachfrage ausgerichtete Gastronomie und Freizeitwirtschaft oder der Drang zu städtischen Aufwertungsmaßnahmen im internationalen Städtewettbewerb sind vor diesem Hintergrund auch als massive Eingriffe in die Gelegenheitsstruktur jedes Stadtbewohners zu werten.

Über Bourdieus Ortseffekte kann man sich den sozialen Mechanismen der Aus- und Abgrenzung von Milieus im Raum gut annähern und den Distinktionspraxen sowie der unterschiedlichen Bedeutung der Kapitalformen nachsetzen. Es bleibt allerdings nur eine Annäherung, weil Bourdieu den physischen Raum den gesellschaftlichen Prozessen nachordnet und technische sowie überörtliche Einflussfaktoren vollkommen ausklammert. Diese Defizite wurden in jüngeren Auseinandersetzungen mit Bourdieu wiederholt kritisiert (Lamont et al. 2015).

Sie tangieren Bourdieu besonders dann, wenn man den Entstehungsprozess von Raum gewichtet, wie es Martina Löw (2001) getan hat. Als „relationale (An)Ordnung von Lebewesen und sozialen Gütern an Orten" wird Raum durch Spacing und Syntheseleistung konstituiert. Demgegenüber greift Bourdieu (neben dem lediglich metaphorisch verwendeten „sozialen Raum") auf einen starren, physischen Raum zurück, in den sich die sozialen Prozesse lediglich einschreiben. So muss er ein *zweites rekursives Moment* außer Acht lassen, nämlich die habitusgebundene und ressourcenabhängige Fähigkeit des Einzelnen, auf die räumlichen Bedingungen Einfluss zu nehmen. Während kapitalstarke Akteure einer Raumkonstitution zuarbeiten („Spacing"), die für ihre soziale Positionierung vorteilig ist, verfügen kapitalschwache Bevölkerungsteile über weniger Potenzial, ihre soziale Lage durch räumliche Arrangements zu verbessern. Die spezifische Wahrnehmung („Syntheseleistung") beeinflusst auch hier den Möglichkeitsrahmen und steht, wie bei Bourdieu, mit der verinnerlichten sozialen Ordnung im Zusammenhang. Löw vernachlässigt es allerdings in ihrem relationalen Raumkonzept, die raumkonstituierenden Kräfte der Marktwirtschaft für die soziale Frage zu vertiefen. Dabei lässt sich die beschriebene Ungleichheit der Gelegenheitsstruktur gerade im Dispositiv einer ökonomischen Raumverwertung gut lesen, die von machtvollen Akteuren ausgeht. Ökonomischen Prinzipien folgend greift das „Spacing" auf unterschiedlichen räumlichen Ebenen und sorgt für Grenzen und soziale Distanzierung. Dies passiert insbesondere dort, wo soziale Homogenität oder gar Exklusivität auf eine Nachfrage trifft. Luxusdestinationen, abgeschirmte Hotelhallen, vornehme Restaurants oder Gated Communities sind exemplarische Extreme einer solchen Nachfrage, die im Realraum zahlreiche weitere Räume mit sozialer Adressierung hervorbringt. Bei diesen institutionalisierten (An)Ordnungen, die durch Ressourcenpolarisierung Ungleichheit verstetigen, kommen immer auch überregionale Akteure ins Spiel. Sie erschweren es den kapitalschwachen Bevölkerungen zusätzlich, die Ursachen der benachteiligenden Strukturen zu identifizieren.

Zusammenfassend lassen sich physische Zugänglichkeit, die habitualisierte Wahrnehmung und die von Bourdieu ausdifferenzierte soziale Zugänglichkeit als sozial stratifizierende Mechanismen begreifen, die im realräumlichen Kontext ihre starke Wirkung entfalten. Gelingt es diese Wirkung im Cyberspace durch neue Formen der Zugänglichkeit zu reduzieren, dann ist den digitalen Technologien ein enormes gesellschaftliches Befähigungspotenzial zuzuschreiben. Tatsächlich lassen sich Beispiele für eine solche Befähigung finden. Indem beispielsweise virtuelle Konttakträume eine Vermittlung von Sozialkapital ermöglichen oder digitale Annäherungen an kulturelles Kapital realisierbar werden,

6.1 Ternäre Rekursivität

lassen sich die sozial stratifizierenden Reglements des Realraums überwinden. Allerdings muss sich dieser Ressourcenbezug dann im Realraum noch bewähren. Sozialisations- und Bildungsforscher sehen als weitere Einschränkung die ungleichen Bezugschancen von digitalen Inhalten. Neben der technischen Verfügbarkeit wird vor allem die sozial ungleiche Nutzung des Cyberspace konstatiert, womit erneut die realräumliche Sozialisation, habituelle Prägungen und eine ungleiche Kapitalausstattung den Bezug der digitalen Offerten sozial vorstrukturieren. Reduziert auf diese Hürden, die vielfach als Digital Divides kommuniziert werden, erscheint die soziale Ungleichheit letztlich doch durch digitale Technologien bekämpfbar: Die bildungspolitische Herausforderung liegt dann allein in der Bereitstellung der technischen Infrastruktur und Endgeräte sowie einer gezielten Anleitung des Nutzers, wie sich die digital gebotene Vielfalt an Ressourcen auch gesellschaftsübergreifend beziehen lässt.

Vollständig übersehen wird dabei, dass der Bezug digitaler Technologien mit den Kosten einer weitreichenden Vermessung verbunden ist. Genau diese Kosten konterkarieren jedoch das auf gleiche Teilhabechancen ausgerichtete Bildungsziel. Die Vermessung liefert der Wirtschaft personalisierte Daten, deren ökonomische Verwertung eine Festschreibung der sozialen Gegebenheiten zeigt. In diesem Prozess ist schließlich das *dritte rekursive Moment* angelegt, auf den die Arbeit ihr Hauptaugenmerk gerichtet hat.

In der Abb. 6.1 ist das Individuum mit seinen individuellen Wahrnehmungs-, Denk- und Handlungsschema (Habitus) und seiner Kapitalausstattung (Ressourcen) zwischen dem Realraum und dem Cyberspace positioniert. Beide Räume nehmen im Digitalisierungszeitalter Einfluss auf die Sozialisation, beide Räume bieten Ressourcen (Kontakte, Bildung, Informationen), die dem sozialen Aufstieg dienen können. Das Individuum kann den Cyberspace und den Realraum gleichzeitig „betreten", da es auch während der Internetnutzung, Online-Spielen oder VR-Anwendungen mit seiner Körperlichkeit dem Realraum verhaftet bleibt. Zugleich weisen beide Räume Überschneidungen auf, wenn etwa digitale Technologien in den Realraum eingelagert sind (Internet der Dinge, Smart Cities) oder realräumliche Repräsentationen digital vermittelt werden (Augmented Reality).

Auf beide Räume lässt sich ein relationales Raumverständnis übertragen. Die Strukturen im Realraum werden durch Handlungen und Wahrnehmungen als (An)Ordnung ebenso konstituiert, wie jene im Cyberspace. Jedoch besteht ein wesentlicher Unterschied: Die von Löw zentrierte „Dualität von Raum" mit der die Wechselwirkung von Handlung und Struktur auf den Raum übertragen wird, gilt für den Cyberspace nur mit Einschränkungen. Der Cyberspace lässt sich vom Realraum aus unabhängig konstituieren, ohne an die Strukturen des Cyberspace

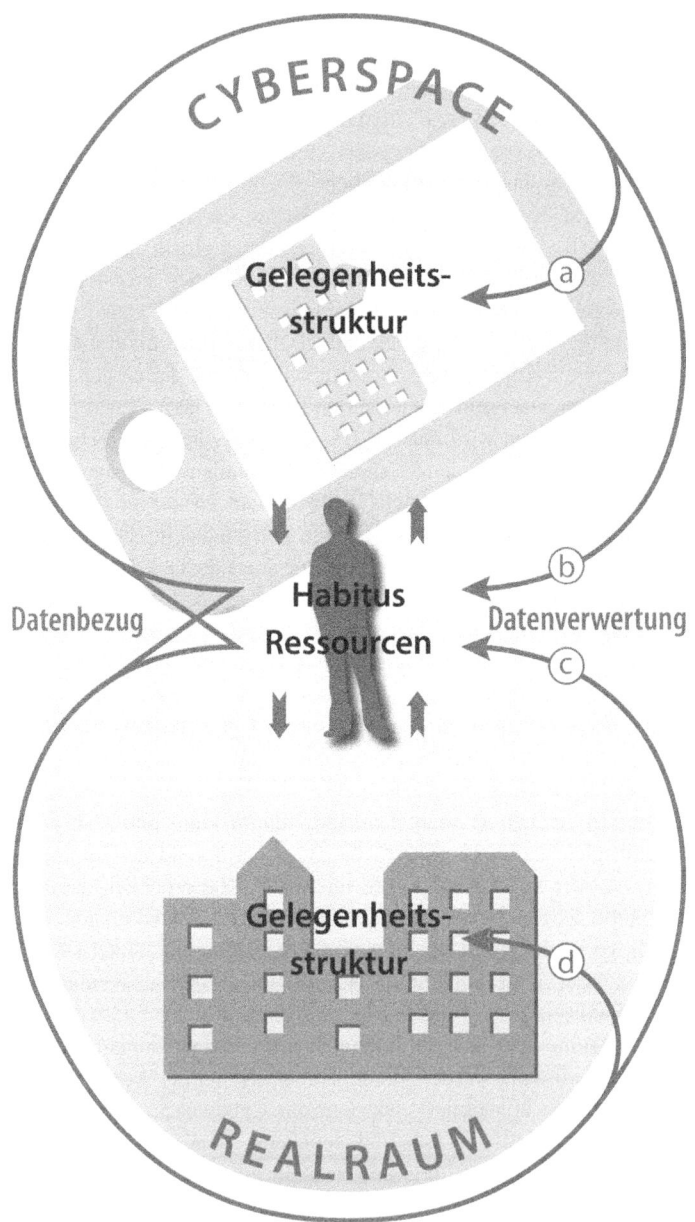

Abb. 6.1: Formen der rekursiven Ansprache (**a–d**)

selbst gebunden zu sein. Struktur und Handlung sind in dieser virtuellen Sphäre also nur bedingt miteinander in Bezug zu setzten. Gleichzeitig unterscheiden sich die Reglements der jeweiligen Raumkonstitution. Das Spacing im Realraum vollzieht sich in einem machtabhängigen Aushandlungsprozess, an dem neben privatwirtschaftlichen Akteuren auch kommunale Entscheidungsträger, Behörden oder aus dem intermediären Bereich Vereine, Verbände, NGOs etc. Einfluss nehmen können. Sie handeln in einem gesetzlichen Rahmen, mit klaren Vorgaben (z. B. Baurecht) und folgen gesellschaftlich etablierten Praktiken.

Strukturen, die aus einem Spacing im virtuellen Raum hervorgehen, zeigen eine vergleichsweise geringe juristische Durchdringung und werden in ihrer abstrakten Form gesellschaftlich auch weniger reflektiert. Diese Gestaltungsfreiheit haben sich Unternehmen zu eigen gemacht und im Cyberspace Strukturen etabliert, die von der Allgemeinheit eher genutzt oder „befüllt" denn verändert werden. Die Machtasymmetrie zwischen Anbieter und Nutzer kommt nicht zuletzt in einer strukturellen Verankerung von Datenerhebungskapazitäten zum Ausdruck. Zahlreiche digitale Anwendungen machen die Abgabe personenbezogener Daten zur Bedingung. Handeln im Cyberspace geht mit der Erkundung des Nutzers einher. Die neuen digitalen Technologien nehmen personalisierte Daten auf, verwerten, analysieren und speichern sie. Sie tun dies raumübergreifend, indem sie Online- und Offline-Daten kombinieren und dabei auch die wachsenden Datenerfassungsmöglichkeiten im (digitalisierten) Realraum nutzen. Datenhändler bringen auf Datenmärkten die gewonnenen Informationen zusammen und bereiten sie für die Nachfrage auf. Der ökonomische Wert der Informationen über den Nutzer zeigt sich in zahlreichen kommerziellen Verwertungszusammenhängen. Für Anbieter von Produkten und Dienstleistungen ist eine Zeit angebrochen, die das Ideal der Kunden- und Markttransparenz greifbar werden lässt. Wünsche, Neigungen, Schwächen, Risiken und Bedürfnisse liegen zunehmend offen und können unmittelbar berücksichtigt und kommerziell übersetzt werden. Aus dieser Übersetzung resultiert eine Datenverwertung, die den Nutzer rekursiv erreicht: Sie spiegelt das Vertraute und schirmt Instruktives ab. Sie festigt das Milieu, indem sie die erfassten Dispositionen reflektiert. Und sie legt den Einzelnen immer stärker auf seine vollständig erfasste Biografie fest, während der Ausbruch aus dieser Biografie gerade die Voraussetzung für die persönliche Weiterentwicklung darstellt. So greift der Markt unmittelbar in die Sozialisation ein. Abweichend zu den Zielen der Bildungspolitik verfolgt die privatwirtschaftliche Einflussnahme eine Gewinnmaximierung. Diese intendiert nicht die Verstetigung sozialer Gegebenheiten, ruft sie aber durch die Praxis der Datenverwertung unmittelbar hervor.

Der Nutzer wird auf vier verschiedenen Wegen rekursiv adressiert. Erstens (Abb. 6.1a) nehmen die personalisierten Daten Einfluss auf den Cyberspace selbst. Was wie und zu welcher Zeit angezeigt wird, lässt sich schon heute in hohem Maße über Werbeanzeigen, Kundenportale, sozialen Netzwerke oder Nachrichtendienste personalisiert aussteuern. Nicht einsehbare, extern definierte Algorithmen entscheiden über Sichtbares und Unsichtbares, setzen Anreize, ziehen Grenzen und legen das „Passende" nahe. Die Strukturen der virtuellen Sphäre wandeln sich in Entsprechung zum jeweiligen Nutzer. Das Spacing im Virtuellen ist durch eine nutzerspezifische Adaptionsfähigkeit gekennzeichnet.

Zugleich erreichen den Nutzer Angebote und Informationen in direkter Form (Abb. 6.1b), ohne dass sich die Strukturen des virtuellen Raumes restriktiv anpassen. Der maßgeschneiderte Kredit oder die passende Versicherung, die dem Nutzer beispielsweise per E-Mail vorgeschlagen werden, nehmen keinen Einfluss auf die Zugänglichkeit des Cyberspace. Sie stellen dennoch Angebote dar, die aufgrund ihrer Vorfilterung rekursiv wirksam werden. Mit den zahlreichen Kanälen einer personalisierten Ansprache, wie sie in der empirischen Auswertung exemplarisch aufgezeigt wurden, muss erneut von einer erheblichen Einflussnahme auf die jeweilige Wahrnehmung, die Einordnung des Erstrebenswerten und des individuell Machbaren ausgegangen werden. Weil die digital vermittelte Ansprache häufig an Ähnlichkeitsmerkmalen der Quartiersbevölkerung ausgerichtet ist (vgl. Abschn. 5.2), nimmt sie über das soziale Umfeld des Einzelnen auch indirekt Einfluss.

Im Realraum lassen sich die individuelle Wahrnehmungs- und Handlungsfähigkeit ebenfalls in den zwei Varianten der direkten datenbasierten Ansprache einerseits und der datenbasierten Veränderung der räumlichen Struktur andererseits unterscheiden. Wie für die Bereiche Marketing, Personensuche oder Risikovermeidung ausführlich dargestellt und mit weiteren Beispielen aus dem vernetzten Alltag mehrfach belegt, erreichen den Nutzer auch offline immer mehr personalisierte Angebote und Informationen (Abb. 6.1c). Es ist davon auszugehen, dass geführte Verkaufsgespräche und beanspruchte Dienstleistungen (z. B. die Ansprache im Geschäft oder durch das Personal im Urlaub) immer stärker die verfügbaren Informationen über den Kunden aufgreifen. Auch hier kann mit Verweis auf wirtschaftspsychologische Befunde unterstellt werden, dass ökonomische, geschmacksbezogene und soziale Passungen die leitenden Prinzipien in der jeweiligen Interaktion sind.

Schließlich greift die ökonomische Verwertung personenbezogener Daten in die Struktur des Realraums ein. Die wachsende Durchsetzung von Häusern und Städten mit vernetzten Gegenständen bis hin zu einer möglichen Sentient City schaffen weitere Voraussetzungen, um Menschen im Alltag mit individuell gerichteten Inhalten zu begegnen (Abb. 6.1d). Eine Nutzung digitaler Endgeräte wie das Smartphone wird in einem solchen Umfeld langfristig nicht mehr vorausgesetzt, da die verbreiteten Kameras, Sensoren und Aktoren auch unabhängig arbeiten. In einer solchen Raumstruktur, in die virtuelle Spiegel eingelassen sind, werden die Übergänge zum Cyberspace fließend.

Selbst wenn man derartige Entwicklungen als Zukunftsutopie abtut, bleiben unabhängig vom Grad der Vernetzung weitere Formen einer rekursiven Bezugnahme bestehen. Wie die empirische Analyse des Datenhandels klar belegt, greifen Unternehmen längst auf digitale Datenbestände für eine zielgruppenspezifische Raumgestaltung zurück. So steht die individuelle Gelegenheitsstruktur in starker Abhängigkeit von der Frage, welche Infrastrukturen, Geschäfte und Sortimente im jeweiligen Quartier rentabel sind. Exakte Daten über die Einwohner machen es den Anbietern leicht, diese nicht nur direkt anzusprechen, sondern deren Kaufkraft und Alltagspräferenzen auch in bauliche Strukturen und kommerzielle Produkte im Realraum zu überführen. Es ist eine Raumkonstitution nach Maß, bei der die Anordnung des (Stadt)Raumes in sozialen Entsprechungen organisiert werden kann. In der Weise wie milieuspezifisch adressiert wird, verfestigen sich die Sozialisationseinflüsse im Quartier.

Die Logik der sozialen Ab- und Ausgrenzung im Quartier und der ressourcenabhängigen Prozesse des (An)Ordnens sind im Digitalisierungszeitalter folglich nochmals anders zu fassen. Es ist ein machtvolles Spacing, das mit der ökonomischen Inwertsetzung von Daten online wie offline einhergeht, und das zusammen mit der direkten Ansprache der Zielgruppen zur sozialen Stratifikation durch eine Sortierung des sozial Passenden immer stärker beiträgt.

6.2 Ausblick: Soziale Festschreibung als übergreifende Herausforderung

Die alte Frage nach innergesellschaftlicher Chancengleichheit und sozialer Mobilität stellt sich in der digitalisierten Gegenwart in völlig neuer Form. Die digitale Transformation vollzieht sich in einer Zeit, in der soziale und sozialräumliche Polarisierungsprozesse in wachsendem Ausmaß registriert werden, und Ungleichheit vor dem Hintergrund neuer beruflicher Anforderungsprofile, einer wachsenden Prekarisierung, steigenden Immobilieneinkommen und dramatischen Mietsteigerungen verstärkt in die Öffentlichkeit rückt (OECD 2019; Wacquant 2018; Fink et al. 2019).

Es sind Befunde, die dazu Anlass geben, von einer weiteren Verfestigung ungleicher Handlungsmöglichkeiten auszugehen und von räumlichen Strukturen, die durch massive Verwehrungen der Benachteiligten sowie weitreichende Begünstigungen der Privilegierten gekennzeichnet sind. Es sind diese Bedingungen, die eine datenbasierte Ökonomie vorfindet und die sie in zahlreichen Geschäftsfeldern rekursiv aufgreift, wenn die Kennzeichen des Einzelnen in passende Offerten übersetzt werden.

Der Cyberspace liefert für diese Übersetzung besonders günstige Voraussetzungen. Erstens kann sich die Datenökonomie eines Mediums bedienen, deren Strukturen und Konditionen von den Nutzern noch wenig hinterfragt und beeinflusst wurden. Dabei ist immer hervorzuheben, dass ein Großteil der Optionen im Cyberspace von privatwirtschaftlichen Akteuren bereitgestellt wird. Gegenüber dem Realraum sind weite Bereiche der Binneninfrastruktur des Internets nicht durch Steuergelder (etwa für Straßen, öffentliche Plätze oder Bildungseinrichtungen) finanziert, sondern erst durch private Investoren gewachsen. Ausgerechnet die orientierungsrelevanten „Verkehrsschilder" und „Wegbeschreibungen" (Suchmaschinen) sowie die populärsten Orte des Informationsaustausches (Social-Media-Plattformen) sind in der digitalen Welt kommerziell ausgerichtet und funktionieren über personalisierte Werbung. Aber auch die neuen digitalen Orte der Versorgung, der Information oder Unterhaltung sind im Cyberspace auf eine Inwertsetzung von personenbezogenen Daten hin ausgerichtet. Entsprechend ist der sozialisierende Einfluss des Cyberspace vornehmlich im Zeichen einer ökonomischen Verwertungslogik zu interpretieren. Die vermittelten Inhalte orientieren sich weder an gesellschaftlichen Leitbildern einer sozialen Gerechtigkeit im Allgemeinen noch an konkreten Maßnahmen zur Förderung von Inklusion, Bildung und sozialer Mobilität im Besonderen. Sie sind profitgesteuert und in dieser Ausrichtung lediglich durch die Nachfrage ihrer Nutzer, nicht aber durch normative oder bildungspolitische Vorgaben gelenkt.

Die programmierten Räume machen es dem Nutzer zweitens nahezu unmöglich, die Verursachung des virtuell Gebotenen zu verstehen. Der individuell reglementierende Eingriff in den Realraum durch machtvolle Akteure stellt sich im Cyberspace nochmals abstrakter dar. Die Strukturen gehen im Cyberspace von Programmierungen aus, die unter weicheren, teils noch offenen oder unwirksamen rechtlichen Vorgaben ein Spacing im Verborgenen betreiben. Es sind Strukturen, in denen der Nutzer permanent begleitet, protokolliert und kontaktiert werden kann, Strukturen die sich individuell und automatisiert anpassen und die einen starken Aufforderungscharakter aufweisen. Durch die individuelle Inanspruchnahme des Cyberspace entfällt auch die Chance einer geteilten Erfahrung seiner Nutzer. Eine öffentliche Diskutierbarkeit der vorgefundenen Strukturen auf

6.2 Ausblick: Soziale Festschreibung als übergreifende ...

der Grundlage intersubjektiver Befunde wird erschwert. Folglich sinkt gegenüber dem Realraum die Chance, aktiv auf die Handlungsbedingungen im Digitalen Einfluss nehmen zu können.

Über die Datenabgabe wird der Nutzer schließlich drittens mit einer neuen Vergütungsform für die Inanspruchnahme der digitalen Gelegenheitsstruktur konfrontiert, deren Wert er kaum absehen kann. Die Datenverarbeitung vollzieht sich in räumlicher und zeitlicher Perspektive ubiquitär und dauerhaft. Herkunft und Ziel der Daten können vorab immer weniger aktiv spezifiziert werden. Indem diese Datenwährung ihren größten ökonomischen Nutzen in der rekursiven Adressierung entfaltet, zieht sie tendenziell in allen Lebensbereichen Dienste, Produkte und Informationen in personalisierten Zuschnitt auf den Kunden.

Viele dieser Kennzeichen des Cyberspace lassen sich in Ansätzen auch für den digitalisierten Realraum formulieren, der unter privatwirtschaftlichen Gesichtspunkten personenbezogen konstituiert wird, und der selbst auswertet, bewertet und adressiert. Eine rasch wachsende Umgebungsintelligenz in Städten oder Gebäuden zeichnet sich klar ab, selbst wenn diese nur zu einem Teil ökonomische Interessen über Datenbezug bedient. Im komplexen Wechselspiel zwischen Cyberspace und digitalisierten Realraum zeigt sich deutlich, dass dem Einzelnen die exklusive Verfügungsmacht über das Private schleichend entzogen wird, während die privaten Dispositionen für Geschäftstreibende online wie offline zunehmend zur Auswertung freiliegen.

Als Folge durchzieht die Gesellschaft ein neues konservierendes Moment, das die soziale Durchlässigkeit im Digitalisierungszeitalter stark einschränkt. Für die Benachteiligten bedarf es wachsender Anstrengungen, um der wachsenden Vorbestimmung des individuellen Möglichkeitsrahmens entgegenzutreten. Gleiches gilt für die Politik, deren Aufgabe, Quartierseffekte durch Bildungs- und Infrastrukturmaßnahmen abzumildern, sich bereits in der Vergangenheit als wenig effektiv erwiesen hat. Nun steht sie den Filterblasen der Datenökonomie gegenüber, die sowohl im Cyberspace als auch im Realraum zu sozialen Abgrenzungen führen.

Eine vorläufige Bilanz der Datenrevolution kann nicht übersehen, dass es bereits zahlreiche Gegenbewegungen gibt, die auf Aufklärung, Politik und Schutzmaßnahmen zur Kontrolle des digitalen Wissens über den Einzelnen setzen. Ungeachtet mancher Erfolge, wie etwa die Europäische Datenschutzgrundverordnung, ist allerdings ebenso evident, dass der Umfang der personenbezogenen Informationen auf Sicht keineswegs kleiner sondern deutlich größer wird. Bislang gibt es keine Anzeichen, dass das allgemeine Bewusstsein über die Verwertung von Daten mit den revolutionären Technologien, den wachsenden Möglichkeiten der Datenerfassung und dem gewaltigen Ausfächern der kommerziellen Geschäftsfelder annähernd Schritt halten kann. Täglich bereichern neue Hard- und Softwarelösungen den Markt „virtueller Zauberstäbe", die dem Einzelnen Preisvorteile, Bequemlichkeit, Informationsvorsprung und einen ubiquitären Zugang zu Waren und Dienstleistungen in Echtzeit bescheren – fast immer koppeln sie jedoch an der Verpflichtung zur virtuellen Entblößung.

Doch auch ein konsequenter Verzicht auf die digitalen Angebote erscheint wenig sinnvoll. In Anbetracht der etablierten Kommunikationspraktiken käme er einer wachsenden Selbstisolierung gleich und würde erhebliche Kosten- und Informationsnachteile mit sich bringen. Im digitalisierten Alltag ist das vollständige Verbergen individueller Attribuierungen ohnehin kaum möglich. Selbst ein intensives Bemühen um individuelle Datensparsamkeit kann den weiteren Zufluss kategorisierender Einträge in die Datenbanken kommerzieller Anbieter nicht vollständig unterbinden.

An der datenökonomischen Verfestigung der sozialen Verhältnisse, die damit für die weitere Zukunft angelegt ist, kann eine auf Chancengleichheit bedachte Politik nicht vorbeisehen. Soll das soziale Mobilitätsversprechen für die benachteiligten Bevölkerungsteile aufrecht erhalten werden, bleibt politisch mehr zu tun, als das, was an datenschutzrechtlichen Initiativen bislang auf den Weg gebracht wurde. Im Prozess der Verspiegelung geht es letztlich um nichts weniger, als die Verdrängung politisch-institutioneller Einflüsse aus den Sozialisationsräumen durch die Ökonomie.

Solange der individuelle und institutionalisierte Schutz nicht ausreichend verfängt, könnte den Betroffenen letztlich eine Anpassungsstrategie bleiben, die sich der Logik der Segmentierung, Bewertung und Zuweisung zwar beugt, diese aber gezielt beeinflusst. Um den Fesseln der individuellen und milieuspezifischen Kategorisierung zu entgehen, käme es darauf an, die Datenbanken mit milieuübergreifenden Informationen zu versorgen, ein weites Interessenspektrum zu übermitteln und Widersprüchliches zu kommunizieren. In der gezielten Preisgabe jener Attribute, die in aufstiegsrelevante Ressourcen überführt werden, liegt die Chance zum Bezug dieser Ressourcen. Die Umsetzung dieser Strategie ist voraussetzungsvoll: Zu der Kompetenz, die habitualisierten Dispositionen zumindest partiell in der Zurschaustellung von Interessen und Geschmack hinter sich zu lassen (zweiter Digital Divide), kommt nun die Fähigkeit, die technische und ökonomische Datenverwertung reflektieren zu können. Es geht um ein Bewusstsein, das erst durch Bildung zu schulen ist und um ein neues Systemverständnis im Zeichen der Datenökonomie, das wissenschaftlicher Forschung dringend bedarf. Akzeptiert man in diesem Forschungsfeld den Nutzen einer

6.2 Ausblick: Soziale Festschreibung als übergreifende …

raumbezogenen Perspektive, wie sie in dieser Arbeit durchgehend hervorgehoben wurde, dann sind insbesondere die raumwissenschaftlichen Disziplinen – insbesondere die Geographie und (Raum)Soziologie – für ein stärkeres Engagement in diesem Feld prädestiniert.

Im öffentlichen Diskurs werden „Digitalisierung" und „Bildung" bereits vielfach zusammengebracht. Digitale Kompetenzen durch Bildung umschreiben die Anforderungen zukünftiger Arbeitsmärkte und die Digitalisierung erschließt der individuellen Bildung neue Quellen. Im technologischen Wandel wird das Potenzial zur beruflichen und sozialen Mobilisierung erkannt. Mit einer einseitigen Gewichtung der Handlungsbefähigung wird jedoch übersehen, dass die digitale Transformation auch die räumlichen Bedingungen massiv verändert, die Handlungen konditionieren. Ohne die Verwertungspraxis der Datenökonomie in ihren sozialen Konsequenzen zu reflektieren, sind die Aufstiegschancen im Digitalisierungszeitalter nicht adäquat zu erfassen. Ohne der Wirksamkeit neuer räumlicher Restriktionen auf den Grund zu gehen, lässt sich die Vorsortierung des Erreichbaren nicht begreifen. Das Befähigungsversprechen der Digitalisierung bindet an Konditionen, die den Einzelnen, die Bildungsinstitutionen, die Politik und nicht zuletzt die Wissenschaft stark in die Pflicht nehmen. So ist die einladende Botschaft des einführend genannten Slogans auch als akute Aufgabe zu verstehen:

▶ Where do you want to go today?

Literatur

Print

Aaltonen, A., & Tempini, N. (2014). Everything counts in large amounts: A critical realist case study on data-based production. *Journal of Information Technology, 29*(1), 97–110.

Acquisti, A., John, L. K., & Loewenstein, G. (2013). What Is privacy worth? *The Journal of Legal Studies, 42*(2), 249–274.

Aehnelt, R. (2011). Trends und Ausmaß der Polarisierung in deutschen Städten. In W. Hanesch (Hrsg.), *Die Zukunft der „Sozialen Stadt". Strategien gegen soziale Spaltung und Armut in den Kommunen* (S. 63–80). Wiesbaden: Springer VS.

Ainsworth, J. W. (2002). Why does it take a village? The mediation of neighborhood effects on educational achievement. *Social Forces, 81,* 117–152.

Altrock, U., & Kunze, R. (Hrsg.). (2017). *Stadterneuerung und Armut. Jahrbuch Stadterneuerung 2016.* Wiesbaden: Springer VS.

Amoore, L., & Piotukh, V. (Hrsg.). (2016). *Algorithmic life: Calculative devices in the age of big data.* London: Routledge.

Andelfinger, V. P., & Hänisch, T. (2015). *Internet der Dinge. Technik, Trends und Geschäftsmodelle.* Wiesbaden: Springer Gabler.

Atkinson, A. B., Piketty, T., & Saez, E. (2011). Top incomes in the long run of history. *Journal of Economic Literature, 49*(1), 3–71.

Autor, D., Katz, L., & Krueger, A. B. (1999). Computing inequality: Have computers changed the labor market? *Quarterly Journal of Economics, 113,* 1169–1214.

Bachmann-Medick, D. (2016). *Cultural turns. Neuorientierungen in den Kulturwissenschaften.* Reinbek: Rowohlt.

Bakshy, E., Messing, S., & Adamic, L. A. (2015). Political science. Exposure to ideologically diverse news and opinion on Facebook. *Science, 348*(6239), 1130–1132.

Bär, P.K.-D. (2008). *Architekturpsychologie. Psychosoziale Aspekte des Wohnens.* Gießen: Psychosozial.

Barberá, P., Jost, J. T., Nagler, J., Tucker, J. A., & Bonneau, R. (2015). Tweeting from left to right: Is online political communication more than an echo chamber? *Psychological Science, 26*(10), 1531–1542.

Barth, B., Flaig, B. B., Schäuble, N., & Tautscher, M. (Hrsg.). (2018). *Praxis der Sinus-Milieus. Gegenwart und Zukunft eines modernen Gesellschafts- und Zielgruppenmodells.* Wiesbaden: Springer VS.
Batty, M. (2012). Smart cities, big data. *Environment and Planning B, 39*(2), 191–193.
Bauer, U., Bittlingmayer, U. H., & Scherr, A. (2012). Einleitung der Herausgeber. In U. Bauer, U. H. Bittlingmayer, & A. Scherr (Hrsg.), *Handbuch Bildungs- und Erziehungssoziologie* (S. 13–25). Wiesbaden: Springer VS.
Bauer, U. (2017). Happy idiots inside the Bubble. Ethische und soziale Implikationen der Abhängigkeit von elektronischen Hilfsmitteln beim Reisen. In M. Landvogt, A. A. Brysch, & M. A. Gardini (Hrsg.), *Tourismus – E-Tourismus – M-Tourismus: Herausforderungen und Trends der Digitalisierung im Tourismus* (S. 71–84). Göttingen: Erich Schmidt Verlag.
Bauman, Z., & Lyon, D. (2013). *Daten, Drohnen, Disziplin. Ein Gespräch über flüchtige Überwachung.* Berlin: Suhrkamp.
Beck, U. (1983). Jenseits von Stand und Klasse? Soziale Ungleichheit, gesellschaftliche Individualisierungsprozesse und die Entstehung neuer sozialer Formationen und Identitäten. In R. Kreckel (Hrsg.), *Soziale Ungleichheiten* (S. 35–74). Göttingen: Schwartz.
Beck, U. (2017). *Die Metamorphose der Welt.* Berlin: Suhrkamp.
Becker, R., & Lauterbach, W. (Hrsg.). (2007). *Bildung als Privileg. Erklärungen und Befunde zu den Ursachen der Bildungsungleichheit.* Wiesbaden: Springer VS.
Bell, D. (1973). *The coming of post-industrial society: A venture in social forecasting.* New York: Basic Books.
Bennett, T., Savage, M., Silva, E., Warde, A., Gayo-Cal, M., & Wright, D. (2009). *Culture, class, distinction.* New York: Routledge.
Benson, M., Bridge, G., & Wilson, D. (2015). School choice in London and Paris – A comparison of middle-class strategies. *Social Policy and Administration, 49*(1), 24–43.
Berger, J., Ridgeway, C. L., & Zelditch, M. (2002). Construction of status and referential structures. *Sociological Theory, 20*(2), 157–179.
Berli, O., & Endreß, M. (Hrsg.). (2013). *Wissen und soziale Ungleichheit.* Weinheim: Beltz Juventa.
Betancourt, M. (2016). *The critique of digital capitalism: An analysis of the political economy of digital culture and technology.* New York: Punctum.
Beyvers, E., Helm, P., Hennig, M., Keckeis, C., Innokentij, K., & Püschel, F. (Hrsg.). (2017). *Räume und Kulturen des Privaten.* Wiesbaden: Springer VS.
Bickenbach, M., & Maye, H. (1997). Zwischen fest und flüssig – Das Medium Internet und die Entdeckung seiner Metaphern. In L. Gräf & M. Krajewski (Hrsg.), *Soziologie des Internet. Handeln im elektronischen Web-Werk* (S. 80–98). New York: Campus.
Biedinger, N. (2009). Kinderarmut in Deutschland. Der Einfluss von relativer Einkommensarmut auf die kognitive, sprachliche und behavioristische Entwicklung von drei- bis vierjährigen Kindern. *Zeitschrift für Soziologie der Entwicklung und Sozialisation, 2*, 197–214.
Biermann, R. (2009). Die Bedeutung des Habitus-Konzepts für die Erforschung soziokultureller Unterschiede im Bereich der Medienpädagogik. *MedienPädagogik, 17*, 1–18.
Bischoff, J., Herkommer, S., & Hüning, H. (2002). *Unsere Klassengesellschaft. Verdeckte und offene Strukturen sozialer Ungleichheit.* Hamburg: VSA.

Blasius, J., Friedrichs, J., & Klöckner, J. (2008). *Doppelt benachteiligt? Leben in einem deutsch-türkischen Stadtteil*. Wiesbaden: Springer VS.
Blattberg, R. C., Kim, B.-D., & Neslin, S. A. (2008). *Database marketing. Analyzing and managing customers*. New York: Springer.
Bloching, B., Luck, L., & Ramge, T. (2012). *Data Unser. Wie Kundendaten die Wirtschaft revolutionieren*. München: Redline.
Bohn, A., Buchta, C., Hornik, K., & Mair, P. (2014). Making friends and communicating on Facebook: Implications for the access to social capital. *Social Networks, 37*, 29–41.
Böhnisch, L., & Schröer, W. (2010). Soziale Räume im Lebenslauf – Aneignung und Bewältigung. *sozialraum.de, 2*(1), 1–7.
Bound, J., & Johnson, G. (1992). Changes in the structure of wages in the 1980s: An evaluation of alternative explanations. *American Economic Review, 83*, 371–392.
Bourdieu, P. (1979). *Entwurf einer Theorie der Praxis auf der ethnologischen Grundlage der Kabylischen Gesellschaft*. Frankfurt a. M.: Suhrkamp.
Bourdieu, P. (1983). Ökonomisches Kapital, kulturelles Kapital, soziales Kapital. In R. Kreckel (Hrsg.), *Soziale Ungleichheiten* (S. 183–198). Göttingen: Schwartz.
Bourdieu, P. (1987). *Die feinen Unterschiede. Kritik der gesellschaftlichen Urteilskraft*. Frankfurt a. M.: Suhrkamp.
Bourdieu, P. (1991). Physischer, sozialer und angeeigneter physischer Raum. In M. Wentz (Hrsg.), *Stadt-Räume* (S. 25–34). Frankfurt a. M.: Campus.
Bourdieu, P. (1997). *Das Elend der Welt. Zeugnisse und Diagnosen alltäglichen Leidens an der Gesellschaft*. Konstanz: UVK.
Bourdieu, P., & Wacquant, L. (2013). *Reflexive Anthropologie*. Frankfurt a. M.: Suhrkamp.
Boudon, R. (1974). *Education, opportunity, and social inequality – Changing prospects in western society*. New York: Wiley.
Boutyline, A., & Willer, R. (2017). The social structure of political echo chambers: Variation in ideological homophily in online networks. *Political Psychology, 38*(3), 551–569.
Boyd, D. (2014). *Es ist kompliziert. Das Leben der Teenager in sozialen Netzwerken*. München: Redline.
Bozdag, E., & van den Hoven, J. (2015). Breaking the filter bubble: Democracy and design. *Ethics and Information Technology, 17*(4), 249–265.
Brake, A., & Büchner, P. (2012). *Bildung und soziale Ungleichheit. Eine Einführung*. Stuttgart: Kohlhammer.
Braun, S. T., & Stuhler, J. (2018). The transmission of inequality across multiple generations: Testing recent theories with evidence from Germany. *The Economy Journal, 128*(609), 576–611.
Braun-Thürmann, H. (2004). Agenten im Cyberspace: Soziologische Theorienperspektiven auf die Interaktion virtueller Kreaturen. In U. Thiedeke (Hrsg.), *Soziologie des Cyberspace. Medien, Strukturen und Semantiken* (S. 70–96). Wiesbaden: Springer VS.
Bresnahan, T. F. (1999). Computerisation and wage dispersion: An analytical reinterpretation. *The Economic Journal, 109*, 390–415.
Brettschneider, A., & Klammer, U. (2016). *Lebenswege in die Altersarmut. Biografische Analysen und sozialpolitische Perspektiven*. Berlin: Duncker & Humblot.
Bruns, A. (2008). *Blogs, Wikipedia, Second Life, and beyond. From production to produsage*. New York: Lang.

Brynjolfsson, E., & McAfee, A. (2012). Big data's management revolution. *Harvard Business Review, 90*(128), 60–66.

Bühl, A. (1996). *CyberSociety. Mythos und Realität der Informationsgesellschaft.* Köln: Papyrossa.

Bundesministerium für Arbeit und Soziales (Hrsg.). (2013). *Lebenslagen in Deutschland – Vierter Armuts- und Reichtumsbericht der Bundesregierung.* Berlin: Bundesministerium für Arbeit und Soziales.

Bundesministerium für Arbeit und Soziales (Hrsg.). (2017). *Lebenslagen in Deutschland – Fünfter Armuts- und Reichtumsbericht der Bundesregierung.* Berlin Bundesministerium für Arbeit und Soziales.

Burzan, N. (2011). Modifizierte Klassen- und Schichtmodelle. In N. Burzan (Hrsg.), *Soziale Ungleichheit* (S. 73–88). Wiesbaden: Springer VS.

Camara, C., Peris-Lopez, P., & Tapiador, J. E. (2015). Security and privacy issues in implantable medical devices: A comprehensive survey. *Journal of Biomedical Informatics, 55*, 272–289.

Cao, Y., Li, S., & Wijmans, E. (2017). (Cross-)Browser fingerprinting via OS and hardware level features. *NDSS*, 1–15.

Card, D., & DiNardo, J. E. (2002). Skill-biased technological change and rising wage inequality: Some problems and puzzles. *Journal of Labor Economics, 20*(4), 733–787.

Čas, J., & Peissl, W. (2006). Datenhandel – Ein Geschäft wie jedes andere? In J. Hofmann (Hrsg.), *Wissen und Eigentum. Geschichte, Recht und Ökonomie stoffloser Güter* (S. 263–278). Bonn: Bundeszentrale für politische Bildung.

Castel, R. (2000). *Die Metamorphosen der sozialen Frage.* Konstanz: UVK.

Castells, M. (2017). *Der Aufstieg der Netzwerkgesellschaft. Das Informationszeitalter. Wirtschaft. Gesellschaft. Kultur* (Bd. 1). Wiesbaden: Springer VS.

Cheung, A. S. Y. (2014). Location privacy: The challenges of mobile service devices. *Computer Law and Security Review, 30*(1), 41–54.

Choi, F. (2012). Elterliche Erziehungsstile in sozialen Milieus. In U. Bauer, U. H. Bittlingmayer, & A. Scherr (Hrsg.), *Handbuch Bildungs- und Erziehungssoziologie* (S. 929–945). Wiesbaden: Springer VS.

Clarke, R. (1988). Information technology and dataveillance. *Communications of the ACM, 31*(5), 498–512.

Clarke, R., & Wigan, M. (2011). You are where you've been: The privacy implications of location and tracking technologies. *Journal of Location Based Services, 5*(3–4), 138–155.

Cocchia, A. (2014). Smart and digital city: A systematic literature review. In R. P. Dameri & C. Rosenthal-Sabroux (Hrsg.), *Smart city. How to create public and economic value with high technology in urban space* (S. 13–43). Cham: Springer.

Colleoni, E., Rozza, A., & Arvidsson, A. (2014). Echo chamber or public sphere? Predicting political orientation and measuring political homophily in Twitter using big data. *Journal of Communication, 64*(2), 317–332.

Crang, M., & Graham, S. (2007). Sentient cities: Ambient intelligence and the politics of urban space. *Information, Communication and Society, 10*(6), 789–817.

Cuijpers, C., & Koops, B.-J. (2013). Smart metering and privacy in Europe: Lessons from the Dutch case. In S. Gutwirth, R. Leenes, P. de Hert, & Y. Poullet (Hrsg.), *European data protection: Coming of age* (S. 269–293). Dordrecht: Springer.

Cushion, C. J., & Jones, R. L. (2012). A Bourdieusian analysis of cultural reproduction: Socialisation and the 'hidden curriculum' in professional football. *Sport, Education and Society, 19*(3), 276–298.

Dameri, R. P., & Rosenthal-Sabroux, C. (Hrsg.). (2014). *Smart city. How to create public and economic value with high technology in urban space*. Cham: Springer.

Dangschat, J. S. (2014). Soziale Ungleichheit und der (städtische) Raum. In P. A. Berger, C. Keller, A. Klärner, & R. Neef (Hrsg.), *Urbane Ungleichheiten* (S. 115–130). Wiesbaden: Springer VS.

Dangschat, J. S. (2017). Armut und Stadterneuerung – Zwei Seiten einer Medaille? In U. Altrock & R. Kunze (Hrsg.), *Stadterneuerung und Armut. Jahrbuch Stadterneuerung 2016* (S. 13–35). Wiesbaden: Springer VS.

Daniel, I. (2014). *Lebensstilsegmentierung aufgrund einer inhaltsbasierten Auswertung digitaler Bilder*. Wiesbaden: Springer Gabler.

de Montjoye, Y.-A., Hidalgo, C. A., Verleysen, M., & Blondel, V. D. (2013). Unique in the crowd: The privacy bounds of human mobility. *Scientific Reports, 3*, 1–5.

de Montjoye, Y.-A., Radaelli, L., Singh, V. K., & Pentland, A. S. (2015). Identity and privacy. Unique in the shopping mall: On the reidentifiability of credit card metadata. *Science, 347*(6221), 536–539.

Deffner, V., & Haferburg, C. (2012). Raum, Stadt und Machtverhältnisse. Humangeographische Auseinandersetzungen mit Bourdieu. *Geographische Zeitschrift, 100*(3), 164–180.

Dewenter, R., & Lüth, H. (2018). *Datenhandel und Plattformen*. Hamburg: Abida Gutachten.

DiMaggio, P., Hargittai, E., Neuman, R. W., & Robinson, J. P. (2001). Social implications of the internet. *Annual. Review of Sociology, 27*, 307–336.

Ditton, H. (2007). Der Beitrag von Schule und Lehrern zur Reproduktion von Bildungsungleichheit. In R. Becker & W. Lauterbach (Hrsg.), *Bildung als Privileg. Erklärungen und Befunde zu den Ursachen der Bildungsungleichheit* (S. 243–272). Wiesbaden: Springer VS.

Döring, J., & Thielmann, T. (Hrsg.). (2008). *Spatial turn. Das Raumparadigma in den Kultur- und Sozialwissenschaften*. Bielefeld: transcript.

Döring, L. (2015). Biografieeffekte und intergenerationale Sozialisationseffekte in Mobilitätsbiografien. In J. Scheiner & C. Holz-Rau (Hrsg.), *Räumliche Mobilität und Lebenslauf* (S. 23–41). Wiesbaden: Springer VS.

Dörre, K. (2007). Entsteht eine neue Unterschicht? Anmerkungen zur Rückkehr der sozialen Frage in die Politik. *Sozialwissenschaftlicher Fachinformationsdienst (soFid), 1*, 11–26.

Droste, F. (2014). *Die strategische Manipulation der elektronischen Mundpropaganda. Eine spieltheoretische Analyse*. Wiesbaden: Springer Gabler.

Drucker, P. F. (1992). *The age of discontinuity. Guidelines to our changing society*. New Brunswick: Transaction.

Druyen, T. C. J., Lauterbach, W., & Grundmann, M. (Hrsg.). (2009). *Reichtum und Vermögen. Zur gesellschaftlichen Bedeutung von Reichtums- und Vermögensforschung*. Wiesbaden: Springer VS.

Dwyer, C. (2009). Behavioral targeting: A case study of consumer tracking on Levis.com. *Proceedings of the Fifteenth Americas Conference on Information Systems*, 1–10.

Dylko, I., Dolgov, I., Hoffman, W., Eckhart, N., Molina, M., & Aaziz, O. (2017). The dark side of technology: An experimental investigation of the influence of customizability technology on online political selective exposure. *Computers in Human Behavior, 73*, 181–190.
Ecarius, J. (1996). *Individualisierung und soziale Reproduktion im Lebenslauf. Konzepte der Lebenslaufforschung.* Wiesbaden: Springer VS.
Ecarius, J., Köbel, N., & Wahl, K. (2011). *Familie, Erziehung und Sozialisation.* Wiesbaden: Springer VS.
Ellison, N. B., Steinfield, C., & Lampe, C. (2007). The benefits of Facebook 'friends': Exploring the relationship between college students' use of online social networks and social capital. *Journal of Computer-mediated Communication, 12*, 1143–1168.
Ellison, N. B., Steinfield, C., & Lampe, C. (2011). Connection strategies: Social capital implications of Facebook-enabled communication practices. *New Media and Society, 13*(6), 873–892.
Elmaghraby, A. S., & Losavio, M. M. (2014). Cyber security challenges in Smart Cities: Safety, security and privacy. *Journal of Advanced Research, 5*(4), 491–497.
Eubanks, V. (2018). *Automating inequality. How high-tech tools profile, police and punish the poor.* New York: St Martin's Press.
Evans, L. (2011). Location-based services: Transformation of the experience of space. *Journal of Location Based Services, 5*(3–4), 242–260.
Farwick, A. (2004). Segregierte Armut: Zum Einfluss städtischer Wohnquartiere auf die Dauer von Armutslagen. In H. Häußermann, M. Kronauer, & W. Siebel (Hrsg.), *An den Rändern der Städte. Armut und Ausgrenzung* (S. 286–314). Frankfurt a. M.: Suhrkamp.
Federal Trade Commission. (2014). *Data brokers. A call for transparency and accountability.* Washington.
Felser, G. (2015). *Werbe- und Konsumentenpsychologie.* Berlin: Springer.
Ferger, E. (2018). Anwendungen der Informations- und Kommunikationstechnologie und die Mediatisierung sozialer Inklusion. In A. Burchardt & H. Uszkoreit (Hrsg.), *IT für soziale Inklusion* (S. 69–76). Berlin: de Gruyter.
Fleisch, E., Weinberger, M., & Wortmann, F. (2015). Geschäftsmodelle im Internet der Dinge. *zfbf, 67*, 444–464.
Florida, R., Adler, P., & Mellander, C. (2017). The city as innovation machine. *Regional Studies, 51*(1), 86–96.
Foucault, M. (1994). *Überwachen und Strafen. Die Geburt des Gefängnisses.* Frankfurt a. M.: Suhrkamp.
Frick, J. R., & Grabka, M. M. (2009). Zur Entwicklung der Vermögensungleichheit in Deutschland. *Berlin Journal für Soziologie, 19*(4), 577–600.
Friedrichs, J. (1983). *Stadtanalyse – Soziale und räumliche Organisation der Gesellschaft.* Wiesbaden: Springer VS.
Friedrichs, J., & Triemer, S. (2009). *Gespaltene Städte? Soziale und ethnische Segregation in deutschen Großstädten.* Wiesbaden: Springer VS.
Frith, J. (2013). Turning life into a game: Foursquare, gamification, and personal mobility. *Mobile Media and Communication, 1*(2), 248–262.
Gabrys, J. (2014). Programming environments: Environmentality and citizen sensing in the smart city. *Environment and Planning D, 32*(1), 30–48.

Gapski, H. (2016). Medienbildung in der Medeinkatastrophe – Big Data als Herausforderung. In H. Gapski (Hrsg.), *Big Data und Medienbildung: Zwischen Kontrollverlust, Selbstverteidigung und Souveränität in der digitalen Welt* (S. 63–80). Düsseldorf: Kopaed.
Garrett, K. R. (2009). Echo chambers online?: Politically motivated selective exposure among Internet news users. *Journal of Computer-Mediated Communication, 14*(2), 265-285.
Geiger, C.-M. (2014). Die Facetten der Adresse – Adressen- und Listmanagement. In H. Holland (Hrsg.), *Digitales Dialogmarketing Grundlagen, Strategien, Instrumente* (S. 303-325). Wiesbaden: Springer Gabler.
Gerrikagoitia, J. K., Castander, I., Rebón, F., & Alzua-Sorzabal, A. (2015). New trends of intelligent e-marketing based on web mining for e-shops. *Procedia – Social and Behavioral Sciences, 175*, 75–83.
Giddens, A. (1984). *Die Konstitution der Gesellschaft. Grundzüge der Strukturierung.* Frankfurt a. M.: Campus.
Giesecke, J., & Verwiebe, R. (2009). Wachsende Lohnungleichheit in Deutschland. *Berliner Journal für Soziologie, 19*(4), 531–555.
Goebel, J., Gornig, M., & Häußermann, H. (2012). Bestimmt die wirtschaftliche Dynamik der Städte die Intensität der Einkommenspolarisierung? *Leviathan, 40*(3), 371–395.
Goecke, R., & Weithöner, U. (2015). IT-Systeme und Prozesse bei Reiseveranstaltern. In A. Schulz, U. Weithöner, R. Egger, & R. Goecke (Hrsg.), *eTourismus: Prozesse und Systeme* (S. 442–472). München: De Gruyter.
Goel, S., Hofman, J. M., Lahaie, S., Pennock, D. M., & Watts, D. J. (2010). Predicting consumer behavior with Web search. *Proceedings of the National Academy of Sciences of the United States of America, 107*(41), 17486–17490.
Gong, H., Hassink, R., & Maus, G. (2017). What does Pokémon Go teach us about geography? *Geographica Helvetica, 72*(2), 227–230.
González, R. J. (2015a). Seeing into hearts and minds: Part 1. The Pentagon's quest for a 'social radar'. *Anthropology Today, 31*(3), 8–13.
González, R. J. (2015b). Seeing into hearts and minds: Part 2. 'Big data', algorithms, and computational counterinsurgency. *Anthropology Today, 31*(4), 13–18.
Goodchild, M. F. (2007). Citizens as sensors: The world of volunteered geography. *GeoJournal, 69*(4), 211–221.
Gornig, M., & Goebel, J. (2013). Ökonomischer Strukturwandel und Polarisierungstendenzen in deutschen Stadtregionen. In M. Kronauer & W. Siebel (Hrsg.), *Polarisierte Städte. Soziale Ungleichheit als Herausforderung für die Stadtpolitik* (S. 51–68). Frankfurt a. M.: Campus.
Grabbert, T. (2008). *Schrumpfende Städte und Segregation. Eine vergleichende Studie über Leipzig und Essen.* Berlin: Wissenschaftlicher Verlag.
Graham, M., & Anwar, M. A. (2019). Labour. In J. Ash, R. Kitchin, & A. Leszczynski (Hrsg.), *Digital geographies* (S. 177–187). Los Angeles: Sage.
Graham, S. (2005). Software-sorted geographies. *Progress in Human Geography, 29*(5), 562–580.
Greenfield, A. (2013). *Against the smart city.* New York: Do Projects.
Groß, M. (2008). *Klassen, Schichten, Mobilität. Eine Einführung.* Wiesbaden: Springer VS.

Groß, M. (2009). Markt oder Schließung? Zu den Ursachen der Steigerung der Einkommensungleichheit. *Berliner Journal für Soziologie, 19*(4), 499–530.

Gross, P. (1994). *Die Multioptionsgesellschaft*. Frankfurt a. M.: Suhrkamp.

Große Starmann, C. (2017). *Smart country – Vernetzt. Intelligent. Digital*. Gütersloh: Bertelsmann.

Hacke, S., & Welling, S. (2009). Die Wissensgesellschaft und die Bildung des Subjekts – Ein Widerspruch? *MedienPädagogik, 17*, 1–22.

Han, B.-C. (2013). *Transparenzgesellschaft*. Berlin: Matthes & Seitz.

Hanesch, W. (2011). Soziale Spaltung und Armut in den Kommunen und die Zukunft des „lokalen Sozialstaats". In W. Hanesch (Hrsg.), *Die Zukunft der „Sozialen Stadt". Strategien gegen soziale Spaltung und Armut in den Kommunen* (S. 7–46). Wiesbaden: Springer VS.

Hansen, K. P. (2009). *Kultur, Kollektiv, Nation*. Passau: Stutz.

Hargittai, E., & Hinnant, A. (2008). Digital inequality. *Communication Research, 35*(5), 602–621.

Harvey, D. (2008). The right to the city. *New Left Review, 53*, 23–40.

Hass, B. H., & Willbrandt, K. W. (2011). Targeting von Onlinewerbung: Grundlagen, Formen und Herausforderungen. *MedienWirtschaft: Zeitschrift für Medienmanagement und Kommunikationsökonomie, 8*(1), 12–21.

Hatlevik, O. E., & Christophersen, K.-A. (2013). Digital competence at the beginning of upper secondary school: Identifying factors explaining digital inclusion. *Computers and Education, 63*, 240–247.

Haupt, A. (2012). (Un)Gleichheit durch soziale Schließung. *Kölner Zeitschrift für Soziologie und Sozialpsychologie, 64*(4), 729–753.

Häußermann, H., & Siebel, W. (1987). *Neue Urbanität*. Frankfurt a. M.: Suhrkamp.

Häußermann, H. (1997). Armut in den Großstädten – Eine neue städtische Unterklasse? *Leviathan, 25*(1), 12–27.

Häußermann, H., & Siebel, W. (2004). *Stadtsoziologie. Eine Einführung*. Frankfurt a. M.: Campus.

Heinemann, G. (2017). *Die Neuerfindung des stationären Einzelhandels. Kundenzentralität und ultimative Usability für Stadt und Handel der Zukunft*. Wiesbaden: Springer VS.

Helbrecht, I. (1997) Stadt und Lebensstil – Von der Sozialraumanalyse zur Kulturraumanalyse? *Die Erde, 1*, 3–16.

Hellbrück, J., & Fischer, M. (1999). *Umweltpsychologie. Ein Lehrbuch*. Göttingen: Hogrefe.

Henderson, M. D., Wakslak, C. J., Fujita, K., & Rohrbach, J. (2011). Construal level theory and spatial distance. *Social Psychology, 42*(3), 165–173.

Herland, M., Khoshgoftaar, T. M., & Wald, R. (2014). A review of data mining using big data in health informatics. *Journal of Big Data, 1*(2), 1–35.

Herrmann, H. (2010). Raumbegriffe und Forschungen zum Raum – Eine Einleitung. In H. Herrmann (Hrsg.), *RaumErleben. Zur Wahrnehmung des Raumes in Wissenschaft und Praxis* (S. 7–30). Opladen: Budrich.

Hilbert, M., & López, P. (2011). The world's technological capacity to store, communicate, and compute information. *Science, 332*(6025), 60–65.

Hirsh, J. B., Kang, S. K., & Bodenhausen, G. V. (2012). Personalized persuasion: Tailoring persuasive appeals to recipients' personality traits. *Psychological Science, 23*(6), 578–581.

Holland, H. (2009). *Direktmarketing. Im Dialog mit dem Kunden.* München: Vahlen.

Holland, H. (2014). Dialogmarketing – Offline und Online. In H. Holland (Hrsg.), *Digitales Dialogmarketing. Grundlagen, Strategien, Instrumente* (S. 3–28). Wiesbaden: Springer Gabler.

Hollands, R. G. (2008). Will the real smart city please stand up? Intelligent, progressive or entreoreneurial? *City, 12*(3), 304–320.

Hollands, R. G. (2015). Critical interventions into the corporate smart city. *Cambridge Journal of Regions, Economy and Society, 8*(1), 61–77.

Holm, A. (2011). Kosten der Unterkunft als Segregationsmotor. Befunde aus Berlin und Oldenburg. *Informationen zur Raumentwicklung, 9,* 557–566.

Holm, A. (2016). Gentrification und das Ende der Berliner Mischung. In E. von Einem (Hrsg.), *Wohnen* (S. 191–231). Wiesbaden: Springer Fachmedien Wiesbaden.

Holm, A., & Gebhardt, D. (2011). *Initiativen für ein Recht auf Stadt. Theorie und Praxis städtischer Aneignung.* Hamburg: VSA.

Holt, D. B. (1997). Distinction in America? Recovering Bourdieu's theory of tastes from its critics. *Poetics, 25,* 93–120.

Holz-Rau, C., & Scheiner, J. (2015). Mobilitätsbiografien und Mobilitätssozialisation: Neue Zugänge zu einem alten Thema. In J. Scheiner & C. Holz-Rau (Hrsg.), *Räumliche Mobilität und Lebenslauf* (S. 3–22). Wiesbaden: Springer VS.

Hotho, A., Pedersen, R. U., & Wurst, M. (2010). Ubiquitous data. In M. May & L. Saitta (Hrsg.), *Ubiquitous knowledge discovery* (Bd. 6202, S. 61–74). Berlin: Springer.

Hradil, S. (2001). *Soziale Ungleichheit in Deutschland.* Wiesbaden: Springer VS.

Hradil, S. (2006). Soziale Milieus – Eine praxisorientierte Forschungsperspektive. *APuZ, 44*(45), 3–10.

Huang, K.-T., Lee, Y. W., & Wang, Y.-Y. (1999). *Quality information and knowledge.* Upper Saddle River: Prentice Hall.

Hummrich, M., & Kramer, R.-T. (2017). *Schulische Sozialisation.* Wiesbaden: Springer VS.

Hurrelmann, K., & Bauer, U. (2015). *Einführung in die Sozialisationstheorie. Das Modell der produktiven Realitätsverarbeitung.* Weinheim: Beltz.

Inglehart, R. (2016). Inequality and modernization. Why equality is likely to make a comeback. *Foreign Affairs, 95*(1), 2–10.

Iske, S., Klein, A., Kutscher, N., & Otto, H.-U. (2007). Virtuelle Ungleichheit und informelle Bildung: Eine empirische Analyse der Internnutzung Jugendlicher und ihre Bedeutung für Bildung und gesellschaftliche Teilhabe. In H.-U. Otto (Hrsg.), *Grenzenlose Cyberwelt? Zum Verhältnis von digitaler Ungleichheit und neuen Bildungszugängen für Jugendliche* (S. 65–92). Wiesbaden: Springer VS.

Iske, S., Klein, A., & Kutscher, N. (2005). Differences in internet usage – Social inequality and informal education. *Social Work and Society, 3*(2), 215–223.

Jacobson, S., Myung, E., & Johnson, S. L. (2016). Open media or echo chamber: The use of links in audience discussions on the Facebook Pages of partisan news organizations. *Information, Communication and Society, 19*(7), 875–891.

Judd, D. R. (1999). Constructing the tourist bubble. In: D. Judd, & S. F. Susan(Hrsg.), *The tourist city* (S. 35–53). New Haven: Yale University Press.

Kammer, M. (2014). *Kinder, Jugendliche und junge Erwachsene in der digitalen Welt. Eine Grundlagenstudie des SINUS-Instituts Heidelberg und des Deutschen Instituts für Vertrauen und Sicherheit im Internet (DIVSI)*. Hamburg.
Keller, B., & Seifert, H. (2009). Atypische Beschäftigungsverhältnisse: Formen, Verbreitung soziale Folgen. *APuZ, 27,* 40–46.
Khoury, M. J., & Ioannidis, J. (2014). Medicine. Big data meets public health. *Science, 346*(6213), 1054–1055.
Kisekka, V., Bagchi-Sen, S., & Raghav Rao, H. (2013). Extent of private information disclosure on online social networks: An exploration of Facebook mobile phone users. *Computers in Human Behavior, 29*(6), 2722–2729.
Kitchin, R. (2014). The real-time city? Big data and smart urbanism. *GeoJournal, 79*(1), 1–14.
Kitchin, R., & Dodge, M. (2011). *Code/space: Software and everyday life*. Cambridge: MIT Press.
Klauser, F., Paasche, T., & Söderström, O. (2014). Michel Foucault and the smart city: Power dynamics inherent in contemporary governing through code. *Environment and Planning. D, 32*(5), 869–885.
Korczak, D., & Wilken, M. (2009). *Verbraucherinformation Scoring. Bericht im Auftrag des Bundesministeriums für Ernährung, Landwirtschaft und Verbraucherschutz*. Berlin: BMELV.
Krajewski, C. (2015). Arm, sexy und immer teurer. *Standort, 39*(2–3), 77–85.
Krämer, J. (2018). Datenschutz 2.0 – Ökonomische Auswirkungen von Datenportabilität im Zeitalter des Datenkapitalismus. *Wirtschaftsdienst, 7,* 466–469.
Krämer, J., Schnurr, D., & Wohlfarth, M. (2018). Winners, losers, and Facebook: The role of social logins in the online advertising ecosystem. *Management Science, 65*(4), 1678–1699.
Kreckel, R. (1992). *Politische Soziologie der sozialen Ungleichheit*. Frankfurt a. M.: Campus.
Kreutzer, R. (2014). *Praxisorientiertes Online-Marketing. Konzepte – Instrumente – Checklisten*. Wiesbaden: Springer Gabler.
Kreutzer, R., & Land, K.-H. (2015). *Digital darwinism. Branding and business models in Jeopardy*. Berlin: Springer.
Kronauer, M. (2010). *Exklusion. Die Gefährdung des Sozialen im hoch entwickelten Kapitalismus*. Frankfurt a M.: Campus.
Kronauer, M., & Siebel, W. (Hrsg.). (2013). *Polarisierte Städte. Soziale Ungleichheit als Herausforderung für die Stadtpolitik*. Frankfurt a. M.: Campus.
Kronauer, M., & Vogel, M. (2004). Erfahrung und Bewältigung von sozialer Ausgrenzung in der Großstadt: Was sind Quartierseffekte, was Lageeffekte? In H. Häußermann, M. Kronauer, & W. Siebel (Hrsg.), *An den Rändern der Städte. Armut und Ausgrenzung* (S. 235–257). Frankfurt a. M.: Suhrkamp.
Kropf, J., & Laser, S. (Hrsg.). (2019). *Digitale Bewertungspraktiken. Für eine Bewertungssoziologie des Digitalen*. Wiesbaden: Springer VS.
Krotz, F. (2018). Medienwandel und Mediatisierung. Ein Einstieg und Überblick. In A. Kalina, F. Krotz, M. Rath, & C. Roth-Ebner (Hrsg.), *Mediatisierte Gesellschaften* (S. 27–54). Baden-Baden: Nomos.
Kümpel, A. S. (2019). *Nachrichtenrezeption auf Facebook*. Wiesbaden: Springer VS.

Kutscher, N. (2009). Ungleiche Teilhabe – Überlegungen zur Normativität des Medienkompetenzbegriffs. *MedienPädagogik, 17*, 1–18.

Lambert, A. (2016). Intimacy and social capital on Facebook: Beyond the psychological perspective. *New Media and Society, 18*(11), 2559–2575.

Lamont, M., Beljean, S., & Chong, P. (2015). *A Post-Bourdieusian sociology of valuation and evaluation for the field of cultural production.* Routledge international handbook of the sociology of art and culture (S. 38–48). New York: Routledge.

Lampert, T., & Rosenbrock, R. (2017). Armut und Gesundheit. In: Der Paritätische Gesamtverband (Hrsg.), *Bericht zur Armutsentwicklung in Deutschland 2017* (S. 98–108). Berlin: Der Paritätische Gesamtverband.

Lauen, L. (2016). Contextual explanations of school choice. *Sociology of Education, 80*(3), 179–209.

Lens, M. C. (2017). Measuring the geography of opportunity. *Progress in Human Geography, 41*(1), 3–25.

Lescop, D., & Lescop, E. (2014). Exploring mobile gaming revenues: The price tag of impatience, stress and release. *Digiworld Economic Journal, 94*, 103–122.

Levy, F., & Murnane, R. J. (1992). U.S. earnings and earnings inequality: A review of recent trends and proposed explanations. *Journal of Economic Literature, 30*, 1333–1381.

Liao, T., & Humphreys, Li. (2015). Layar-ed places: Using mobile augmented reality to tactically reengage, reproduce, and reappropriate public space. *New Media & Society, 17*(9), 1418–1435.

Liao, T. (2015). Augmented or admented reality? The influence of marketing on augmented reality technologies. *Information, Communication & Society, 18*(3), 310–326.

Löw, M. (2001). *Raumsoziologie* (8. Aufl.). Frankfurt a. M.: Suhrkamp.

Löw, M., & Sturm, G. (2005). Raumsoziologie. In F. Kessl, C. T. Reutlinger, S. Maurer, & O. Frey (Hrsg.), *Handbuch Sozialraum* (S. 31–48). Wiesbaden: Springer.

Lyon, D. (Hrsg.). (2003). *Surveillance as social sorting: Privacy, risk, and digital discrimination.* London: Routledge.

Lyon, D. (2018). *The culture of surveillance.* Cambridge: Polity.

Mackert, J. (Hrsg.). (2004). *Die Theorie sozialer Schließung. Tradition, Analysen, Perspektiven.* Wiesbaden: Springer VS.

Manago, A. M., Taylor, T., & Greenfield, P. M. (2012). Me and my 400 friends: The anatomy of college students' Facebook networks, their communication patterns, and well-being. *Developmental psychology, 48*(2), 369–380.

Manderscheid, K. (2017). Reflexionen zu räumlicher Nähe und sozialer Distanz. *sub\urban.zeitschrift für kritische Stadtforschung, 5*(1–2), 197–204.

Marcuse, P. (1997). The Enclave, the Citadel, and the Ghetto: What has changed in the Post-Fordist U.S. City. *Urban Affairs Review, 33*(2), 228–264.

Martens, R. (2011). Armutsberichterstattung und Regelsatzanpassung für Ballungsräume: das Beispiel München. In B. Belina, N. Gestring, W. Müller, & D. Sträter (Hrsg.), *Urbane Differenzen. Disparitäten innerhalb und zwischen Städten* (S. 163–183). Münster: Westfälisches Dampfboot.

Mau, S. (2017). *Das metrische Wir. Über die Quantifizierung des Sozialen.* Berlin: Suhrkamp.

Mayer-Schönberger, V., & Cukier, K. (2013). *Big Data. Die Revolution, die unser Leben verändern wird*. München: Redline.

McCue, C. (2015). *Data mining and predictive analysis. Intelligence gathering and crime analysis*. Amsterdam: Butterworth-Heinemann.

McDonald, A. M., & Cranor, L. F. (2008). The cost of reading privacy policies. *I/S: A Journal of Law and Policy for the Information Society, 4*(3), 543–568.

Meyen, M. (2007). Medienwissen und Medienmenüs als kulturelles Kapital und als Distinktionsmerkmale. Eine Typologie der Mediennutzer in Deutschland. *Medien & Kommunikationswissenschaft, 55*(3), 333–354.

Michael, K., & Clarke, R. (2013). Location and tracking of mobile devices: Überveillance stalks the streets. *Computer Law & Security Review, 29*(3), 216–228.

Michael, K., & Michael, M. G. (2011). The social and behavioural implications of location-based services. *Journal of Location Based Services, 5*(3–4), 121–137.

Miethe, I., Tervooren, A., & Ricken, N. (Hrsg.). (2017). *Bildung und Teilhabe*. Wiesbaden: Springer VS.

Millonig, A., & Gartner, G. (2011). Identifying motion and interest patters of shoppers for developing personalized wayfinding tools. *Journal of Location Based Services, 3*(1), 3–21.

Mitchell, W. J. (1996). *City of bits. Space, place, and the infobahn*. Cambridge: MIT Press.

Muñoz-García, Ó., Javier Monterrubio, M., & García-Aubert, D. (2012). Detecting browser fingerprint evolution for identifying unique users. *IJEB, 10*(2), 120–141.

Najafabadi, M. M., Villanustre, F., Khoshgoftaar, T. M., Seliya, N., Wald, R., & Muharemagic, E. (2015). Deep learning applications and challenges in big data analytics. *Journal of Big Data, 2*(1), 1–21.

Negroponte, N. (1995). *Total Digital – Die Welt zwischen 0 und 1 oder: Die Zukunft der Kommunikation*. München: Goldmann.

Niesyto, H. (2009). Digitale Medien, soziale Benachteiligung und soziale Distinktion. *MedienPädagogik, 2009*(17), 1–19.

OECD. (2015). *In it together: Why less inequality benefits all*. Paris: OECD.

OECD. (2019). *OECD employment outlook 2019*. Paris: OECD.

Oosterlinck, D., Benoit, D. F., Baecke, P., & Van de Weghe, N. (2017). Bluetooth tracking of humans in an indoor environment: An application to shopping mall visits. *Applied Geography, 78*, 55–65.

Otto, H.-U., Kutscher, N., Klein, A., & Iske, S. (2005). *Soziale Ungleichheit im virtuellen Raum: Wie nutzen Jugendliche das Internet? Erste Ergebnisse einer empirischen Untersuchung zu Online-Nutzungsdifferenzen und Aneignungsstrukturen von Jugendlichen*. Berlin.

Otto, H.-U., & Kutscher, N. (Hrsg.). (2004). *Informelle Bildung Online. Perspektiven für Bildung, Jugendarbeit und Medienpädagogik*. Weinheim: Juventa Verlag.

Palos-Sanchez, P. R., Hernandez-Mogollon, J. M., & Campon-Cerro, A. M. (2017). The behavioral response to location based services: An examination of the influence of social and environmental benefits, and privacy. *Sustainability, 9*(11), 1–21.

Pariser, E. (2012). *Filter bubble. Wie wir im Internet entmündigt werden*. München: Hanser.

Park, R. E., Burgess, E., & McKenzie, R. (1925). *The city*. Chicago: University of Chicago Press.

Park, Y. J. (2013). Digital literacy and privacy behavior online. *Communication Research*, *40*(2), 215–236.
Partzsch, D. (1970). *Handwörterbuch der Raumforschung + Raumordnung*. Hannover: Jänecke.
Plate, E., Polinna, C., & Tonndorf, T. (2014). Aufwertung. Verdrängung. Soziale Mischung sichern. Das Beispiel Berlin. *Informationen zur Raumentwicklung*, *4*, 291–304.
Peacock, S. E. (2014). How web tracking changes user agency in the age of big data: The used user. *Big Data and Society*, *1*(2), 1–11.
Petmecky, A. (2008). *Architektur von Entwicklungsumwelten. Umweltaneignung und -wahrnehmung im Kindergarten*. Marburg: Tectum.
Pietraß, M., Fromme, J., & Grell, P. (Hrsg.). (2018). *Jahrbuch Medienpädagogik 14. Der digitale Raum – Medienpädagogische Untersuchungen und Perspektiven*. Wiesbaden: Springer VS (Jahrbuch Medienpädagogik, 14).
Piketty, T. (2014). *Das Kapital im 21. Jahrhundert*. München: Beck.
Piketty, T., & Saez, E. (2006). The evolution of top incomes: A historical and international perspective. *American Economic Review*, *96*(2), 200–205.
Pontes, T., Vasconcelos, M., Almeida, J., Kumaraguru, P., & Almeida, V. (2012). We know where you live. Privacy characterisation of foursquare behavior. In A. K. Dey, H.-H. Chu, & G. Hayes (Hrsg.), *Proceedings of the 2012 ACM Conference on Ubiquitous Computing* (S. 898–905). New York: ACM Press.
Power, D. J. (2015). Creating a data-driven global society. In I. Lakshmi & D. J. Power (Hrsg.), *Reshaping society through analytics, collaboration, and decision support. Role of business intelligence and social media* (S. 13–28) Cham: Springer International Publishing.
Powers, E. (2017). My news feed is filtered? *Digital Journalism*, *5*(10), 1315–1335.
Préteceille, E. (2013). Die europäische Stadt in Gefahr. In M. Kronauer & W. Siebel (Hrsg.), *Polarisierte Städte. Soziale Ungleichheit als Herausforderung für die Stadtpolitik* (S. 27–50). Frankfurt a. M.: Campus Verlag.
Prieur, A., Rosenlund, L., & Skjott-Larsen, J. (2008). Cultural capital today. A case study from Denmark. *Poetics*, *36*, 45–71.
Rader, E., & Gray, R. (2015). Understanding user beliefs about algorithmic curation in the Facebook News Feed. In J. Kim (Hrsg.), *CHI 2015 crossings; proceedings of the 33rd Annual CHI Conference on Human Factors in Computing Systems* (S. 173–182). New York: ACM.
Ragnedda, M. (2017). *The third digital divide. A weberian approach to digital inequalities*. New York: Routledge.
Ragnedda, M., & Ruiu, M. L. (2018). Social capital and the three levels of digital divide. In Ders. & Glenn W. Muschert (Hrsg.), *Theorizing Digital Divides* (S. 21–34). Milton: Routledge.
Rammert, W. (1998). *Technik und Sozialtheorie*. Frankfurt a. M.: Campus.
Rammert, W. (2007). *Technik – Handeln – Wissen*. Wiesbaden: VS Verlag für Sozialwissenschaften.
Reckwitz, A. (2017). *Die Gesellschaft der Singularitäten*. Berlin: Suhrkamp.
Renner, K.-H., Schütz, A., & Machilek, F. (Hrsg.). (2005). *Internet und Persönlichkeit. Differentiell-psychologische und diagnostische Aspekte der Internetnutzung*. Göttingen: Hogrefe.

Rheingold, H. (1994). *Virtuelle Gemeinschaft: soziale Beziehungen im Zeitalter des Computers*. Boston: Addison-Wesley.
Ricker, B., Schuurman, N., & Kessler, F. (2015). Implications of smartphone usage on privacy and spatial cognition: Academic literature and public perceptions. *GeoJournal*, *80*(5), 637–652.
Ridgeway, C. (2014). Why status matters for inequality. *American Sociological Review*, *79*(1), 1–16.
Robinson, J. P., DiMaggio, P., & Hargittai, E. (2003). New social survey perspectives on the digital divide. *IT & Society*, *1*(5), 1–22.
Roderick, L. (2014). Discipline and power in the digital age: The case of the US consumer data broker industry. *Critical Sociology*, *40*(5), 729–746.
Rohrbach, D. (2008). *Wissensgesellschaft und soziale Ungleichheit. Ein Zeit- und Ländervergleich*. Wiesbaden: Springer VS.
Rössel, J. (2009). *Sozialstrukturanalyse. Eine kompakte Einführung*. Wiesbaden: Springer VS.
Roth, C., Kang, S. M., Batty, M., & Barthélemy, M. (2011). Structure of urban movements: Polycentric activity and entangled hierarchical flows. *PloS one*, *6*(1), e15923.
Rutten, R., Westlund, H., & Boekema, F. (2010). The spatial dimension of social capital. *European Planning Studies*, *18*(6), 863–871.
Sadowski, J. & Pasquale, F. (2015). The spectrum of control: A social theory of the smart city. *First Monday*, *20*(7).
Safransky, S. (2020). Geographies of algorithmic violence: Redlining the smart city. *International Journal of Urban and Regional Research*, *44*(2), 200–218.
Sassen, S. (1994). *Cities in a world economy. Sociology for a new century*. Thousand Oaks: Sage.
Sassen, S. (2001). *The global city*. Princeton: Princeton University Press.
Schauster, E. E., Ferrucci, P., & Neill, M. S. (2016). Native advertising is the new journalism: How deception affects social responsibility. *American Behavioral Scientist*, *6*, 1–17.
Scheer, A.-W., & Wachter, C. (2018). *Digitale Bildungslandschaften*. Saarbrücken: imc information multimedia communication.
Scheffer, J., & Voss, M. (2008). Die Privatisierung der Sozialisation – Der Soziale Raum als heimlicher Lehrplan im Wandel. In P. Genkova (Hrsg.), *Erfolg durch Schlüsselqualifikationen? "heimliche Lehrpläne" und Basiskompetenzen im Zeichen der Globalisierung* (S. 102–115). Lengerich: Pabst Science Publishers.
Schelske, A. (2007). *Soziologie vernetzter Medien Grundlagen computervermittelter Vergesellschaftung*. München: Oldenbourg.
Schmidt, A. L., Zollo, F., Del Vicario, M., Bessi, A., Scala, A.,Caldarelli, G., et al. (2017). Anatomy of news consumption on Facebook. *Proceedings of the National Academy of Sciences of the United States of America*, *114*(12), 3035–3039.
Schmidt, J. H., Paus-Hasebrink, I., & Hasebrink, U. (Hrsg.). (2009). *Heranwachsen mit dem Social Web. Zur Rolle von Web 2.0-Angeboten im Alltag von Jugendlichen und jungen Erwachsenen*. Berlin: Vistas.
Schneider, M., Enzmann, M., & Stopczynski, M. (2014). *Web-Tracking-Report 2014*. Stuttgart: Fraunhofer.

Schnur, O. (2013). Zwischen Stigma, Subvention und Selbstverantwortung. Ambivalenzen der Quartiersentwicklung in Berlin. *Geographische Rundschau, 65*(2), 28–36.

Schroer, M. (2006). *Räume, Orte, Grenzen. Auf dem Weg zu einer Soziologie des Raums.* Frankfurt a. M.: Suhrkamp.

Schulz, F., Skopek, J., & Blossfeld, H.-P. (2010). Partnerwahl als konsensuelle Entscheidung. Das Antwortverhalten bei Erstkontakten im Online-Dating. *Kölner Zeitschrift für Soziologie und Sozialpsychologie, 62*(3), 485–514.

Schürz, M. (2016). Die Rückkehr der sozialen Frage. *Zeitschrift für Individualpsychologie, 41*(3), 197–206.

Schwabe, M. (2005). *Ein Neues Stadtmodell für die Postindustrielle Stadt? Eine sozialräumliche Untersuchung französischer Städte.* Bochum: Bochumer Universitätsverlag.

See, L., Mooney, P., Foody, G., Bastin, L., Comber, A., Estima, J., et al. (2016). Crowdsourcing, citizen science or volunteered geographic information? The current state of crowdsourced geographic information. *IJGI, 5*(5), 55–78.

Seemann, M. (2015). Game of things. In F. Sprenger, & C. Engemann (Hrsg.), *Internet der Dinge Über smarte Objekte, intelligente Umgebungen und die technische Durchdringung der Welt* (S. 101–117). Bielefeld: transcript.

Seidel-Schulze, A., Dohnke, J., & Häußermann, H. (2012). *Segregation, Konzentration, Polarisierung – Sozialräumliche Entwicklung in deutschen Städten 2007–2009.* Berlin: Deutsches Institut für Urbanistik (Difu-Impulse, 4).

Shankar, V., Kleijnen, M., Ramanathan, S., Rizley, R., Holland, S., & Morrissey, S. (2016). Mobile shopper marketing: Key issues, current insights, and future research avenues. *Journal of Interactive Marketing, 34*, 37–48.

Sheller, M. (2014). The new mobilities paradigm for a live sociology. *Current Sociology Review, 62*(6), 789–811.

Shepard, M. (Hrsg.). (2011). *Sentient city. Ubiquitous computing, architecture, and the future of urban space.* Cambridge: MIT Press.

Shin, Y., & Kim, J. (2018). Data-centered persuasion: Nudging user's prosocial behavior and designing social innovation. *Computers in Human Behavior, 80*, 168–178.

Siebel, W. (2012). Stadt und soziale Ungleichheit. *Leviathan, 40*(3), 462–475.

Sörensen, A. B. (2000). Toward a sounder basis for class analysis. *American Journal of Sociology, 105*(6), 1523–1558.

Spohr, D. (2017). Fake news and ideological polarization: Filter bubbles and selective exposure on social media. *Business Information Review, 34*(3), 150–160.

Stegbauer, C. (2001). *Grenzen virtueller Gemeinschaft. Strukturen internetbasierter Kommunikationsforen.* Wiesbaden: Springer VS.

Steinfeld, N. (2016). "I agree to the terms and conditions": (How) do users read privacypolicies online? An eye-tracking experiment. *Computers in Human Behavior, 55*, 992–1000.

Steinfield, C., Ellison, N. B., & Lampe, C. (2008). Social capital, self-esteem, and use of online social network sites: A longitudinal analysis. *Journal of Applied Developmental Psychology, 29*(6), 434–445.

Stengel, O., van Looy, A., & Wallaschkowski, S. (2017). *Digitalzeitalter – Digitalgesellschaft.* Wiesbaden: Springer VS.

Subrahmanyam, K., Reich, S. M., Waechter, N., & Espinoza, G. (2008). Online and offline social networks: Use of social networking sites by emerging adults. *Journal of Applied Developmental Psychology, 29*(6), 420–433.
Suler, J. R. (2015). *Psychology of the digital age. Humans become electric.* Cambridge: Cambridge University Press.
Ternès, A., Towers, I., & Jerusel, M. (2015). *Konsumentenverhalten im Zeitalter der Digitalisierung. Trends E-Commerce, M-Commerce und Connected Retail.* Wiesbaden: Springer VS.
Thiedeke, U. (Hrsg.). (2004). *Soziologie des Cyberspace. Medien, Strukturen und Semantiken.* Wiesbaden: Springer VS.
Thiele, I., & Bolte, G. (2011). *Bedeutung individueller sozialer Merkmale und Kontextfaktoren des Wohnumfelds für soziale Ungleichheit bei der Umweltqualität von Kindern.* Dessau-Roßlau: UMID.
Thiruvadi, S., & Patel, S. C. (2011). Survey of data-mining techniques used in fraud detection and prevention. *Information Technology J., 10*(4), 710–716.
Thrift, N. (2014). The „sentient" city and what it may portend. *Big Data & Society, 1*(1), 1–21.
Touraine, A. (1972). *Die postindustrielle Gesellschaft.* Frankfurt a. M.: Suhrkamp.
Townsend, A. M. (2013). *Smart cities. Big data civic hackers and the quest for a new utopia.* New York: W.W. Norton & Company.
Tucker, C. (2019). Digital data, platforms and the usual [Antitrust] suspects: Network effects, Switching costs, essential facility. *Review of Industrial Organization, 124*(1), 1–12.
Tunsch, C. (2015). *Bildungseffekte urbaner Räume. Raum als Differenzkategorie für Bildungserfolge.* Wiesbaden: Springer VS.
Turkle, S. (1998). *Leben im Netz. Identität in Zeiten des Internet.* Reinbek bei Hamburg: Rowohlt.
Urry, J. (1995). *Consuming places.* London: Routledge.
Urry, J. (2007). *Mobilities.* Cambridge: polity.
Valkenburg, P. M. (2017). Understanding self-effects in social media. *Human Communication Research, 43*(4), 477–490.
van Ackeren, I., Endberg, M., & Locker, G. O. (2020). Chancenausgleich in der Corona-Krise. Die soziale Bildungsschere weiter schließen. *Die Deutsche Schule, 112*(2), 245–248.
van Dijk, J. A. G. M. (2006). Digital divide reserch, archivements and shortcomings. *Poetics, 34*(4–5), 221–235.
van Dijk, J. A. G. M. (2014). The evolution of the digital divide: The digital divide turns to inequality of skills and usage. *New Media & Society, 16*(3), 507–526.
van Essen, F. (2013). *Soziale Ungleichheit, Bildung und Habitus. Möglichkeitsräume ehemaliger Förderschüler.* Wiesbaden: Springer VS.
van House, N. (2009). Collocated photo sharing, story-telling, and the performance of self: Collocated social practices surrounding photos. *International Journal of Human-Computer Studies, 67*(12), 1073–1086.
van House, N. (2011). Personal photography, digital technologies and the uses of the visual. *Visual Studies, 26*(2), 125–134.

Vanolo, A. (2014). Smartmentality: The smart city as disciplinary strategy. *Urban Studies, 51*(5), 883–898.
Vester, M. (2004). Die sozialen Milieus und die gebremste Bildungsexpansion. *Report, 1*, 15–34.
Vidal, M. (2011). Reworking postfordism: Labor process versus employment relations. *Sociology Compass, 5*(4), 273–286.
de Waal, M. (2011). The urban culture of sentient cities: From an internet of things to a public sphere centered around things. In M. Shepard (Hrsg.), *Sentient city. Ubiquitous computing, architecture, and the future of urban space* (S. 190–195). Cambridge: MIT Press.
Wacquant, L. (2018). *Die Verdammten der Stadt. – Eine vergleichende Soziologie fortgeschrittener Marginalität*. Wiesbaden: Springer VS.
Wang, D., Park, S., & Fesenmaier, D. R. (2012). The role of smartphones in mediating the touristic experience. *Journal of Travel Research, 51*(4), 371–387.
Wang, D., Xiang, Z., & Fesenmaier, D. R. (2016). Smartphone use in everyday life and travel. *Journal of Travel Research, 55*(1), 52–63.
Wang, S.-M. (2015). Integratring service design and eye teacking insight for designing smart tv user interfaces. *Ijacsa, 6*(7), 163–171.
Wang, Z., & He, L. (2016). User identification for enhancing IP-TV recommendation. *Knowledge-Based Systems, 98*, 68–75.
Weinmann, M., Schneider, C., & vom Brocke, J. (2016). Digital nudging. *Business Information Systems Engineering, 58*(6), 433–436.
Weiqin, E. L., Campbell, M., Kimpton, M., Wozencroft, K., & Orel, A. (2016). Social capital on Facebook. *Journal of Educational Computing Research, 54*(6), 747–786.
Weiß, A. (2017). *Soziologie globaler Ungleichheiten*. Berlin: Suhrkamp.
Werlen, B. (1997). *Sozialgeographie Alltäglicher Regionalisierungen. Band 2. Globalisierung, Region und Regionalisierung*. Stuttgart: Steiner.
Wetzstein, S. (2018). Bezahlbares städtisches Wohnen im internationalen Vergleich. *Informationen zur Raumentwicklung, 4*, 34–47.
Wiewiorra, L. (2018). Transparenz und Kontrolle in der Datenökonomie. *Wirtschaftsdienst, 7*, 463–466.
Witzel, M. (2012). Medienhandeln, digitale Ungleichheit und Distinktion. *merz – Zeitschrift für Medienpädagogik, 6*, 81–92.
Wu, C.-S., & Cheng, F.-F. (2011). The joint effect of framing and anchoring on internet buyers' decision-making. *Electronic Commerce Research and Applications, 10*(3), 358–368.
Yadav, M., Joshi, Y., & Rahman, Z. (2015). Mobile social media: The new hybrid element of digital marketing communications. *Procedia – Social and Behavioral Sciences, 189*, 335–343.
Yates, S., & Lockley, E. (2018). Social media and social class. *American Behavioral Scientist, 62*(9), 1291–1316.
Zillien, N. (2009). *Digitale Ungleichheit. Neue Technologien und alte Ungleichheiten in der Informations- und Wissensgesellschaft*. Wiesbaden: Springer VS.
Zook, M., & Graham, M. (2018). Hacking code/space: Confounding the code of global capitalism. *Transactions of the Institute of British Geographers, 42*, 36.

Zuboff, S. (2015). Big other: Surveillance capitalism and the prospects of an information civilion. *Journal of Information Technology, 30*, 75–89.
Zuiderveen Borgesius, F. J., Trilling, D., Möller, J., Bodó, B., de Vreese, C. H., & Helberger, N. (2016). Should we worry about filter bubbles? *Internet Policy Review,* 5(1), 1–11.
Zurawski, N. (Hrsg.). (2011). *Überwachungspraxen – Praktiken der Überwachung. Analysen zum Verhältnis von Alltag, Technik und Kontrolle.* Opladen: Budrich UniPress.

Online-Publikationen

(alle nachstehenden Quellen wurden zuletzt am 1.06.2020 aufgerufen und überprüft)
Acquisti, A. (2004). Privacy in electronic commerce and the economics of immediate gratification. In: *Proceedings of the 5th ACM conference on Electronic commerce,* S. 21–29. https://www.heinz.cmu.edu/~acquisti/papers/privacy-gratification.pdf.
Alvaredo, F., Chancel, L., Piketty, T., Saez, E., & Zucman, G. (Hrsg.)(2018). *World Inequality Report 2018.* https://wir2018.wid.world/
Anderson, C. (2008). The end of theory: The datma Deluge makes the scientific method Obsolete (Wired, 7). https://archive.wired.com/science/discoveries/magazine/16-07/pb_theory.
Appthority: App Reputation Report. Summer 2014. Whitepaper. https://www.cs.otago.ac.nz/cosc345/resources/AppReputationReportSummer14.pdf.
Arp, D., Quiring, E., Wressnegger, C., & Rieck, K. (2017). Privacy threats through ultrasonic side channels on mobile devices. Braunschweig. https://christian.wressnegger.info/content/projects/sidechannels/2017-eurosp.pdf.
Beisch, N., Koch, W., & Schäfer, C. (2019). ARD/ZDF-Onlinestudie 2019. Mediale Internetnutzung und Video-on-Demand gewinnen weiter an Bedeutung. *Media Perspektiven, 9,* 374–388. https://www.ard-zdf-onlinestudie.de/files/2019/0919_Beisch_Koch_Schaefer.pdf.
Bowles, J. (2014). The computerization of European Jobs. https://bruegel.org/2014/07/the-computerisation-of-european-jobs/.
Brüggen, N., & Schemmerling, M. (2014). Das Social Web und die Aneignung von Sozialräumen. Forschungsperspektiven auf das sozialraumbezogene Medienhandeln von Jugendlichen in Sozialen Netzwerkdiensten. *sozialraum.de,* 6(1). https://www.sozialraum.de/das-social-web-und-die-aneignung-von-sozialraeumen.php.
Buhtz, K., Reinartz, A., Koenig, A., Graf-Vlachy, L., & Mammen, J. (2014). Second-order digital inequality: The case of E-Commerce. *International Conference on Information Systems.* https://ssrn.com/abstract=2876126.
Bundesinstitut für Bau-, Stadt- und Raumforschung (BBSR) im Bundesamt für Bauwesen (Hrsg.). (2015). Virtuelle und reale öffentliche Räume. Eine sondierende Studie zum Wandel öffentlicher Räume im digitalen Zeitalter. Bonn. https://www.bbsr.bund.de/BBSR/DE/Veroeffentlichungen/BBSROnline/2015/DL_ON072015.pdf?__blob=publicationFile&v=4.

Chambers, J., & Elfrink, W. (2014). The future of the cities. The internet of everything will change how we live. *Foreign Affairs* (9/10). https://www.foreignaffairs.com/articles/2014-10-31/future-cities.
Christl, W. (2014). Studie: Kommerzielle digitale Überwachung im Alltag. https://crackedlabs.org/dl/Studie_Digitale_Ueberwachung.pdf.
Dengler, K., & Matthes, B. (2015). Folgen der Digitalisierung für die Arbeitswelt. Substituierbarkeitspotenziale von Berufen in Deutschland. Institut für Arbeitsmarkt- und Berufsforschung (IAB-Forschungsbericht). https://doku.iab.de/forschungsbericht/2015/fb1115.pdf.
Deutsches Institut für Vertrauen und Sicherheit im Internet. (DIVSI) (2016). DIVSI Internet-Milieus 2016. Die digitalisierte Gesellschaft in Bewegung. Hamburg. https://www.divsi.de/wp-content/uploads/2016/06/DIVSI-Internet-Milieus-2016.pdf.
Dewenter, R., & Lüth, H. (2018). Datenhandel und Plattformen. abida Gutachten. https://www.abida.de/sites/default/files/ABIDA_Gutachten_Datenplatformen_und_Datenhandel.pdf.
Dreyer, S., Heise, N., & Johnsen, K. (2014). „Code as code can". Warum die Online-Gesellschaft einer digitalen Staatsbürgerkunde bedarf. *Communicatio Socialis, 46*(3–4), 348–358. https://ejournal.communicatio-socialis.de/index.php/cc/article/view/71.
El-Mafaalani, A., & Wirtz, S. (2011). Wie viel Psychologie steckt im Habitusbegriff? Pierre Bourdieu und die »verstehende Psychologie«. *Journal für Psychologie, 19*(1), 1–23. https://www.journal-fuer-psychologie.de/index.php/jfp/article/view/22/94.
Enck, W., & Gilbert, P., et al. (2010). TaintDroid: An information-flow tracking system for realtime privacy monitoring on smartphones. https://www.usenix.org/legacy/event/osdi10/tech/full_papers/Enck.pdf.
Fain, D. C., & Pedersen, J. O. (2005). Sponsored Search: A Brief History. *Bulletin of the American Society for Information Science and Technology, 12*. Online Publication. https://ftp.cs.duke.edu/courses/spring07/cps296.3/fain_pedersen.pdf.
Fink, P., Hennicke, M., & Tiemann, H. (2019). Ungleiches Deutschland. Sozioökonomischer Disparitätenbericht 2019. https://library.fes.de/pdf-files/fes/15400-20190528.pdf.
Forbrukerrådet. (Hrsg.) (2018). Deceived by design. How tech companies use dark patterns to discourage us from exercising our rights to privacy. https://fil.forbrukerradet.no/wp-content/uploads/2018/06/2018-06-27-deceived-by-design-final.pdf.
Frey, C. B., & Osborne, M. A. (2013). The future of employment: How susceptible are jobs to computerisation? https://www.oxfordmartin.ox.ac.uk/downloads/academic/The_Future_of_Employment.pdf.
Goldhammer, K., & Wiegand, A. (2017). Ökonomischer Wert von Verbraucherdaten für Adress- und Datenhändler. Goldmedia GmbH Strategy Consulting. Berlin. https://www.goldmedia.com/fileadmin/goldmedia/2015/Studien/2017/Verbraucherdaten_BMJV/Studie_Wert_Daten_Adresshaendler_Goldmedia_BMJV_2017.pdf.
Helbig, M., & Jähnen, S. (2018). Wie brüchig ist die soziale Architektur unserer Städte? Trends und Analysen der Segregation in 74 deutschen Städten. Wissenschaftszentrum Berlin für Sozialforschung GmbH. Berlin. https://bibliothek.wzb.eu/pdf/2018/p18-001.pdf.
Hogben, G., & Dekker, M. (2010). Smartphones: Information security Risks, Opportunities and Recommendations for users. ENISA. https://www.enisa.europa.eu/activities/

identity-and-trust/risks-and-data-breaches/smartphones-information-security-risks-opportunities-and-recommendations-for-users.

Höller, H.-P., & Wedde, P. (2018). Die Vermessung der Belegschaft. *Mitbestimmungspraxis*, *10*, 3–37. https://www.boeckler.de/pdf/p_mbf_praxis_2018_010.pdf.

Institut für Technikfolgen-Abschätzung (ITA). (2012). Aktuelle Fragen der Geodaten-Nutzung auf mobilen Geräten. https://wien.arbeiterkammer.at/service/studien/Konsument/Geodatennutzung_bei_mobilen_Geraeten.html.

Jöns, J. (2016). Daten als Handelsware. DIVSI-Studie. Hamburg. https://www.divsi.de/wp-content/uploads/2016/03/Daten-als-Handelsware.pdf.

Jungkamp, B., & John-Ohnesorg, M. (Hrsg.). (2016). Soziale Herkunft und Bildungserfolg. Friedrich-Ebert-Stiftung/Abteilung Studienförderung. https://library.fes.de/pdf-files/studienfoerderung/12727.pdf.

Karaj, A., Macbeth, S., Berson, R., & Pujol, J. M. (2018). WhoTracks.Me: Shedding light on the opaque world of online tracking. https://arxiv.org/abs/1804.08959.

Kosinski, M., Stillwell, D., & Graepelb, T. (2013). Private Traits and Attributes Are Predictable from Digital Records of Human Behavior. *Proceedings of the National Academy of Sciences* (PNAS). https://www.pnas.org/content/110/15/5802.

Kreß, J. (2010). Zum Funktionswandel des Sozialraums durch das Internet. https://www.sozialraum.de/zum-funktionswandel-des-sozialraums-durch-das-internet.php.

Fuchs, M., Busch, H.-C., Fromhold-Eisebith, M., & Mühl, C. (2017). ‚Urbane Produktion‘ Dynamisierung stadtregionaler Arbeitsmärkte durch Digitalisierung und Industrie 4.0? https://www.wigeo.uni-koeln.de/sites/wigeo/Veroeffentlichungen/Working_Paper/WP_2017-01.pdf.

Minch, R. P. (Hrsg.) (2015). Location privacy in the Era of the Internet of Things and Big Data Analytics. 48th Hawaii International Conference on System Sciences (2015). HI, USA. https://works.bepress.com/robert_minch/16/.

MPFS. (Hrsg.). (2019). JIM-Studie 2019. Jugend. Information. Medien. Stuttgart. https://www.mpfs.de/fileadmin/files/Studien/JIM/2019/JIM_2019.pdf.

O' Mahony, S. (2015). A proposed model for the approach to augmented reality deployment in marketing communications. *Procedia – Social and Behavioral Sciences, 175*, 227–235. https://isiarticles.com/bundles/Article/pre/pdf/41113.pdf

Olejnik, L., Acar, G., Castelluccia, C., & Diaz, C. (2015). The leaking battery: A privacy analysis of the HTML5 Battery Status API. Cryptology ePrint Archive: Report 2015/616. https://eprint.iacr.org/2015/616.pdf.

Stadt M. (2017). Regionaler Sozialatlas München. https://mstatistik-muenchen.de/regionalersozialatlas/2017/atlas.html

Rodenhäuser, D., Held, B., & Diefenbacher, H. (2019). Nationaler Wohlfahrtsindex 2019. https://www.boeckler.de/pdf/p_imk_study_64_2019.pdf.

Rothmann, R., Sterbik-Lamina, J., & Peissl, W. (2014). Credit Scoring in Österreich. Hg. v. Institut für Technikfolgen-Abschätzung (ITA). Wien (Bericht-Nr. ITA-PB A66). https://epub.oeaw.ac.at/ita/ita-projektberichte/a66.pdf.

Schorb, B., Keilhauer, J., Würfel, M., & Kießling, M. (2008). Medienkonvergenz Monitoring Report 2008. Jugendliche in konvergierenden Medienwelten. https://d-nb.info/991215877/34.

Stahl, F., Schomm, F., & Vossen, G. (2014). The data marketplace survey revisited. Working Papers, ERCIS – European Research Center for Information Systems. Münster. https://www.econstor.eu/bitstream/10419/94187/1/779859502.pdf.

Strohmeier, K. P. (2006). Segregation in den Städten. Bonn: Friedrich-Ebert-Stiftung Abt. Wirtschafts- und Sozialpolitik (Gesprächskreis Migration und Integration). https://library.fes.de/pdf-files/asfo/04168.pdf.

Sweeney, L. (2002). k-anonymity: A model for protecting privacy. *International Journal on Uncertainty, Fuzziness and Knowledge-based Systems, 10*(5), 557–570. https://epic.org/privacy/reidentification/Sweeney_Article.pdf.

Thurm, S., & Kane, Y. (2010). Your Apps are watching you. *The Wall Street Journal.* https://www.wsj.com/articles/SB10001424052748704368004576027751867039730.

United Nations. (2020). World Social Report 2020. Inequality in a rapidly changing world. https://www.un.org/development/desa/dspd/wp-content/uploads/sites/22/2020/02/World-Social-Report2020-FullReport.pdf.

van Dijk, J. A.G.M. (2020). The digital divide. Cambridge: Polity.

Vom Berge, P., Schanne, N., Schild, C.-J., Trübswetter, P., Wurdack, A., & Petrovic, A. (2014). Wie sich Menschen mit niedrigen Löhnen in Großstädten verteilen. Eine räumliche Analyse für Deutschland. IAB. https://doku.iab.de/kurzber/2014/kb1214.pdf.

World Bank. (2016). Digital Dividends (World development report). https://www.worldbank.org/en/news/infographic/2016/01/13/from-digital-divides-to-digital-dividends.

The manufacturer's authorised representative in the EU is Springer Nature Customer Service Centre GmbH, Europaplatz 3, 69115 Heidelberg, Germany. If you have any concerns regarding our products, please contact ProductSafety@springernature.com

Printed and bound by CPI Group (UK) Ltd, Croydon, CR0 4YY

25/03/2026

02078226-0002